普通高等教育"十三五"规划教材（计算机专业群）

数据库原理与技术
（第三版）

主 编 程传慧

副主编 曾 玲 杨晓艳

U0194619

中国水利水电出版社

www.waterpub.com.cn

·北京·

内 容 提 要

本书较系统、全面地叙述了数据库系统的基本概念、基本原理和基本方法。内容包括数据库概念、数据模型、存储结构、关系数据理论和关系数据库的基本概念、SQL 语言、数据库应用系统设计、SQL Server 2014 数据库的基础知识与基本开发方法。还介绍了 C/S 与 B/S 模式、数据库保护、数据仓库、数据挖掘、分布式数据库等知识。本教材强调理论联系实际，最后一章介绍了管理信息系统软部件库和软件生产线，无需掌握编程语言，只需建模并在建模过程中设定参数就能完成一般管理信息系统的设计与建设。

本书可作为高等院校本、专科及在职职工学习数据库理论与技术的教材，也可供研究生和从事计算机工作的科技工作者参考。

本书配有电子教案，读者可以从中国水利水电出版社网站和万水书苑免费下载，网址为： http://www.waterpub.com.cn/softdown/和 http://www.wsbookshow.com。

图书在版编目（ＣＩＰ）数据

数据库原理与技术 / 程传慧主编. -- 3版. -- 北京：
中国水利水电出版社，2017.8
　　普通高等教育"十三五"规划教材. 计算机专业群
　　ISBN 978-7-5170-5655-3

　　Ⅰ．①数… Ⅱ．①程… Ⅲ．①数据库系统－高等学校
－教材 Ⅳ．①TP311.13

中国版本图书馆CIP数据核字(2017)第181140号

策划编辑：石永峰　　　责任编辑：周益丹　　　封面设计：李　佳

书　　名	普通高等教育"十三五"规划教材（计算机专业群） 数据库原理与技术（第三版） SHUJUKU YUANLI YU JISHU
作　　者	主　编　程传慧 副主编　曾　玲　杨晓艳
出版发行	中国水利水电出版社 （北京市海淀区玉渊潭南路 1 号 D 座　100038） 网址：www.waterpub.com.cn E-mail：mchannel@263.net（万水） 　　　　sales@waterpub.com.cn 电话：（010）68367658（营销中心）、82562819（万水）
经　　售	全国各地新华书店和相关出版物销售网点
排　　版	北京万水电子信息有限公司
印　　刷	三河市航远印刷有限公司
规　　格	184mm×260mm　16 开本　15.25 印张　374 千字
版　　次	2001 年 10 月第 1 版　2001 年 10 月第 1 次印刷 2017 年 8 月第 3 版　2017 年 8 月第 1 次印刷
印　　数	0001—3000 册
定　　价	34.00 元

前　　言

数据库是设计与建立管理信息系统的主要支撑，而管理信息系统是计算机应用最主要的内容之一。学习数据库的重点是学习数据库的基本理论、基本知识与基本方法。需要强调的是要理论联系实际，要联系管理信息系统的设计与建设实际进行：由管理信息系统的需求理解数据库系统的设计理念；由管理信息系统的设计过程理解数据库的基本组成；由管理信息系统的应用理解数据库的技术与方法；根据管理信息系统的发展研究数据库理论与技术的创新方向。孤立地学习和讲述这门课程会减少学习数据库的所得，将使其内容变得枯燥无味与难以理解，更无法将之应用于生产实际。

本书第一、二版问世以来，得到了广大读者的肯定，不少读者还提出了许多有益的建议，为新版的编写打下良好基础，我们深表感谢。本书第二版介绍了 SQL Server 2005 与 Oracle 两种数据库管理系统，突出在网络环境中数据库的应用研究，加强涉及数据库与数据表的设计与管理、SQL 语句及内嵌语言的应用、数据完整性与安全性保护、备份与恢复等方面的内容。这些内容既扩展了数据库基本理论与技术的教学内容，也使数据库理论教学与社会实践活动更紧密地结合。但不足的是，关于实验教学工具的改进较小，教的是 SQL Server，却以 VFP 为实践工具，存在理论与实际脱节的弊病。本次改版研究设计了应用 Java 语言开发的 SQL 语言学习工具程序，提供各种可视化界面，帮助读者分步写出 SQL 语句，使得更便于理解 SQL 语句的结构与设计方法，强化这一部分的教学效果。另外还设计了应用 Java 语言开发的基于 SQL Server 数据库的软件生产线。软件生产线由面向系统建模程序和管理信息系统软部件库构成。面向系统建模（System-oriented Modeling，SOM）是在面向对象建模语言——统一建模语言（Unified Modeling Language，UML）基础上设计的新一代建模语言。UML 建模语言是十分成熟的建模语言，已成为标准和规范，它简单易学，信息量丰富，表现力强，是一般软件开发的基础，被普遍使用。但是，它毕竟以类为基本元素，基于其模型无法实现软件设计自动化。面向系统建模以软部件为基本元素，尽量保留 UML 的风格，沿用其图形元素，用部件图代替类图，可以直接基于模型建立应用系统。面向系统建模图形由用例图、数据结构图（或称元数据图）、系统结构图（或称数据操作图）、系统组件图、工作流程图（时序图）组成。用例图描述哪些操作对象做哪些事；数据结构图描述数据构成及数据属性和数据约束；系统结构图描述涉及哪些数据、哪些操作、界面风格、数据联系及处理，以部件图为主要图形元素；系统组件图描述子系统构成；工作流程图描述随时间变化的处理过程，包括人员、操作、时间、权限等要素。

管理信息系统软部件是应用系统中由类与对象组合而成的，集成了多项功能，可以表现多种性能的具有自适应与即插即用特性的通用程序模块，只需要输入必要的参数，就可以让一个部件程序选择并表现某具体功能与特殊的性能。软件生产线系统提供建模工具程序，运行该程序可建立应用系统模型，在建模过程中根据提示输入必要的参数，就能在以分钟计的极短时间里搭建一个局域网上的功能比较齐全的管理系统。这个系统拥有丰富易操作的界面，充分满足用户需求的功能与良好性能，包括各种数据录入与维护的程序，满足各种需要的查询程序和数据处理程序、各种数据导入或导出程序、多种打印与图形输出程序。将之用于数据库教学，可以不要求学习任何开发语言，不懂程序代码的语法与句法，只要求安装 Java 系统软件（JDK 6.0）和 SQL Server 数据库（SQL Server 2014 及之前版本，也可用于 Oracle、MySQL、Access、DB2、达梦等数据库），进行应用系统需求分析，就可以让学生结合数据库设计实际开发应用系统，通过实践更好地理解与掌握数据库的理论与方法；深入且具体地让学生联系应用系统需求认识数据冗余、共享、数据独立性、各类数据完整性及数据完整性保护、关键字、视图、数据安全、SQL 语言及其应用、数据表结构及其对系统设计的影响、字典表与数据整合、代码表与派生数据及其处理等基本概念、基本理论与基本方法；掌握数据库系统设计方法，从而大大提高数据库的学习质量与动手能力。

软件生产线技术具有实用价值，随着其技术的发展，能大大提高应用系统设计效率，降低成本，提高设计质量，降低维护成本，一般企业管理工作者能自己进行应用系统的维护。在管理信息系统建设时，参与原始代码设计的人员将减少，大部分开发人员的主要工作将集中到数据库设计、应用系统结构研究、系统扩展与维护等工作上来，促使数据库应用范围不断扩展。我们目前的研究还处于早期阶段，缺点与错误在所难免，希望广大读者多提宝贵意见。

本书配套 PPT 教案可在出版社网站上下载，与本书配套的实验工具程序包括 SQL 语句辅助生成系统与管理信息系统软件生产线等全部软件随与本书配套出版的实验指导发布。

本书由程传慧任主编，曾玲和杨晓艳任副主编，程学先为本书的出版提供了技术支持。参与本书编写的还有郑秋华、陈永辉、程传庆等。林姗、刘伟、胡显波、赵岚、江南、肖模艳、龚晓明、王富强、陈义、史函、刘玲玲、熊晓菁、童亚拉、周金松、祝苏薇、王嘉、黎柳柳、苏艳、蒋慧婷、陈莉、谌章恒、张军、赵普、高霞、钱涛、张俊、李珺、张慧萍、顾梦霞、贺红艳、罗红芳、陈小娟、齐赛、聂志恒、王玉民、龚文义等参加了本书编审与软件设计工作，在此表示感谢。

编 者
2017 年 6 月

目　　录

前言

第1章　数据库基础知识 …………………… 1

本章学习目标………………………………… 1

1.1　数据处理………………………………… 1

  1.1.1　利用文件系统进行数据处理 ………… 1

  1.1.2　从实例看数据库的数据处理技术 … 4

1.2　数据库技术概述………………………… 7

1.3　数据库的数据结构及存储结构 …… 12

  1.3.1　链表式数据结构 …………………… 12

  1.3.2　关系数据库结构概述……………… 13

1.4　索引文件组织………………………… 16

  1.4.1　索引文件…………………………… 16

  1.4.2　非关键字索引文件………………… 17

  1.4.3　B+树索引结构……………………… 19

本章小结…………………………………… 20

习题一……………………………………… 20

第2章　数据库设计中的数据模型 … 21

本章学习目标……………………………… 21

2.1　数据模型……………………………… 21

  2.1.1　数据模型概念……………………… 21

  2.1.2　数据之间的联系…………………… 22

  2.1.3　实体—联系模型…………………… 23

2.2　关系数据模型………………………… 25

  2.2.1　关系数据模型的概念……………… 25

  2.2.2　关系数据模型的设计……………… 27

2.3　面向对象数据模型…………………… 28

  2.3.1　UML 定义的类图…………………… 28

  2.3.2　利用 Rose 建模操作………………… 32

  2.3.3　从建模到建库与建表的自动化操作 … 34

本章小结…………………………………… 35

习题二……………………………………… 35

第3章　关系数据库 …………………… 36

本章学习目标……………………………… 36

3.1　基本概念……………………………… 36

3.2　函数依赖……………………………… 37

  3.2.1　函数依赖概念……………………… 37

  3.2.2　部分函数依赖……………………… 38

  3.2.3　完全函数依赖……………………… 38

  3.2.4　传递函数依赖……………………… 38

3.3　候选关键字与主属性………………… 39

  3.3.1　候选关键字………………………… 39

  3.3.2　主属性……………………………… 40

3.4　关系规范化…………………………… 40

  3.4.1　问题的提出………………………… 40

  3.4.2　范式………………………………… 42

  3.4.3　关系分解的正确性………………… 47

本章小结…………………………………… 47

习题三……………………………………… 48

第4章　SQL Server 基础 …………… 49

本章学习目标……………………………… 49

4.1　SQL Server 管理工具………………… 49

4.2　可视化建立数据库、表、索引的操作 … 52

  4.2.1　建立数据库………………………… 52

  4.2.2　建立数据表………………………… 53

  4.2.3　修改表结构………………………… 56

  4.2.4　建立索引…………………………… 56

  4.2.5　数据维护操作……………………… 58

4.3　建立视图的操作……………………… 59

  4.3.1　建立视图…………………………… 59

  4.3.2　使用视图…………………………… 60

4.4　数据完整性保护……………………… 61

  4.4.1　实体完整性保护的实现…………… 61

  4.4.2　参照完整性保护的实现…………… 61

  4.4.3　域完整性保护的实现……………… 64

4.5　数据库安全性管理…………………… 64

  4.5.1　主体与安全对象…………………… 65

  4.5.2　身份验证模式……………………… 65

4.5.3　登录名的管理 ·············· 66

4.5.4　创建架构 ················ 67

4.5.5　针对具体数据库创建用户名 ··· 68

4.5.6　服务器角色 ··············· 68

4.5.7　数据库角色 ··············· 69

4.5.8　权限管理 ················ 71

本章小结 ······················ 72

习题四 ······················· 72

第 5 章　关系代数与 SQL 语言 ········· 74

本章学习目标 ··················· 74

5.1　关系代数 ··················· 75

5.1.1　传统的集合运算 ·········· 75

5.1.2　专门的关系运算 ·········· 78

5.2　关系演算 ··················· 81

5.3　SQL 语言概貌 ··············· 82

5.4　SQL 数据定义功能 ············ 82

5.4.1　基本表的定义和修改 ······ 82

5.4.2　索引的建立和删除 ········ 84

5.5　SQL 数据查询语句 ············ 84

5.5.1　标准 SQL 数据查询语句格式 ······· 84

5.5.2　对单一表查询语句 ········ 85

5.5.3　对两个以上表的连接查询 ··· 86

5.5.4　嵌套查询 ··············· 87

5.5.5　关系除法 ··············· 88

5.6　视图 ····················· 89

5.6.1　建立视图的语句 ·········· 89

5.6.2　删除视图语句 ············ 90

5.7　SQL Server 中 SQL 语句的加强 ··· 90

5.7.1　T-SQL 语言对 SQL 定义语句
的加强 ··············· 91

5.7.2　涉及数据完整性的数据表结构
修改语句 ·············· 94

5.7.3　T-SQL 语言对 SQL 查询语句
的加强 ··············· 97

5.8　SQL 数据更新语句 ············ 99

5.8.1　修改（UPDATE）语句 ········ 99

5.8.2　删除（DELETE）语句 ········ 99

5.8.3　插入（INSERT）语句 ········ 100

5.9　嵌入式 SQL ················ 101

5.10　查询优化 ················· 102

本章小结 ····················· 103

习题五 ······················ 104

第 6 章　T-SQL 语言程序设计 ········· 106

本章学习目标 ··················· 106

6.1　T-SQL 程序设计的语言元素 ····· 106

6.1.1　变量 ·················· 106

6.1.2　运算符 ················ 107

6.1.3　表达式及常用命令 ········ 108

6.1.4　函数 ·················· 108

6.1.5　流程控制语句 ············ 112

6.1.6　注释 ·················· 115

6.2　SQL Server 中的存储过程 ······ 116

6.2.1　存储过程的概念 ·········· 116

6.2.2　存储过程的优点 ·········· 116

6.2.3　使用对象资源管理器创建存储过程 ··· 117

6.2.4　使用 T-SQL 命令创建存储过程 ····· 118

6.2.5　重新命名存储过程 ········ 119

6.2.6　删除存储过程 ············ 120

6.2.7　执行存储过程 ············ 120

6.2.8　系统存储过程 ············ 120

6.3　SQL Server 中的触发器 ········ 121

6.3.1　触发器的概念及作用 ······ 121

6.3.2　触发器的种类 ············ 122

6.3.3　创建触发器 ············· 122

6.3.4　触发器的原理 ············ 125

6.3.5　INSTEAD OF 触发器 ······· 125

6.3.6　触发器的应用 ············ 126

本章小结 ····················· 128

习题六 ······················ 128

第 7 章　数据库管理与数据安全 ········ 129

本章学习目标 ··················· 129

7.1　数据库的安全性实施方法 ······· 129

7.1.1　应用 SQL Server 语句建立登录名、
架构与用户 ············ 129

7.1.2　SQL 语言访问权限控制 ······ 130

7.2　事务处理 ·················· 133

7.2.1　事务的基本概念 ·········· 133

7.2.2　事务处理过程分析 ········· 134

7.2.3　SQL 的事务管理 ············ 134

7.3　并发控制 ······················ 135

7.3.1　并发处理产生的三种不一致性 ····· 135

7.3.2　封锁 ······················ 137

7.4　数据库的备份与恢复 ············ 139

7.4.1　故障的类型 ·············· 139

7.4.2　事务日志 ················ 140

7.4.3　恢复 ···················· 141

7.4.4　数据的转储 ·············· 141

7.5　SQL Server 中的数据导入和导出 ···· 142

7.5.1　使用 T-SQL 进行数据导入、导出 ··· 142

7.5.2　使用 SQL Server 2014 数据导入、

导出向导 ················ 143

7.5.3　利用对象资源管理器导入、导出 ··· 146

7.6　SQL Server 应用系统开发环境 ······ 146

7.6.1　SQL Server 应用系统的两种

系统结构 ················ 146

7.6.2　ODBC ·················· 147

7.6.3　JDBC ·················· 148

本章小结 ························ 150

习题七 ·························· 150

第 8 章　数据库应用系统设计 ········· 152

本章学习目标 ···················· 152

8.1　概述 ·························· 152

8.2　数据库结构设计 ················ 153

8.2.1　数据库结构设计步骤 ········· 153

8.2.2　需求分析 ················ 153

8.2.3　概念结构设计 ············· 158

8.2.4　逻辑结构设计 ············· 160

8.2.5　数据库物理设计 ··········· 161

8.3　应用程序结构设计 ·············· 163

本章小结 ························ 166

习题八 ·························· 166

第 9 章　数据库新技术介绍 ··········· 168

本章学习目标 ···················· 168

9.1　数据挖掘 ······················ 168

9.1.1　数据挖掘技术概述 ·········· 168

9.1.2　公式发现 ················ 169

9.1.3　关联规则 ················ 173

9.1.4　分类与决策树 ············· 177

9.1.5　聚类 ···················· 183

9.2　数据仓库 ······················ 185

9.2.1　数据仓库的概念 ··········· 185

9.2.2　联机事务处理 ············· 186

9.2.3　联机分析技术概述 ·········· 187

9.2.4　数据仓库的架构 ··········· 189

9.2.5　数据收集 ················ 190

9.2.6　SQL Server 中的数据仓库组件 ··· 192

9.3　分布式数据库 ·················· 192

9.3.1　分布式数据库系统概述 ······· 193

9.3.2　分布式数据存储 ··········· 193

9.3.3　分布式数据的查询处理 ······· 194

9.3.4　分布式数据库系统中的事务处理 ··· 195

9.3.5　数据对象的命名方式与目录表

的管理 ················ 198

9.3.6　更新传播 ················ 200

本章小结 ························ 200

习题九 ·························· 200

第 10 章　管理信息系统软部件库与软件

生产线 ················ 202

本章学习目标 ···················· 202

10.1　管理信息系统软件生产线 ········ 202

10.2　管理信息系统软部件库及数据库

桌面系统 ···················· 206

10.2.1　数据库桌面系统概述 ········ 206

10.2.2　表格式数据维护部件程序功能、性能

与操作说明 ·············· 207

10.2.3　单记录式数据维护部件程序功能、

性能与操作说明 ·········· 210

10.2.4　查询类部件程序功能、性能与

操作说明 ················ 215

10.2.5　数据处理类部件程序功能、性能

与操作说明 ·············· 217

10.2.6　数据导入导出部件程序功能、性能

与操作说明 ·············· 219

10.2.7　打印报表部件程序功能、性能与

操作说明 ················ 220

10.3　用例图 ······················ 222

10.3.1 功能 ······················· 222

10.3.2 主要图形元素或按钮 ······· 222

10.3.3 主要操作 ··················· 223

10.4 数据结构图 ··············· 224

10.4.1 功能 ······················· 224

10.4.2 主要图形元素或按钮 ······· 225

10.4.3 主要操作 ··················· 226

10.5 系统组件图 ··············· 227

10.5.1 功能 ······················· 227

10.5.2 主要图形元素或按钮 ······· 227

10.5.3 主要操作 ··················· 228

10.6 系统结构图 ··············· 229

10.6.1 功能 ······················· 229

10.6.2 主要图形元素或按钮 ······· 229

10.6.3 主要操作 ··················· 230

10.7 生成应用系统 ············· 231

10.8 工作流程图 ··············· 231

10.8.1 功能 ······················· 231

10.8.2 主要图形元素 ··············· 232

10.8.3 主要操作 ··················· 233

本章小结 ····················· 234

参考文献 ························· 236

第 1 章　数据库基础知识

本章学习目标

本章联系数据库管理系统的发展历程介绍数据库管理系统的基本概念，包括文件管理系统进行数据管理的缺点，数据库管理系统的优点，数据库管理系统的组成，数据库的数据结构和存储结构等。通过本章学习，读者应该掌握以下内容：

- 数据库管理系统与传统的文件管理系统的主要区别与各自的特点
- 数据库管理系统（DBMS）的组成与功能
- 数据库的数据结构和存储结构
- 索引的概念，索引文件类型
- 索引文件结构与使用
- B+树结构及应用

当今时代是信息技术飞速发展的时代。所谓信息，是以数据为载体的客观世界实际存在的事物、事件或概念在人们头脑中的反映。信息系统是以计算机为核心，以数据库为基础，对信息进行收集、组织、存储、加工、传播、管理和使用的系统。数据库能借助计算机保存和管理大量复杂的数据，快速而有效地为多个不同的用户和各种应用程序提供需要的数据，以便人们能更方便更充分地利用这些宝贵的信息资源。

数据管理是指数据的收集、整理、组织、存储、查询、维护和传送等各种操作，是数据处理的基本环节，是任何数据处理任务必有的共性部分。因此应当开发出通用而又方便好用的软件，把数据有效地管理起来，以便最大限度地减轻应用人员的负担。数据库技术正是针对这一目标逐渐完善的一门计算机软件技术。它所研究的问题就是如何科学地组织和存储数据，如何高效地获取和处理数据，如何更广泛、更安全地共享数据。

1.1　数据处理

1.1.1　利用文件系统进行数据处理

根据计算机软件和硬件的发展，数据管理技术的发展大体上分为三个阶段：人工管理阶段、文件系统阶段和数据库系统阶段。

1. 人工管理阶段（20世纪50年中期以前）

20世纪50年代中期以前，计算机主要用于科学计算。当时尚无操作系统与高级语言，软件采用机器语言编写。在科学计算公式中用到一些数据，但数据量很小，一般不存在对它们添加、修改、删除等维护操作，也不要求检索，因此无论从软件开发环境，还是从应用需求上都将它们与程序紧密结合在一起，对这些数据不需要共享，而且当时也不允许共享。

2. 文件系统阶段（20 世纪 50 年代后期至 60 年代）

20 世纪 50 年代后期到 60 年代中期，随着计算机科学的发展，这时硬件方面已有了磁盘、磁鼓等直接存取存储设备；软件方面出现了操作系统及高级语言。操作系统中有专门的文件管理软件，称为文件系统，处理方法上不仅有了文件批处理，而且能够联机实时处理。计算机应用也从单纯科学计算、控制，扩大到电子数据处理系统，包括电算系统（例如工资系统与成本会计计算系统）、统计系统（例如国民经济数据统计系统）、数据更新系统（例如飞机预约订票系统）等，数据量大大增加，且同一组数据往往要求用于不同的计算和统计之中，以供不同客户查询、存储修改变动了的数据、根据用户的需要添加新的数据、删除一些过时无用的数据等维护操作。为便于对数据进行维护，也提供不同用户查询的需求，人们利用文件系统将数据从程序中分离出来形成专门的数据文件。例如将两件商品（Commodity）的有关数据：商品名称（WareName）、规格（Specification）、单价（Unitprice）、说明（Illuminate）等输入到一个文件中的 C 语言程序，如例 1.1 所示。

【例 1.1】C 语言中将 Commodity 的有关数据：WareName、Specification、Unitprice、Illuminate 等输入到一个文件中的程序。

```
# include "stdio.h"
main()
{  file  *fp;
   fp = fopen("Commodity.c","w");
   fputs("Silverware  ",fp);
   fputs("Wwmottle       ",fp);
   putw(40,fp);
   fputs("11111111        ",fp);
   fputs("Chinaware  ",fp);
   fputs("Popularware    ",fp);
   putw(100,fp);
   fputs("222222222222       ",fp);
   fclose(fp);
}
```

如要显示文件中数据，可使用例 1.2 所示的程序。

【例 1.2】求显示文件 Commodity.c 中的数据的程序。

```
#include "stdio.h"
#define SIZE 2
struct Commodity _type
{  char WareName[12];
   char Specification[16];
   int Unitprice;
   char Illuminate[20];
   }stud[SIZE];
main()
{  int i;
   file *fp;
   fp=fopen("Commodity.c","r");
```

```
for(i=0;i<SIZE;i++)
 {fread(&stud[i], sizeof(struct  Commodity_type),1,fp);
  printf("%28s%20s %8d %200s %\n", stud[i].WareName, stud[i].Specification,
stud[i].Unitprice, stud[i]. Illuminate);
   }
}
```

如果要按一定条件显示一定范围的数据，上述程序需略作修改：对每一组数据逐一判别是否满足要求，再按预定范围显示。如果要修改文件中的数据，要首先使用类似于例 1.2 的程序，以读的方式打开文件，将文件中数据读入到变量中，修改变量中数据的值，再以类似于例 1.1 的程序以写的方式打开文件，将修改后的数据输回到文件中。数据处理全过程如图 1.1 所示。

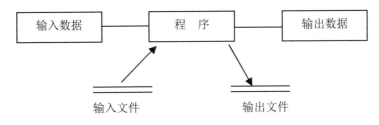

图 1.1 传统数据处理模式

使用数据文件实现了数据与程序相分离，分别采用两个文件各自存放数据与程序，我们将之称为实现了数据的物理独立。

利用文件系统解决程序和数据文件的存取操作，程序员只需关心文件的逻辑结构，无须关心如何转为物理存储，从而使程序设计变得简单，还可专门对数据文件进行管理，单独对数据进行操作或维护。不同的程序只要以读的方式打开数据文件，并按数据存放的格式将数据取出便可使用这些数据，在一定的范围内可以做到数据为不同程序所共享。数据可长期保存，大大方便了用户的使用。在这一阶段，文件越来越多样化和结构化，出现了方便查询与直接存取的索引文件、方便多条件查询的倒排表文件、将内容联系起来的链接文件、线性表文件等各种可适应不同应用需要的文件。

使用数据文件的缺点是如果要使用数据和维护数据，必须知道数据存放的格式，即要知道数据存取的逻辑结构。例如在前述例 1.2 中，必须知道共存放了两件商品的记录，且每个商品的记录包括四个数据：WareName、Specification、Unitprice、Illuminate。其中第一、二、四是字符串类型数据，宽度为 12、16 与 20；第三个数据是整型数据。数据个数、数据类型与宽度必须与数据文件中的数据一一对应，否则，程序所读出的数据将会出错。其原因显然是因为数据结构和程序语句紧密相关，或者说数据和程序之间缺少数据逻辑独立性。

在实际系统中，由于数据值及逻辑结构都可能不断变化，如果每次变化都要求所有应用程序作相应修改，其工作量之大实在令人无法承受。而且，对这些数据文件要么控制不让打开，一旦能够打开，每个程序都可取用全部数据，所有人使用数据的权限都相同，完全无安全性可言。由于数据文件中除了数据不再有其他信息，也就无法对数据作统一的控制和管理。因为以上原因，这样的系统中数据共享就只能局限在一定范围内。同一数据在多个地方同时存放，称为数据冗余。重复次数多称为数据冗余度大。文件系统中数据冗余度大且无法有效控制，一方面浪费存储空间，降低运行效率；另一方面降低系统可靠性、正确性，降低系统价值，对系统进行修改、维护都麻烦。

同一数据在多个地方同时存放，那么同一数据在不同存放地的值可能不相同，称为数据不一致，这将会降低信息价值，甚至造成重大损失。

从数据处理需求来看，计算机辅助管理的内容逐步向纵深发展，应用面愈来愈广，部门的壁垒开始被打破，数据不再只是用于计算、统计，还作为信息的载体被存储，成为人们宝贵的信息资源，用于检索、统计、预测及决策。要求对人工管理过程广泛予以模拟；要求收集并保存大量的数据；要求不断对历史上收集的数据进行筛选、分析和提炼；要求为决策提供大量的数据，并产生不同决策方案以供决策者参考；要求随时将各类信息向各方面发布等等。这就要求系统效率更高，实现更大范围的数据共享。

数据共享是指同一数据能为同一用户或不同用户的相同或不同程序所使用。

目前广泛使用的 Excel 的一大弱点是数据共享难度大。在管理信息系统中，信息数据是实现管理规范化、标准化的基本依据，要求高效、准确的管理，尽可能简单、方便地操作。实际应用系统希望能根据每一需要设计专门的处理程序，使得用户只需要用鼠标做极少的点击就能操作，能十分容易地学习与使用。但由于在 Excel 中很难进行多数据表的关联操作，无法直接进行代码变换，很难达到这样的目标。管理信息系统强调确保数据的安全与准确，对不同操作人员应当提供不同操作权限。但对于 Excel 数据文件，要么不能打开，而一旦打开，任何人对所有内容就都可读、可修改。学习与使用 Excel 确实很简单，不需要预先建立数据结构，这是优点所在，但也是其弱点的根源。

3. **数据库系统阶段（20 世纪 60 年代后期）**

20 世纪 60 年代后期以来，计算机用于管理的规模更为庞大，应用越来越广泛，数据量急剧增长，同时多种应用、多种语言互相覆盖，共享数据的要求越来越强烈。这时硬件也飞快发展，有了大容量磁盘，硬件价格下跌，软件价格上升，为编制和维护系统软件及应用程序所需的成本相对增加，在处理方式上，联机实时处理要求更多，并开始提出和考虑分布处理。在这种背景下，以文件系统作为管理手段已不能满足应用的需求，于是为解决多用户、多应用共享数据的需求，使数据为尽可能多的应用服务，就出现了数据库技术，出现了统一管理数据的专门软件系统：数据库管理系统。数据库系统使前述例 1.1、例 1.2 的工作变得十分简单，也解决了文件系统中所存在的许多问题。

1.1.2　从实例看数据库的数据处理技术

当前关系数据库管理系统的产品主要有 Oracle、DB2、Informix、Sybase ASE、SQL Server、MySQL、达梦、Access、Visual FoxPro 等，Oracle 是大型数据库，SQL Server 是可以应用于网上的小型数据库，Access、Visual FoxPro 是桌面式数据库，达梦是我国自行开发的数据库管理系统等。

如果在 SQL Server 中要完成前述任务，首先要建立数据存储结构。可先建立数据库，例如建立名为 Waremanage 的数据库，当打开该数据库后，可使用下述命令建立空表结构：

```
CREATE TABLE Commodity(WareName CHAR(12),Secfcaton CHAR(16),
Unitprice INT,Illuminate TEXT);
```

如要存入两件商品数据，可使用下述命令：

```
INSERT INTO Commodity VALUES("Silverware", "Wwmottle",40, "111111111111111");
```

```
INSERT INTO Commodity VALUES("Chinaware", "Popularware",100,
"2222222222222222222");
```

与 C 语言程序不同，在输入商品名称、规格、说明等数据时，数据值的宽度不到预定的字符宽度时，无须加填空格；在数据维护过程中对数据格式要求不是那么严格。

例如要显示表 Commodity 中的内容，可使用下述命令：

```
SELECT * FROM Commodity
```

如要求按一定条件显示某一定范围内的内容，例如只显示单价为 40 的商品名称、规格与单价，可使用下述命令：

```
SELECT WareName,Secfcaton, Unitprice FROM Commodity WHERE Unitprice =40
```

显然，采用数据库系统管理软件后，有以下优点：

（1）程序极为简单，在 C 语言中需要大量语句才能实现的功能，目前仅一两句即可完成。对数据的每一种维护，往往也只需要一两个语句即可实现。

（2）程序中不需要了解数据的数量和顺序，只需要知道所需的数据的名字，就可以指名道姓地进行操作。

（3）可直接对数据的某一部分分量进行操作，而无须知道全面的数据结构及其他分量的个数、名字和数据类型。

（4）只要初始定义的数据结构中所需的那一部分分量的名字和数据类型不发生变化，程序将无须随数据结构改变而修改。

这些优点为用户和程序员均带来方便，也使数据广泛共享真正成为可能。

数据库系统管理软件是如何实现上述功能的呢？

通过实验可以发现，数据库将所管理的数据集中到一到多个文件中保存。在存放数据时，会将数据分为不同类型，采用不同格式存放：以二进制码格式存放如整型、浮点型这样一些可能需要进行算术运算与比较大小的数据以及图形、声音等量大但结构复杂的数据，以 ASCII 码存放如字符、文本等这样一些不需要进行算术运算但需要对之查询或比较的数据。SQL Server 数据库中基本数据类型及意义如表 1.1 所示。

表 1.1　SQL Server 基本数据类型说明

类型名称	类型代码	意义	宽度	说明
biqint	7F7F	大整型	8	介于 -2^{63} 到 $2^{63}-1$ 的整型数据
binary	5353	二进制	*50	定长二进制数据，最长 8000
bit	6868	位	1	1 或 0 的整数数据
char	5151	字串	*10	最大长度为 8000 的固定长度非 Unicode 字符数据，一个中文字用两个 char 字符表示
datetime	3D3D	时间	8	介于 1753.1.1～9999.12.31 的日期时间数
decimal	6A6A	十进制	9	精确数据类型，$-10^{38}+1$～$10^{38}-1$，固定精度和小数位的数字数据
float	3E3E	浮点	8	$-1.79E+308$～$1.79E+308$ 的浮点数
image	2222	图像	16	变长二进制数据，最长 $2^{31}-1$ 字节
int	3838	整型	4	介于 -2^{61}～$2^{61}-1$ 的整型数据
money	3C3C	货币	8	介于 -2^{63}～$2^{63}-1$ 之间货币数值

类型名称	类型代码	意义	宽度	说明
nchar	1111	字串	*10	最大长度为 4000 的固定长度的 Unicode 码字符数据，一个中文字用一个 nchar 字符表示
ntext	6363	文本	16	可变长度的 Unicode 码字符数据，最大长度由内存限定
numeric	6C6C	数字	9	精确数据类型，功能上等同于 decimal
nvachar	1919	字串	*50	最大长度为 4000 的可变长度的 Unicode 码字符数据
real	3B3B	逻辑	4	-3.40E+38～3.40E+38 的浮点数
smalldatetime	3A3A	小时间	4	1900.1.1～2079.6.6，日期时间数据
smallint	3434	小整型	2	从 -2^{15}～2^{15}-1 的整型数据
smallmoney	7A7A	小货币	4	-214748.36～+214748.36 货币数值
sql_variant	6262	SQL 变量		支持 SQL Server 的多种数据类型
text	2323	文本	16	可变长度的非 Unicode 字符数据，最大长度由内存限定
timestemp	4343	时间容器	8	数据库范围的数字，随更新而更新
tinyint	3030	微整型	1	从 0 到 255 的整型数据
uniqueidentifier	2424		16	全局唯一标识符（GUID）
varbinary	5B5B	（变）二进制	*50	可变长二进制数据，最长 8000
varchar	5151	（变）字串	*50	最大长度为 8000 的可变长度的非 Unicode 字符数据

其中宽度数据前加*的为默认值，具体设计时应当根据实际情况修改。未加星号的数字为系统自动设置的定长宽度，用户无需设置。

目前使用最多的是关系数据库，其中数据以记录为单位等长、顺序存放，各记录中对应数据项的数据存放时所占据空间的宽度相同，其数据结构可形象看作一个由行和列构成的二维表格，每一数据项为一列，称为字段，每一行称为一条记录，包括一件事物的有关数据。例如一个关于商品的关系数据库数据表的结构与内容如表 1.2 所示。

表 1.2　商品表结构与内容

商品代码	商品名称	单价	数量	备注
m01	笔记本	6000	10	MSI GL62M 7RD-223CN 15.6 英寸(i7-7700HQ)
m02	电脑	4000	20	DIY 组装机　i5 7500/GTX1060/240G

SQL Server 数据库是目前常用的一种关系数据库，近期的有 2008、2012、2014、2016 等不同版本，在数据存储等基本操作中特性与操作方法相似。如果用它存放数据，首先建立数据库，生成一个数据文件和一个日志文件。数据以数据表为单位存放到数据文件之中。操作时先设计数据表结构，建立数据表。例如，可以设计"商品代码"的数据为字符类型（char），宽度为 8，"商品名称"的数据为字符类型（nchar），宽度为 24，"单价"为 numeric 类型，长度为 10，其中小数 2 位、"数量"为整型，系统默认为 32 位二进制数、"备注"为文本类型（ntext），允许换行，长度不限。利用 SQL Server 数据库提供的可视化操作界面可以定义及建立数据表，之后通过实验可以发现关于所定义的结构内容被按一定格式写到了数据文件中。之后，可以利

用 SQL Server 数据库提供的可视化操作界面录入各记录数据，通过实验可以发现所输入的数据也以一定格式存放到数据文件中。实验证明，SQL Server 数据库中数据库文件分成多个相关部分，其中有一部分存放所定义的数据结构的内容，再有一部分按顺序存放数据，还有一部分以链表结构形式存放文本类型等数据。

Oracle 是另一种应用普遍的大型数据库产品，其较新版本是 Oracle 11g，除具有关系数据库功能外，还有较强的数据仓库功能，适应性很广。它的数据存储容量可达 8TB，实际数据容量只受操作系统限制。其数据存储方式与 SQL Server 不同，数据库下设表空间（一种逻辑结构），表空间内包括多个文件，表、索引、数据字典分布在这些文件中。数据字典存放关于数据逻辑结构的定义。表空间将用户数据、数据字典、索引信息、回滚数据（为保证在并发式共享数据情况下数据正确性而生成的一种供恢复用的临时性数据）分开，使其具有良好可扩展性、数据安全性、应用灵活性、使用高效率等。

从上面描述中可见，在关系数据库中对于类似于文本（存放履历、手册、纯文本文件等数据）、图像（存放相片、图形、语音、非纯文本类型及其他二进制数据）等类型的数据采用特殊方式存放。这是因为，在同一个数据表的不同记录中，这些类型字段中的数据可能有，可能无，实际数据的长度差别很大，小的为 0，大的到兆甚至 G。如用等长方式存储，许多空间被空置，占用存储空间太多，不便管理也影响效率，因而对这类数据普遍采用链表结构存放。而对于其他类型的数据则采用等长顺序存放的方式。因此，一般数据库的数据文件都设计有顺序结构与链表结构等两种不同文件结构，分别存放一般数据与文本与图片类型数据。在顺序文件部分，以等长记录方式存放一般数据的记录，在其中文本类型、图形类型等类型字段的位置上只存放指针，指向链表结构部分中的相应内容。

归纳以上内容，数据库都要求预先定义数据逻辑结构，并用专门文件或指定文件的一部分存储关于结构的描述，程序员编写程序时就无须了解数据的全局结构，而只需关心他所涉及的那部分数据项，其他事项可利用数据库管理系统软件（DBMS）来帮助完成。DBMS 可以分析数据全局与各数据项结构，分析一条记录总长度，及每一个数据项的名字、类型、从第几个字节开始及共占据多少宽度等等，之后就可自动从数据区中根据需要提取数据。这样一些烦琐的工作由软件自动完成，程序设计的工作就将大大简化，数据结构的变化对程序的影响也将大大减少。由于有对数据结构整体描述的内容，在其中还可加入其他内容，例如关于记录的标识属性，关于一个数据项数据的合理范围，关于数据使用权限等等，可借之实现对数据存储、使用、传送的控制，使数据安全地使用。这样一种设计初步实现了数据与数据逻辑结构描述（称为模式）的分离。这是数据逻辑独立的基础。

1.2　数据库技术概述

数据库指有组织的、动态地存储的、结构化的、相互关联的数据的集合。

1. 数据库系统

数据库系统一般由数据库、支持数据库运行的软件与硬件、数据库管理系统、应用系统、数据库管理员和用户构成。

数据库是通过综合多个用户的文件中的数据，除去不必要的冗余，建立必要的联系之后建立的数据存储库。集成、共享、存储、信息是数据库的要素，其重要特点是联系。

设计一个数据库应用系统，首先要了解系统对数据和功能的需求；接着对全系统涉及的所有数据进行分析和整理、分析数据之间的联系，用一定的数据模型来表示；再求得系统全局的数据结构，用一定语言加以表示及定义；注意考虑数据的存放位置、数据量大小、对安全保密性、数据正确性、防错纠错措施等方面的要求，设计并在计算机中建立数据库结构；在此基础上开发相应维护和使用数据的应用程序。在设计程序时要注意使用方便，操作简单，系统高效可靠。

要尽可能减少数据冗余。所谓数据冗余是指同一数据在多个不同的地方存放。例如，同一个人的基本情况，如果在人事管理部门的系统中存放、在财务部门也存放，在生产管理部门也存放，那就存在明显冗余。另外，如果一组数据在一个表中多次重复，也是冗余。它不仅导致数据量的增加，使系统处理速度变慢，效率降低，而且易发生错误。多一个数据表，就需要多一套维护程序，多一些发生错误的可能，会影响全系统的性能。在实际设计中，应尽量减少数据冗余，控制冗余度。需要正确定义全局数据结构。

用某一种数据库语言对全局数据结构的定义称为这种数据库的概念模式，简称模式。例如设计关于"学生"的数据，定义为二维结构的表，表名为 Student，包括 Name、Num、Age 三个数据分量，数据类型分别为字符型、整型、整型，所占宽度分别为 8、4、4 个字节。这些内容就是对关系数据库"学生"的模式定义的主要内容。关系数据库的模式除包括数据库名、数据结构方式、记录的构成等内容外，还包括记录的标识性数据分量、数据范围及使用权限等内容。在关系数据库中标识性数据分量指能唯一标志一条记录的数据分量。模式常常简单地被表示为：模式名(数据项 1,数据项 2,…)，例如 Student (Name,Num,Age)。上述数据分量我们称之为字段，数据分量名称为字段名，每条记录该数据分量的值称为字段值。标识性数据分量称关键字。

要增强数据的共享性、尽量减少数据冗余，还需要进一步提高数据的逻辑独立性，减少应用程序对全局性数据结构的依赖，让应用程序只和局部数据结构相关。为此，可进一步定义概念模式的逻辑子集，称为子模式。

在数据库系统管理软件中，有专门定义数据模式的语句，例如，建立学生(学号,姓名,年龄)和成绩(学号,课名,分数)两个表（名字均改用英文字符表示）的语句：

```
CREATE TABLE Student (Num i, Name c(8), age i)
CREATE TABLE Result (Num i, LessonName c(28), Fraction i)
```

在数据库系统管理软件中，还有建立视图的语句。例如欲建立视图 Sr，列举所有不及格的学生，可以用一条语句实现：

```
CREATE VIEW Sr AS SELECT Student.Name,Result.LessonName,Result.Fraction  FROM
Student, Result (WHERE Student.Num =Result.Num AND Result.Fraction <60)
```

有了这个视图之后，在关系数据库系统中可将 Sr 视同一般表，通过它对源表 Student 和 Result 进行查询操作。该视图实现了两个源表的联系，相当于源表模式的子集。它使用的字段名可以与源表不同，以后若源库结构发生变化，包括上述相应字段名变化，我们可修改视图定义来局部适应这些变化，而不需要修改程序。视图和表不同之处在于它并没有真正地存储数据，它所存取的数据必须依附于所关联的数据表，是一种虚的映射关系。

还有一些数据库，在关于全局数据结构的子集定义中允许改变对应的数据类型、宽度，还可加入关于权限控制方面的内容，这种用一定数据库语言对局部数据结构的描述称为子模式或外模式。子模式是对用户所看到的数据结构的描述，用户看到的数据结构称为用户视图或外部视图或称 I/O 视图。除了关系数据库，早期的数据库还有层次数据库与网状数据库，这些数据库要求所有应用程序只能基于子模式编写，子模式使程序对全局数据结构变化的适应性进一步加强，而且可在各个局部范围内加强数据的安全性，对使用数据给予更强的控制。与这些数据库比较，关系数据库的应用程序可以基于视图（子模式）编写，也可以基于模式编写。

在一些数据库中，关于数据结构的定义还需加入所存储文件名及类型、数据存储形式（顺序文件或链表结构文件）、采用的指针、索引文件的结构乃至于存储设备、物理块大小等，这些有关存储方式、物理结构等的描述称为存储模式或内模式，数据库通过存储模式再借助于操作系统实现对数据存储文件的操作。

以上形式将数据库分为不同层次，各个层次面对不同类型的人员。业务人员面对的是应用程序，例如人事部门用户面对有关人员资料的输入输出程序；工资部门用户涉及员工工资部分数据的程序；行政管理部门用户涉及生产、行政等方面数据的程序等。这些部门程序员面对的是数据的子模式，只涉及系统中部分数据，例如人事部门程序员关心的是员工编号、姓名、性别、出生日期及职务、职称、基本工资、职务工资、福利费、公积金等数据；工资部门程序员关心人事部门中的职工编号、姓名、参加工作日期、职务、职称、基本工资、职务工资、福利费、公积金；生产部门程序员关心考勤数据；行政部门程序员关心房租、水电等数据等。程序员所见到的数据库形式称外部视图或称 I/O 视图。数据库管理员 DBA 面向数据全局结构，即概念模式和存储模式，包括了前述所有部门各类人员所有数据的按一定规则的集合。系统管理员关心的是各个数据库及其他文件在系统中的存储和管理，面对的是各个数据库的存储模式，他看到的部分称为内部视图。

以上划分视图层次的方案基于美国 ANSI/X3/SPARC（美国国家标准协会的计算机与信息处理委员会中的标准计划与需求委员会）数据库小组关于数据库系统三层结构：外部级、概念级、内部级的报告，如图 1.2 所示。

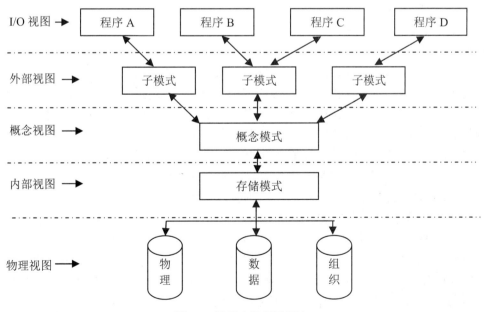

图 1.2 数据库的视图层次

1.1.2 节中关于数据库数据存储特点的分析，说明数据库在文件中存储了对数据逻辑结构的描述，从物理上实现了数据模式定义与实际所存储的数据两者的分离。基于模式可以进一步定义视图，它相当于面向应用程序的子模式，使程序与数据进一步分离。这样的结构要求应用程序中使用的有关数据库中数据的名字经子模式翻译解释后与概念模式中的命名对应，称为模式到程序的逻辑映像，模式定义的数据结构通过存储模式并经操作系统解释与实际数据的存储结构对应，称为物理映像。

模式到程序的逻辑映像使程序与数据逻辑结构定义以及数据尽可能分离，当程序调用数据的要求发生变化时不一定要求改变数据的全局结构，反过来数据结构在一定范围内变化时，通过子模式调节，不一定要求改变程序，称之为数据的逻辑独立性。

当数据实际存储位置等物理存储结构改变时，可由存储模式适应这种变化，而不要求改变数据的全局结构，更不要求修改程序，称之为数据的物理独立。数据的逻辑独立与数据的物理独立合称为数据独立。数据独立是数据共享的必备条件。而数据共享又为减少数据冗余、保证数据的一致性提供了条件。

数据库系统应有统一的数据控制功能，包括数据的安全性控制和数据的完整性控制。

数据的安全性指不同用户各自在一定权限范围内控制使用数据。其目的是防止数据遭到人为破坏或泄密。

数据的完整性指数据的正确性、有效性和相容性。数据的完整性控制指在数据库的使用过程中，防止错误或不恰当的数据进入数据库。

有效性是指数据的合法性。数据是现实世界中实际存在的客观事物、概念或事件的反映和抽象，现实世界中客观存在的可标识的事物、概念或事件称为实体。例如人、部门、课程、商品、记账活动等。每个实体有不同特性，用不同的属性可以描述与标识实体。例如，对人一般可用代号、姓名、性别、出生日期、所在单位等属性描述，对于具体的人，关于上述属性又可用具体的数据来描述，例如 20000101，吴平，男，1986 年 2 月 5 日，电计系等，称为属性值。对应一个实体的所有属性值的集合称记录。具有相同属性描述的实体的集合称为实体集，一个实体集的属性名的集合称为实体型，一般用实体名及属性名来抽象地表示实体型。例如学生可用学号、姓名、性别等描述，学生实体型可表示为：学生(学号,姓名,性别)。课程可用课程号、课程名、课程大纲等描述，课程实体型可表示为：课程(课程号,课程名,课程大纲)。实体都应是可以标识的，通过属性值集标识。但为了数据管理方便我们还常利用某一个或某几个属性来唯一区别一个实体，我们称之为关键字（或称主码，或称标识属性）。例如，如一个集体中无同名同姓的人存在，在对该集体成员进行管理时，姓名就作为关键字。但"无同名同姓的人"这一前提条件常常不成立，我们就设计如职工号、学号、身份证号等来标识一个人，职工号、学号、身份证号都是关键字。是否存在关键字、关键字在所有数据中是否能唯一标识一条记录，常作为数据有效的标准之一，称之为实体完整性。

相容性是指表示同一个事实的两个数据应当相同。在不同实体集之间有时有特定的联系。例如学生要学习许多课程，每一门课程可能有许多学生学习，每个学生学习每门课程最终有一成绩。我们常为它们建立一定联系。例如在关系数据库中，用联系集：成绩(学号,课程号,分数)来描述学生实体集与课程实体集之间的联系。在成绩关系集和学生关系集中，都存在"学号"数据，我们要求"成绩"中每一条记录中的学号必须在学生实体集中存在。在关系数据库中，为了实现表与表之间的联系，有时需将一个表的主码作为数据之间联系的纽带放到另一个表中，这些在另外一个表中起联系作用的属性称为外关键字（外码）。通过外码实现关系之间的约束称为参照完整性。在学生与成绩两个表中，成绩表中的学号必须在学生表中存在，否则我们便认为这个关系是无意义的，它使得学生和成绩两个表之间不相容。学号称为成绩表的外码。

所谓正确性是指数据应当客观真实地表现周围事物。每个属性的数据在实际生活中常具有一定范围，属性的取值范围称作域。如性别只能是男或女，{男,女}是性别域；年龄字段定义成整型，但是对于一般职工，不能超过 60，也不能小于 16，{16-60}是年龄域。数据应当满足所规定的有效范围。数据库技术可识别一个数据是否在一定范围内，在限定范围内的数据被认为是正确的，不在限定范围内的数据输入则是错误的。一些数据库可通过结构定义、通过触发器程序的设计及其他方式来确保数据录入与维护的操作保持在正确范围内。

2. 数据库管理系统（DataBase Management System，DBMS）

DBMS 是数据库系统的核心组成部分。任何数据操作，包括数据库定义、数据查询、数据维护、数据库运行控制等都是在 DBMS 统一管理下进行的。DBMS 是用户与数据库的接口，应用程序只有通过 DBMS 才能和数据库打交道。

由于不同 DBMS 要求的硬件资源、软件环境是不同的，因此其功能与性能也存在差异，其功能主要包括以下 6 个方面。

（1）数据定义和映射。DBMS 提供有数据描述语言（Data Description Language，DDL），来定义构成数据库结构的模式、存储模式、外模式，定义各个外模式与模式之间、模式与内模式之间的映射以及有关的约束条件，并将各种模式翻译成相应的目标模式。这些目标模式不是数据库中的数据，而是数据库的结构。翻译后的各种目标模式将保存在系统的数据字典中，供 DBMS 进行数据管理时参照使用。

（2）数据操纵。DBMS 提供数据操纵语言（Data Manipulation Language，DML），实现对数据库的操作。最基本的操作有四种：检索、插入、删除和修改。

（3）数据库运行控制功能。DBMS 的核心部分还包括对数据库进行故障恢复和并发控制、安全性检查、完整性约束条件的检查和执行，数据库的内部维护（如索引、数据字典的自动维护等）。所有访问数据库的操作都在这些控制程序的统一管理下进行，以保证数据的安全性。

1）数据安全性控制：保证按权使用数据，防止对数据库进行非法操作。采取的措施有鉴定用户身份、设置口令、控制用户存取权限、数据加密等。

2）数据完整性控制：是指对数据的正确性、有效性和相容性的控制。如前所述，DBMS 在建库时把完整性作为模式的组成部分存入数据字典。数据字典（Data Dictionary，DD）中存放着对数据库三级结构的描述以及有关各数据项的类型、值域和关键字等数据，从结构上对数据的语义和数值范围加以约束。

3）故障恢复：数据库一旦投入运行，数据库中的数据时刻在变化。然而，诸多因素可能使数据库遭到破坏，如磁盘损坏、电脑病毒、操作失当等。DBMS 必须提供一定的数据恢复机制，把数据库从破坏的状态恢复到破坏前的状态。通常可根据系统工作日志中记载的数据操作命令，逐步回退加以恢复。此外，用户应随时转储数据以供恢复之用。

4）并发控制：当多个用户同时操作同一数据库时，有可能破坏数据的正确性而出错。这通常是由于两个进程之间不合理的时差造成的。DBMS 通过锁机制控制并发作业的进程以保证数据的正确性。

（4）数据库的建立和维护功能。建立数据库包括数据库定义、某些表空间定义、表的定义及初始数据的输入与数据转换等。维护数据库包括数据库的转储与恢复、数据库的重组织与重构造、性能的监视与分析、记载系统工作日志等。

（5）数据组织、存储和管理。数据库中需要存放多种数据，如数据字典、用户数据、存取路径等。DBMS 负责分门别类地组织存储和管理这些数据，确定以何种文件结构和存取方式物理地组织这些数据，如何实现数据之间的联系，以便提高存储空间利用率以及提高随机查找、顺序查找、增、删、改等操作的效率。

（6）数据通信接口。DBMS 需要提供与其他软件系统进行通信的功能。例如，提供与其他 DBMS 或文件系统的接口，从而能够将数据转换为另一个 DBMS 或文件系统能够接受的格式，或接受其他 DBMS 或文件系统的数据。

为提供上述功能，DBMS 通常由以下 4 部分组成：

（1）数据定义语言及其翻译处理程序。DBMS 提供 DDL 供用户定义数据库的模式、存储模式、外模式各级模式间的映射、有关的约束条件等。各种模式翻译程序负责将他们翻译成相应的内部表示，即生成目标模式。这些目标模式描述存放在数据字典中，作为 DBMS 存取和管理数据的依据。

（2）数据操纵语言、机器编译（或解释）程序。DBMS 提供 DML（Data Manipulation Language）实现对数据库的检索、插入、修改删除等基本操作。DML 分为宿主型（C、Java、VB）和自主型（FoxPro）两类。

1）宿主型（host language）：用一般的程序设计语言（称为主语言，如 C、Java 等）编程，而把 DML（称为子语言）作为主语言的一种扩充嵌入到主语言中。

2）自主型（self contained language）：DBMS 自含的程序设计语言，可以与 DML 有机地结合或独立地使用。FoxPro 就属于这类语言，有自己的编译程序和解释程序。

（3）数据库运行控制程序。DBMS 提供了一些系统运行控制程序负责数据库运行过程中的控制与管理，它们在数据库运行过程中监视对数据库的所有操作，控制管理数据库资源，处理多用户的并发操作等。

（4）实用程序。包括数据初始装入程序、转储程序、数据库恢复程序、性能监视程序、数据库组织程序、数据转换程序、通信程序等。

1.3　数据库的数据结构及存储结构

本节中进一步系统地说明数据库的数据结构与存储结构。

1.3.1　链表式数据结构

传统的数据库有三类：层次数据库、网状数据库和关系数据库。它们分别采用树、图和线性表三种不同数据结构。各有其适应性。

【例1.3】一个学校有许多系：电系、机系、化工系，……，每个系通过系代码、系名、系地址、系电话、系专业设置等数据来描述。每个系下辖多个教研室。例如电系下辖计算机、电子信息、自动控制等教研室；机系下辖机械制造、质检、制图等教研室；化工系下辖化工材料、有机化工等教研室。每个教研室由室代码、室名、室电话等数据描述。每个教研室负责管理老师、学生。

假设计算机教研室有张、王、林等老师,有 A1、B1、C1 等学生。电子信息教研室有肖、吴、陈等老师,有 A2、B2、C2、D2 等学生。自动控制教研室有廖、章等老师,有 A3、B3 等学生。机械制造教研室有任、钟、王等老师,有 A4、B4、C4 等学生。质检教研室有明、任等老师,有 A5、B5 等学生。制图教研室有王老师,有 A6、B6、C6 等学生。化工材料教研室有李、吴等老师。有机化工教研室有陈、张等老师,有 A7 等学生。

教师用职工号、姓名、性别等描述,学生用学号、姓名、性别等描述。

如果系统常要讨论的是某个系有哪些教研室,了解有关教研室的情况、老师的情况、学生的情况,以及某个教研室有哪些老师,有哪些学生等问题。可以使用链表将所有数据如图 1.3 连接进行存储,其中每个框表示一个实体型,包括各有关数据项。

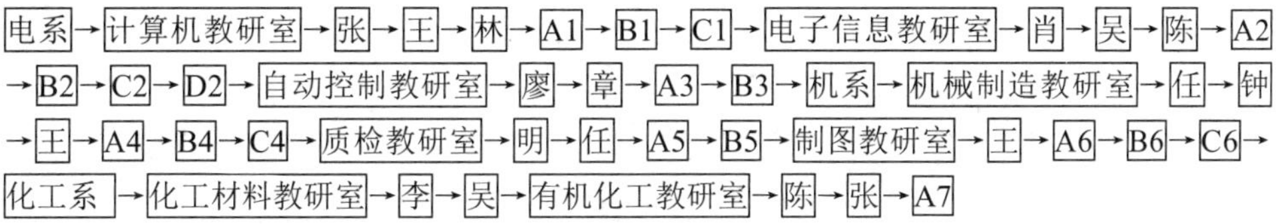

電系→计算机教研室→张→王→林→A1→B1→C1→电子信息教研室→肖→吴→陈→A2→B2→C2→D2→自动控制教研室→廖→章→A3→B3→机系→机械制造教研室→任→钟→王→A4→B4→C4→质检教研室→明→任→A5→B5→制图教研室→王→A6→B6→C6→化工系→化工材料教研室→李→吴→有机化工教研室→陈→张→A7

图 1.3 链式数据结构

这类结构可以实现从头开始循链表查询以求解上述问题,层次数据库就是如此组织数据的,这种结构形式,查询只能从头顺着链向后走,因此要回答某老师是属哪个系及哪个教研室这类问题比较困难,数据维护操作也比较麻烦。在图 1.3 中一个系连同其所有教研室、教师和学生等子孙成员数据称一条记录,这些记录是不等长的,因而存储处理也较困难。

1.3.2 关系数据库结构概述

关系数据库采用线性表形式组织数据,如上述同样问题,它采用系、教研室、老师、学生等四个线性表来组织有关数据,如表 1.3~表 1.6 所示。

表 1.3 "系"数据表

系代码	系名	系地址	系电话	系专业设置
D1	电系	机二楼	247	计算机、电信、自控
D2	机系	机二楼	354	机制、质检、制图
D3	化工系	化二楼	564	化工材料、有机

表 1.4 "教研室"数据表

室代码	室名	室电话	系代码
01	计算机	260	D1
02	电子信息	261	D1
03	自动控制	262	D1
04	机械制造	370	D2
05	质检	371	D2
06	制图	372	D2

表 1.5　"老师"数据表

职工号	姓名	性别	室代码
X1	张老师	男	01
X2	王老师	女	01
X3	林老师	女	01
X4	肖老师	男	02
X5	吴老师	女	02
X6	陈老师	男	02
X7	章老师	男	03
X8	廖老师	男	03
X9	钟老师	男	04
X10	王老师	男	04
X11	任老师	女	04

表 1.6　"学生"数据表

学号	姓名	性别	室代码	
S1	A1	男	01	
S2	B1	男	01	
S3	C1	女	01	
S4	A2	女	02	
S5	A3	男	03	
S6	B3	男	03	

　　采用的每一个表称为一个关系；表的每一行称为一条记录，代表一个实体；每一列称为字段或数据项，代表实体的一个属性。

　　在学生的学籍与成绩管理系统中，我们要考虑学生的基本情况、所学课程、学生成绩等多个方面的内容，一个学生在学校中将学习许多课程，一门课总是有许多学生学习。若要存放这些数据并问及有关学生和课程二者之间的问题，例如问某个学生学习了哪些课程，各自成绩等，需要建立学生到课程之间关联关系，如图 1.4 所示。

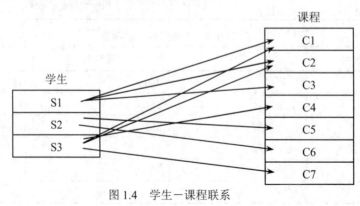

图 1.4　学生－课程联系

如果进一步要问某门课程有哪些学生学及其成绩，就需建立反向的课程到学生之间关联关系，如图 1.5 所示。

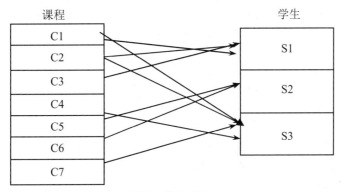

图 1.5　课程－学生联系

如果同时涉及两个方向关系，显然不便采用层次数据结构，但可采用线性表结构。例如作如下设计：在各表基础上增加课程表，包括课程号、课程名、开课单位等。结构如表 1.7 所示。

表 1.7　"课程"数据表

课程号	课程名	开课单位
C1	C 语言	01
C2	操作系统	01
C3	数据库	01
C4	电工学	02
C5	电机学	03
C6	机械原理	04
C7	制图学	06
C8	C 语言	02

再设计一个将表 1.6 和表 1.7 联系起来的表，如表 1.8 所示。

表 1.8　"成绩表"（学生与课程联系表）

学号	课程号	分数
S1	C1	80
S1	C2	85
S1	C3	80
S2	C5	80
S2	C6	90
S3	C1	90
S3	C2	85
S3	C4	90
S3	C7	95

根据这样的结构，可以回答许多关于学生与课程关系的问题，例如问学生 A1 学习了哪些课程及其成绩，我们可在表 1.6 的学生表中查出 A1 学号为 S1，再在表 1.8 中查得 S1 所学课程号有 C1、C2、C3，各自分数为 80、85、80。再在表 1.7 中查得 C1、C2、C3 课程名为 C 语言\操作系统和数据库，有了这些数据，很容易打印成绩单，形成如表 1.9 所示。

表 1.9　A1 选修课程成绩查询结果

学号	姓名	C 语言	操作系统	数据库
S1	A1	80	85	80

同样方法可很容易查某门课程有哪些学生选学及其成绩的问题。

由于在查询时需要操作三个表，表的关联操作耗费时间，因而线性表结构方式效率较低。

从上面讨论可见，对不同应用问题可能需要采用不同的数据结构和存储结构来组织数据。采用链表结构的优点是效率高，缺点是结构较复杂，维护不方便，操作缺少灵活性。采用线性表结构并以顺序文件形式存放，结构较简单，数据维护容易，容易实施，有很强的适应性和灵活性，因而成为目前采用的主要形式。

1.4　索引文件组织

记录按录入先后次序存储，数据维护比较方便，但检索速度较慢。其原因之一是因为数据库的数据量比较大，在对它处理时，一般需经过多次内、外存数据交换，多次访问磁盘，其速度远较机内数据传送和 CPU 处理速度要慢得多，在这样的情况下，数据检索速度一般决定了读写盘次数，读盘次数越多，检索速度就越慢。每次读写盘交换的最大数据存储区称为块，在块内数据检索时间常可忽略不计。原因之二，是因为对检索内容未予排序，只能采用顺序查找方式。若供查询记录数为 N 时，平均查找到一条记录约需 N/2 次比较。两个原因中前者是主要的，提高效率的关键是减少访盘次数。

从减少访盘而言，在数据库系统中采用排序文件意义不大，因为排序文件与原文件规模相同，不能满足减少访盘的需要。另外，检索的目标极多，不可能对每一种检索的需求一一生成排序文件。解决问题的办法是采用索引文件组织，利用索引文件提高检索效率。

1.4.1　索引文件

用户检索要求总是针对某一个属性或某几个属性进行。例如查找姓名为王平的记录是针对姓名检索；求年龄大于 25 的学生记录是针对年龄检索；求姓王且年龄大于 25 的学生记录是针对姓名和年龄检索。

索引文件由索引项构成，具有唯一性的索引文件的索引项由关键字值和指针组成，结构为：(关键字值,指针)。

由索引项构成且按关键字排序的文件称索引文件。对每条记录生成一个索引项的索引文件又称稠密索引。由于索引项大小远小于一般记录长度，使索引文件规模远小于原文件，检索时将大大减少访盘次数。

如果内、外存交换数据的单位为块，一个索引文件的大小大于块的大小，不能一次将索引文件调入内存时，可再建立高一层索引：先将原索引文件分段，取每段第一个索引项的关键字值及其在索引文件中的地址指针构成该级索引项，这样构成的索引文件称稀疏索引。可以一级级建下去直到索引文件的大小不超过块大小为止。在检索时，首先从最高层索引查起，找到欲查记录在下一级索引的哪一块中，再一级级查下去，直到查到欲查记录（或证实文件中无欲查记录），从原文件中取出检索结果。这样将使内外存互访次数降至最小，读盘次数借助直接存取技术可小到等于索引级数加 1。

索引文件规模小，容易维护，但要注意保证其内容与数据表一致。如要对数据表进行数据录入、数据修改、数据删除等操作，都要求先打开索引文件，数据库系统软件将控制索引文件根据数据变化自动更新。如在对数据维护之前未打开索引文件，一般都要求在数据维护完成后重建索引或更新索引。

1.4.2　非关键字索引文件

如果查找内容是无重复的，利用上述索引文件可以很快查到记录。但是许多查找内容的值是可以重复的，在一个表的多条记录中出现，例如学生表中如果增加班级名称、专业名称、职务及性别这些字段将会有许多重复值。还有一些查找内容，检索目标涉及多个属性，例如查询计算机专业全体班干部数据，就涉及专业和职务两方面属性。这时采用前述索引文件查询的速度仍较慢，为此需设计其他索引结构。

1. 索引链接文件与多重链表文件索引

索引链接文件由非关键字索引构成的索引表及若干个链接文件构成。非关键字索引的索引项由查找内容和一个指针组成，每个索引项的指针指向其范围内第一条记录的地址，该范围内其他记录由指针顺序相连。例如教师表中如果增加职称、工资、地址等字段，且按职称查找，可以设计索引链接文件如图 1.6 所示。

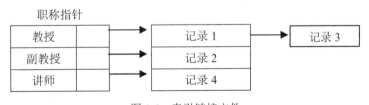

图 1.6　索引链接文件

这种索引链接文件对于每一个查找内容可关联多条记录，用于非关键字索引查找，有较高效率。例如要从教师表中查找有哪些老师是教授，共有多少名教授，所有教授的数据等这类问题。使用索引链接文件就比较方便，只需要循第一条链查就可以。

实际问题往往涉及两个以上检索条件，例如查找所有男教授数据等。可建立多个索引，多个链表，这类文件又称为索引多链表文件。例如对职称建立一个索引链，对性别建立一个链表，如欲查找所有男教授数据，可先查出所有教授姓名，再在性别链中查出这些教授有哪些在男性链表中，取出这些教授的数据。参见图 1.7。循教授链查职工为第 1 条记录，由主文件查第 1 条记录的下一个同职称地址为第 3 条记录，于是得到全部教授的数据为第 1 条与第 3 条记录中的职工：{王平、李斌}，同样在性别索引中循男性链查，可以知道第 1、3、4 条记录职工性别为男，于是知道所查到的两个教授都是男教授。

主文件

地址	职工号	姓名	性别	职称	工资	下一个同性别地址	下一个同职称地址	下一个同工资地址
1	T1	王平	男	教授	1100	3	3	^
2	T2	张明	女	副教授	1000	^	^	^
3	T3	李斌	男	教授	1200	4	^	^
4	T4	吴海	男	讲师	800	^	^	^

性别索引

性别	第一条记录地址
男	1
女	2

职称索引

职称	第一条记录地址
教授	1
副教授	2
讲师	4

工资索引

工资	第一条记录地址
800	4
1000	2
1100	1
1200	3

图 1.7　索引多链表文件

上述方法对非关键字查找能提高查找效率，但是对每一个条件的查找都只能循链表进行，当链表较长时，查找并不方便。我们还看到，查找效率与算法有关，例如上例中，如先按性别查出全体男教师记录，再查哪些为教授，需比较三次，而先查哪些为教授再查其中哪些为男性，只需比较两次。

这种方法如要查某个范围内数据也不方便，例如要查找职称为副教授以上的男教师记录，则需先查出所有男教师记录，再分别在教授、副教授等系列链表中逐一核对，算法比较复杂。

2. 倒排表

倒排表索引项由查找关键字及相关记录地址（指针）构成，如图 1.8 所示。

性别倒排表

性别	记录指针
男	1,3,4
女	2

职称倒排表

职称	记录指针
教授	1,3
副教授	2
讲师	4

工资倒排表

工资	记录指针
800	4
1000	2
1100	1
1200	3

图 1.8　倒排表结构

由倒排表进行组合条件查询时，对每一条件在倒排表中查出满足条件的记录的地址集合，之后进行求交集的运算，找到满足组合条件的记录，之后就可从主文件中查出相应数据。例如求工资大于 1000 元副教授职称以上男教工数据，则可分别得到工资为 1100 元的集合{1}，工资 1200 元的集合{3}，求得工资大于 1000 元教师地址集合，{1}∪{3}={1,3}；再求教授的集合{1,3}和副教授集合{2}，求得副教授职称以上教师地址集合{1,3}∪{2}={1,2,3}，再和男教师地址集合{1,3,4}等三个集合求取交集{1,3}∩{1,2,3}∩{1,3,4}={1,3}。如只求满足条件的教工人数，可回答为 2。如要进一步取出相应记录数据，再在主文件中读取：{王平、李斌}，十分快捷。

倒排表各个指针列宽度不等，结构较复杂，维护较麻烦，但比多重链表文件要简单。

1.4.3　B+树索引结构

随着文件增大，索引文件结构也将逐渐复杂，使查找性能、维护性能下降，数据顺序扫描性能会下降，我们希望索引在数据录入、删除时保持其有效性，在这一方面 B+树索引文件具有良好性能。

B+树索引文件采用多枝平衡树结构，以块为节点，除根外，每个节点中数据量要求装满一半以上，若一块最多能包含 N 条数据，就要求除根外任何时候每块数据量至少为 N/2 条数据。在根和枝中存放的是路标值和指针，指针数总比路标值数多一，每个路标值左指针所指块的最大路标值或最大关键字值都小于等于该路标值,而右指针所指块的最大路标值或最大关键字值都大于该路标值。在根和枝中一块最多可存放 N 个路标值。而在叶中存放的是关键字值。若一块最多可存放 M 个关键字值（允许 M≠N），则要求最少存入 M/2 条关键字值，每个节点中数据按关键字值大小顺序排列，所有叶节点按顺序由指针链接。例如关于表 1.5 中老师的索引，其结构如图 1.9 所示，为使图形简单，M 取 2，N 取 4。

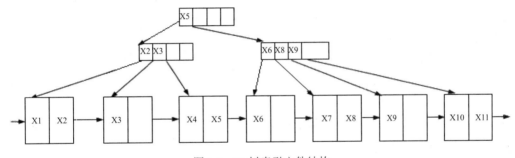

图 1.9　B+树索引文件结构

如果查找关键字 x4，我们从根查起，因 x4<=x5，从 x5 左枝往下查；因 x4>x3，再从 x3 的右枝往下查；在叶节点中查到 x4。访盘次数共三次。

由上可知，查到一条记录访盘次数等于树的深度。由于采用多枝平衡树，对于一个记录总数为 k 的数据库，如根和枝上容纳关键字总数为 N，N 和查到一条记录访盘次数 L 之间满足：

$$1+\log_{N+1}(k+1) \leqslant L \leqslant 2+\log_{N+1}((K+1)/2)$$

由于 N 极大，因而即使记录数 K 很大，L 也很小。

例如 K=1M，N=100，则 $1+\log_{N+1}(k+1)=4$，$2+\log_{N+1}((K+1)/2)=4.85$，可见访盘次数为 4 至 5 次，而采用一般索引方法平均访盘次数可高达 5000 次。

此外，如我们欲继续查出所有教研室代码为 02 的记录的位置，只需在叶节点链中查找 x5、x6 的记录，也十分快捷。

许多数据系统由于采用了这类索引方式管理数据，使其查询速度大大提高。

本章小结

本章介绍了数据处理的发展过程，文件系统与数据库系统处理数据方式的不同，数据库系统管理数据的特点。结合 SQL Server 数据库中数据存储的实例介绍数据库中数据的存储结构及关于数据逻辑结构的描述方法，介绍数据库三级模式与二级映像的方法，在此基础上讨论了数据的物理独立性和逻辑独立性。

数据库文件有顺序结构与链表结构两类组织方式。顺序文件组织方式中记录是物理相邻地依次排列。链表结构组织的文件的基本特点是数据在物理上可以任意存放，利用指针实现数据间的逻辑联系。顺序文件组织方式虽然查找方法简单但速度很慢。影响检索速度的主要因素是访问磁盘时的寻道与等待，为了减少访盘次数，需要建立索引文件。稀疏索引的主要缺点是随着文件的增大，性能会下降。为了解决这个问题，提出了稠密索引与 B+树索引。B+树是一种多枝平衡树，这种方式对于查找是简单有效的，但插入和删除却变得较复杂。

习题一

1. 利用文件系统处理数据与数据库系统处理数据有什么不同？各有何优缺点？
2. 何为数据独立性，数据库为什么要有数据独立性？
3. 数据安全性和数据完整性指的是什么？
4. 常用的数据库文件存储结构有哪些？举出每种方式的一个实例。
5. 索引技术的主要特点是什么？
6. 什么是 B+树索引？
7. 在数据库中文本类型字段的数据和图形类型字段的数据有什么特点？在存储这些数据时采用了什么方式进行存放？

第 2 章　数据库设计中的数据模型

本章学习目标

本章重点讲述了数据模型的基本概念。从实体及实体间的联系、实体的属性，讨论了实体-联系模型的意义与绘制方法。讲述了关系数据模型的概念与设计方法，介绍从实体-联系模型得到关系数据模型的方法与步骤、面向对象数据模型、利用 Rose 绘制数据模型的方法。通过本章学习，读者应该掌握以下内容：

- 实体与实体间的联系方式
- 三种数据模型及其比较
- 关系数据模型与模式
- 从 E-R 模型到关系数据模型的转换方法
- 面向对象数据模型的概念与绘制方法
- 利用 Rose 绘制面向对象数据模型的方法

2.1　数据模型

数据库内存储的内容是随时间变化的，某一时刻存储在数据库中的信息的集合称作数据库的一个实例。对数据库的总体设计称作数据库模式，它包括对数据库组成与结构的描述、对数据存储结构的描述、数据约束条件、数据的视图等。根据不同的抽象层次，数据库模式又可以分为在物理层对数据库设计的描述，称为物理模式、在逻辑层的描述称为逻辑模式、在应用层的描述称为子模式。关于数据库的设计，首要的是对数据结构的描述，它基于数据模型得到。

2.1.1　数据模型概念

数据库是某个企业、组织或部门所涉及的数据的存储库，它存放所有的数据并且反映数据彼此之间的联系。我们设计数据库系统时，一般先用图或表的形式抽象地反映数据彼此之间的关系，称为建立数据模型。常用的数据模型一般可分为两类，一是语义数据模型，如实体—联系模型（E-R 模型）、面向对象模型等；二是经典数据模型，如层次模型、网状模型、关系模型等。第一类模型强调语义表达能力，建模容易、方便，概念简单、清晰，易于用户理解，是现实世界到信息世界的第一层抽象，是用户和数据库设计人员之间进行交流的语言。第二类模型用于机器世界，一般和实际数据库对应，例如层次模型、网状模型、关系模型分别和层次数据库、网状数据库、关系数据库对应，可在机器上实现。这类模型有更严格的形式化定义，常需加上一些限制或规定。我们设计数据库系统通常利用第一类模型作初步设计，之后按一定方法转换为第二类模型，再进一步设计全系统的数据库结构。数据模型包括数据结构、数据操作和完整性约束三部分内容。

（1）数据结构。数据结构描述的是数据库数据的组成、特性及数据相互间联系。在数据库系统中通常按数据结构的类型来命名数据模型，如层次结构、网状结构和关系结构的模型分别命名为层次模型、网状模型和关系模型。

（2）数据操作。数据操作指对数据库中各种对象的实例允许执行的操作的集合，包括操作及有关的操作规则。数据库的操作主要有检索和维护（包括录入、删除、修改）两大类。数据模型要定义这些操作的确切含义、操作符号、操作规则及实现操作的语言。数据结构是对系统静态特性的描述。数据操作是对系统动态特性的描述。

（3）数据的约束条件。数据的约束条件指数据完整性规则的集合，它是给定数据模型中数据及其联系所具有的制约和依存规则，用以限定符合数据模型的数据库状态及其变化，以保证数据的完整性。

数据模型这三方面内容完整地描述了数据与数据之间的联系，数据结构是其中首要内容，本节将主要介绍各种数据模型数据结构的表示方法及各种模型之间的关系。

2.1.2　数据之间的联系

现实世界的事物之间彼此是有联系的，代表实体的数据之间也存在联系，对于不同实体集之间的实体与实体的联系可分为三类。

1. 一对一联系（1:1）

若对于实体集 A 中每一个实体，实体集 B 中至多只有一个实体与之联系，反之对于实体集 B 中每一个实体，实体集 A 中也至多只有一个实体与之联系。这称为实体集 A 与实体集 B 之间具有一对一联系，记为 1:1。

例如"企业集"中企业和"法人代表集"中法人代表之间的联系，假如每个企业有一个法人代表，而一个法人代表只在一个企业任职，则它们是一对一的联系。一般来讲，如果 B 是 A 的代表，或者是 A 中独具特色的内容，则 A 和 B 的联系是一对一的。

2. 一对多联系（1:N）

若对于实体集 A 中的每一个实体，实体集 B 中可有 n 个实体（n≥0）与之联系。而对于实体集 B 中的每一个实体，实体集 A 中至多只有一个实体与之联系，则称实体集 A 与实体集 B 有一对多的联系，记为 1:N。

例如一个系可有多个教研室，而一个教研室只属于一个系，则系与教研室是一对多的联系。一个教研室内有许多老师，而一个老师只属于一个教研室，教研室和老师之间是一对多的联系。一般来讲，如 A 是 B 的领导实体或 B 与 A 是所属关系，A 和 B 之间就是一对多的联系；如 B 是组成 A 的部分，而 B 中一个实体只组成到 A 中某一个实体之中，则 A 与 B 也是一对多的联系。

3. 多对多联系（M:N）

若对于实体集 A 中的每一个实体，实体集 B 中可有 n 个实体（n≥0）与之联系，反过来对于实体集 B 中的每一个实体，实体集 A 中可有 m 个实体（m≥0）与之联系，则称实体集 A 与实体集 B 之间有多对多联系，记为 M:N。

例如前面所举学生与课程之间的联系是多对多的联系。又例如，如果一个产品由多个零件组成，而一个零件可组成到多个产品之中，则产品和零件是多对多的联系；如果 B 是 A 从事的工作，A 与 B 常是多对多的联系；如 A 中一个实体由 B 中多个实体组成，而且 B 中一个实体可能被组成到 A 的不同实体中，则 A 与 B 也是多对多的联系。

可以看出，实体集与实体集间联系的性质与系统环境有关，与研究的问题有关，某些问题与前提条件有关。例如 A 与 B 如为组成关系，则它们的联系有可能为一对多的，也可能为多对多的。例如产品与部件之间、产品与零件之间的关系可能为一对多的，也可能为多对多的。在一个学校中，每个老师最多担任一门课主讲，有些课程有多位主讲，则课程和老师是一对多联系。在一个学校中，如果有的老师要担任多门课主讲，且有一些课程有多位主讲，则课程和老师之间是多对多联系。在一个学校中如果有的教师担任多门课主讲，而所有课程均只有一位主讲，则课程和老师间是多对一的联系。

如果在一个系统中，实体之间联系都是一对一或一对多的，可采用层次模型来描述，使用层次数据库效率高。如系、教研室及老师、学生等构成的系统。

凡采用层次模型可以描述的问题也可以使用关系数据模型。设计时，模型 A 和 B 如是一对一的联系常可将 A 和 B 的数据合并存放在一个表之中。A 和 B 如是一对多的联系，则需将 A 和 B 的数据分别存放在两个表之中，而且要在 B 中增加一个字段：A 中的关键字，以便回答既涉及 A 又涉及 B 的检索和统计的应用问题。使用关系数据库实现容易，但效率可能较低。

如果在一个系统中，实体和实体间存在多对多的联系，早期采用网状数据模型来描述，使用网状数据库存储，查询速度较快。现在均用关系数据模型来描述，A 和 B 的数据分别存放在两个表之中，同时另外建立联系关系：分别由 A 和 B 的关键字数据项构成联系关系表（如前面所举的关于学生和课程的例子）。

在一些问题中，可能涉及三个实体集之间的联系，例如在老师、学生、课程关系中，如老师和学生、学生和课程、老师和课程间均是多对多关系。而且要讨论某学生学习某课程是哪个老师教这一类问题，如只是分别建立老师和学生间联系及学生和课程之间联系关系还不能回答此问题。实际上它们三者是 m:n:p 的联系。在关系模型中，可以给三者分别建立一个表，另外建立联系关系表，由三者的关键字作为数据项，其关系模式为：教学(学号,职工号,课程号)，将有效解决该问题。

2.1.3　实体－联系模型

实体－联系模型（Entity-Relationship Model）是 P.PS.Chen 于 1976 年提出的一种概念模型，用 E-R 图来描述一个系统中的数据及其之间关系。在 E-R 图中，用长方形表示实体集，在长方形框内写上实体名。用菱形表示实体间联系，菱形框内写上联系名。用无向边把菱形和有关实体相连接，在无向边旁标上联系的类型，如 1 或 M 或 N。用椭圆表示实体或联系的属性，以无向边将椭圆与实体相连接。这样得到的图是用椭圆表示属性的 E-R 图。

如果用椭圆表示属性，图形较复杂，且对数据间关系突出不够，因此还常以表的形式表示属性，其表示方法为：实体名(属性 1,属性 2…)。

如果在例 1.3 中，添加描述如下：各教研室负责开出各专业课程，一个学生要学习许多课程，一门课程常有许多学生学。一个老师要带多门课，有一些课程有多位主讲教师。我们可画出其用椭圆表示属性的 E-R 模型如图 2.1 所示。

还可以用表表示属性，其 E-R 图如图 2.2 所示。

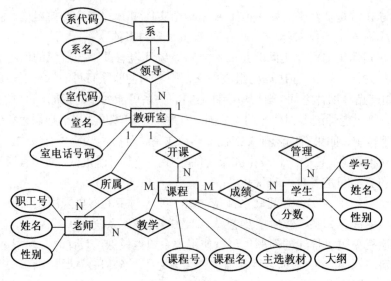

图 2.1　学校系统 E-R 图

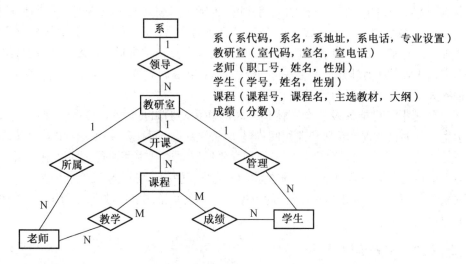

系（系代码，系名，系地址，系电话，专业设置）
教研室（室代码，室名，室电话）
老师（职工号，姓名，性别）
学生（学号，姓名，性别）
课程（课程号，课程名，主选教材，大纲）
成绩（分数）

图 2.2　学校系统 E-R 图的另一种画法

在设计数据库系统时，首先需要分析有哪些数据表，主要根据数据之间的联系进行划分，用表表示属性的 E-R 图突出表现了数据之间的联系，对于分析数据表的工作十分有益。另外，属性表内容与最终关系数据模型内容很接近，对于从 E-R 图向关系模型的转化也很有意义，因而推荐这种画法。

要注意以下几个问题：

（1）某些联系也具有属性，例如"成绩"有属性"分数"，它既非为学生独有，也非为课程独有，是涉及学生学习某门课程关系时产生的特性，因而是联系的属性。

（2）对于三个实体 M:N:P 的联系，如老师、学生、课程间联系可如图 2.3 所示描述。

（3）E-R 图可以表现一个实体内部一部分成员和另一部分成员间的联系。在一个学生班中，班干部和一般学生都是学生，但班干部和一般学生间存在一对多联系，可表示为图 2.4，这类联系称为自回路。

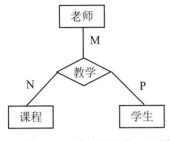

图 2.3　三个实体间的 E-R 图

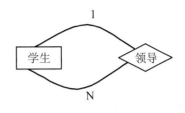

图 2.4　自回路的 E-R 图

（4）E-R 图可以表现两个实体集间多类联系。例如一个单位中职工和工作的关系，一个职工可承担多项工作，一个工作一般有多人承担，这种工作关系是多对多的关系。另外，有一些职工对一些工作是主要责任人，一个职工可对多项工作负责，但一项工作只有一个责任人，它们之间这种负责关系为一对多联系，可用图 2.5 描述。

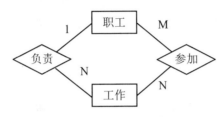

图 2.5　两个实体间有多种联系

从以上 E-R 模型可见 E-R 图表述简单，与现实世界较接近。对一个系统我们首先分析有哪些实体集，分别用矩形框画出，再分析它们每两者之间是否存在联系，是什么类型的联系。如有联系，用菱型框表示并用线与相关实体框相连，标上联系的类型。最后分析各个实体集及联系的属性，用表表示这些属性就可得到 E-R 图。

这中间比较困难的是，有些时候实体与属性不易区分，对于一些具体问题，如对实际数据构成了解不透，对环境和应用需求调查不深入，不容易弄清联系关系及联系的类型，容易漏或错。对于这些较深入的内容，我们将在应用系统设计一章中进一步讨论。

此外，根据这种模型无法直接建立机器上的存储结构，因此还要转化成为某一种经典数据模型。

2.2　关系数据模型

2.2.1　关系数据模型的概念

用二维表格数据（即集合论中的关系）来表示实体和实体间联系的模型叫关系数据模型。它是经典数据模型中建模能力最强的一种，对于各种数据联系类型都可描述。它以关系理论为坚实的基础，因此成为当今实用系统的主流。前述的 Oracle、DB2、Informix、Sybase、SQL Server、Access、Visual FoxPro 全都是关系数据库管理系统。

关系数据模型用二维表表示实体集。二维表由多列和多行组成，每列描述实体的一个属性，每列的标识称为属性名，在关系数据库中称为数据项或字段。表中每一行称为一个元组，描述一个具体实体，在关系数据库中称为记录，元组的集合构成表，称为关系，描述一个实体集中各类数据的集合，在关系数据库中也称之为表。关系数据模型由多个关系表构成，每个表表示法为：关系名(属性 1,属性 2,……属性 n)，例如：学生(学号,姓名,性别,出生年月,专业,班级,政治面貌,家庭住址,履历)。

在一个关系的属性中有的属性或属性组能唯一标识一个元组，称为主码，或称为关键字。有些属性取值有一定范围，属性的取值范围称为域。一个域对应关系数据库中表的一个数据项的值的集合。多个数据项可对应同一个域。元组中一个属性值称为分量，对应关系数据库中一条具体记录的一个数据项的具体值。

在关系模型中对于联系有不同表示方法，例如对于一对多联系，可在"多"方实体集的表中加进"一"方实体集的主码。对于多对多联系则可以建立一个新表，由"联系"的两个实体的主码及"联系"自身的属性作为其属性。

在关系数据库中用户的检索操作实际是从原来的表根据一定的条件求得的一个新表。

综上所述，关系模型概念单一，无论是实体还是联系，无论是查询检索源还是检索结果集都用二维表表示，结构清晰，用户易懂易用，容易维护，适应性强，容易扩充，其坚实的理论基础使之严密细致，这些都使它长期成为实用数据库系统的主流。

对于关系模型还要指出几点：

（1）关系是元组的集合，元组在关系中的顺序不影响关系。

（2）同一关系任意元组不允许全同。对于每一个表，我们一般要选定或设计主码，用以区分不同元组。

（3）关系的每一属性都是不可再分的基本数据类型，这种特性称为原子性。如表 2.1 所示的表结构是不允许的。其中成绩可再分为单科成绩和总分两个数据项，组成它的两个数据项级别不同，称为组项；单科成绩还可再分为 C、OS、DB 三个数据项，构成单科成绩的三个数据项级别相同，称为向量。向量是组项的一种，是特殊的组项。在关系模型中不允许存在组项和向量。

表 2.1 成绩关系表

姓名	成绩			
	单科成绩			总分
	C	DB	OS	
张三	90	85	65	240

另外如表 2.2 所示的结构也不允许，这种结构称为重复组，在关系模型中不允许存在重复组。

表 2.2 重复组

姓名	课名	分数
A1	C	80
	DB	85
	OS	92
A2	C	90
	DB	80

（4）在一个表中属性排列顺序可以交换，不影响关系。

（5）允许属性值为空值（null value），表示该属性值未知，空值不同于 0，也不同于空格。它使关系数据库支持对不完全数据的处理。在表中，不允许主码全部或部分为空值，否则它就无法唯一标识一个元组。

2.2.2　关系数据模型的设计

关系数据模型一般在 E-R 模型的基础上得到。在数据库系统设计时，可以首先画出 E-R 模型，然后转化出关系模型，画法为：

（1）将每一个实体型（矩形）用一个关系表示，实体的属性就是关系的属性，实体的码就是关系的主码。对于一对一的联系可将原两实体合并为一个关系表示，关系属性由两个实体属性集合而成，如有的属性名相同，则应加以区分。

（2）对于一对多的联系，在原多方实体对应的关系中，添加一方实体的主码，多方实体主码是多方对应实体的主码。例如在图 2.2 中教研室的属性表中添加数据项：系代码，是系实体中主码；在老师和学生属性表中添加室代码，是对应的教研室实体的主码。

（3）将多对多的联系转换为新关系，联系名为关系名，联系的属性加上相关两实体主码构成关系的属性集，相关两实体主码的集合是联系关系的主码。例如图 2.2 中学生与课程间已经有联系关系：成绩，在其中原有一个属性：分数，应再加入学生与课程的主码：学号、课程号，得到关系：成绩(学号，课程号，分数)，学号和课程号构成成绩关系的主码。

综合上述，基于图 2.2 描述的 E-R 图转化为关系数据模型的步骤是：

（1）分析图中实体集的情况：图中有系、教研室、老师、学生、课程等实体集，分别用系、教研室、老师、学生、课程等关系表示。

（2）分析图中所有一对多联系的情况：系与教研室、老师、学生为一对多联系，因此在图 2.2 的 E-R 图的教研室、老师、学生等属性表中增加系的主码：系代码。教研室和课程之间也是一对多联系，在课程属性表中增加教研室的主码：室代码。

（3）分析图中所有多对多的联系：老师与学生是多对多联系、学生与课程间也是多对多联系，因此要建立两个联系关系：老师与学生间的"教学"关系与学生与课程间的"成绩"关系，其中教学的属性集为老师实体与课程实体的主码：职工号、课程号，成绩的属性集为学生实体与课程实体的主码：学号、课程号，另外分数是联系关系"成绩"原来自有的属性，保留在成绩关系中。

最终可以得到系统的关系数据模型如下。

系(系代码,系名,系地址,系电话,专业设置)

教研室(室代码,室名,室电话,系代码)

老师(职工号,姓名,性别,系代码)

学生(学号,姓名,性别,系代码)

课程(课程号,课程名,主选教材,大纲,室代码)

成绩(学号,课程号,分数)

教学(职工号,课程号)

特别注意，关系模型与 E-R 图中的属性表的表示相似，但增加了许多实现关联的属性，而且内容与意义是不相同的。

对于 M:N:P 的联系，仿照多对多联系处理，联系转化为关系，原三个相关实体的主码及联系自身的属性构成联系关系的属性。

对于自回路，要区分一对多和多对多。对于多对多情况，先复制原实体中主码及涉及的主要属性，改名后存另一个表，再仿照一对多联系和多对多联系处理：联系转化为关系，原实体中主码加上更名后原实体中主码作为联系的属性。例如学生和学生之间合作联系可用合作（a.学号，b.学号）表示，其中 a、b 为"学生"表的两个别名。

对于两个实体间的多种联系，对每一个联系区别一对多或多对多，依前面处理一对多联系及处理多对多联系的方法处理。

得到关系模型后进一步再设计各个属性的性质（是否主码、存储数据类型、宽度等）及完整性约束条件，就可得到关系数据库模式，初步完成数据库系统数据逻辑结构设计。

2.3 面向对象数据模型

E-R 图可以很容易地表达实体集及实体集之间的关系，经细化后的 E-R 图还可以描述主码、派生、聚集、组合、多值属性等。但不能描述属性的约束条件与属性性质，更不能表达用户界面的建模内容，用面向对象模型可以更全面表达。面向对象模型可以看成是 E-R 模型增加了封装、方法、和对象标识等概念后的扩展。

面向对象方法将实体集抽象地看成是对象的集合，对象具有属性，接受约束，彼此间存在联系。将对象分类并抽象成类，可以利用面向对象开发工具绘制数据模型，将系统分析与设计统一起来，在建模基础上进一步直接建库建表，这一技术能提高软件开发效率与质量，使数据库设计质量提高，实现设计过程的规范化、标准化与设计自动化，成为目前广为推广的技术。

1997 年国际对象管理集团（Object Management Group，OMG）通过将统一建模语言（Unified Modeling Language，UML）定为建模语言的行业标准，成为目前最为风行的建模语言。

目前已有商品化的各种各样的 UML 设计工具，如 Rational Rose、PowerDesigner、Together、ArgoUML、Visio、UML-RT、Visual UML 等，它们给我们提供了易学易用的可视化建模工具，许多软件提供了从模型建库建表的工具。本章介绍基于 Rational Rose 制作面向对象数据模型的方法。

2.3.1 UML 定义的类图

UML 是由世界著名的面向对象技术专家 G. Booch、J. Rumbauhg 和 I. Jacobson 发起，在 Booch 方法、OMT 方法和 OOSE 方法的基础上，汲取许多面向对象方法的优点，并广泛征求意见，几经修改而完成的。目前已成为面向对象领域内占主导地位的标准建模语言。

UML 用 9 种图：用例图、类图、对象图、时序图、活动图、协作图、组件图、状态图、部署图对现实世界进行模拟。我们主要介绍类图与对象图，且突出属性，不强调方法的内容。

类是由多个函数集合而成的可复用代码块，包括若干变量。在具体系统或程序中可被调用，其中变量称为属性，系统会为它们分配一定的空间。其中函数称为方法，在应用时可以用类名加方法名加上所需参数调用。可以复制类定义后修改或添加方法与变量，未修改部分可继续被使用，所建立的类需要原类（称为父类）的支持才能被使用，称为继承。用形象的方式可简单表示为：类是具有相似结构、行为和关系的一组对象的抽象表示。对象是类的实例，是在内存中复制的类的定义，只在运行过程中起作用。它定义了系统在给定时刻具有的物理元素，而没有具体考虑系统的动态活动。UML 规定用类图描述类及其之间的关系。类图（Class Diagram）表现类以及类之间的关系，可用于表现信息之间的联系、数据及其处理的概要过程。对象图可以具体表现对象及对象之间的相互关系。

可以利用类描述数据表、主码、外码、视图、域；用方法描述索引、约束、派生；用关联、聚集、组合表现实体集间聚集、组合等关系。

类图与对象图都是 UML 的静态结构图，是系统分析与系统设计中极为重要的文件，是其他动态结构图的依据。

1. 类图的概念

在类图中，类由矩形框来表示，矩形框内分为三层，分别说明类的名称、类的属性（表现类的结构特征）与类的方法（表现类的操作、行为或处理），在类与类之间用特殊符号表示它们之间的关系。

类的名称是分析与设计中需要的关于类的标识，应尽量用领域内的术语，同时又要让人容易领会其意义。

类的属性常被用来表示数据的结构与界面的情况，在类图中用文字串说明，文字串的格式为：

[可见性]属性名[:类型][' ['多重性[次序] '] '][=初始值][{特性}]

其中，中括号表示可选，对于具体的类，可以有，也可以没有。

例如：Name:String[0..1]

其中，Name 为属性名；String 为数据类型；[0..1]表示多重性，意义是 Name 可以有一个值，也可以为 NULL。

又例如：+序号:Inter=1

其中，+表示可见（在 Rose 中用图形表示，另外再介绍）；"序号"为属性名；Inter 为数据类型；初始值为 1。

按照 Rose 的规定，操作中的可见性使用＋、 # 、一分别表示 Public、Protected、Private。

一般来讲，类不限定属性的个数，在需求分析阶段绘制时可以只考虑那些对系统设计必要的特征。

一个类代表多个对象，各对象间的区别主要体现在属性值的不同上。

类的方法表示类的操作或功能，例如对数据表的添加、修改、删除、查询、计算、分类、归纳、导出、打印等等，它们都作用在该类所派生的对象上，在设计界面时必须考虑，在为数据库建模时可以暂不考虑。

2. 对象图的概念

在同一类图中，不同对象的属性可以有不同值，需要用对象图进一步说明；另外，在类图中无法表示类之间所存在的不确定的约束，可以使用对象图来记录这些约束。在我们查看所管理的具体类实例的元素之间的交互作用关系时，对象图还允许我们定义具体的场景。

对象图是类图的具体形式，表示类的实例样本，并且可以显示键值和关系。例如，CustomerBean 类具有以下客户实例：该客户的 ID 为 52271，姓名为"John Doe"。该客户实例与三个订单实例（三份订单）相关，订单编号分别为 122047、122103 和 122399。

收集某个类的若干个实例或示例可能有助于理解其用途并更好地使用它。

对象图几乎使用与类图完全相同的标识，唯一的不同在于它显示的是类的多个实例，而不是实际的类，用对象名:类名（加下划线）表示对象名（空缺对象名时表示是匿名对象）。对象有生命周期，只在系统某一时间段存在。对象图主要应用在交互图中。Rational Rose 2003 不提供对象图的设计工具，一般用协作图代替。

类图描述的是一种静态关系，在系统整个生命周期有效。在需求分析阶段，可以用来对数据库模式建模，表示数据及其结构。

3. 类图的图形元素

右击 Logical View，在弹出菜单中单击 New，再单击 Class Diagram，就会在 Logical View 目录下创建一个类。双击进入类设计窗口，如图 2.6 所示。

图 2.6　建立类图

在目录树右边会显示帮助绘制类图的工具条，其内容与意义如图 2.7 所示。

先单击工具条上的类，再在类图设计窗口上单击，就会建立一个新类，可以定义类名。右击该类，选 Open Specification，将出现如图 2.8 所示的类的属性对话框。在普通属性页面（General）上，可以定义类名、类的种类、类的角色。其中类的角色包括：参与者（Actor）、边界（Boundary）、业务参与者（Business Actor）、业务实体（Business Entity）、业务工人（Business Worker）、对象（Control）。其意义类似于用例图中角色的分类。在 Documentation 框中可以以文本方式填入与执行类有关的约束条件。

右击类，弹出菜单如图 2.9 所示。在该菜单中单击 New Attribute，可以在图中添加属性，每添加一个新属性，该属性都会列入到右边目录树中。

用右击目录树中的属性名，单击 New Operation，弹出设置属性的对话框，如图 2.10 所示。在该对话框中，可以重新对属性命名，可以在 Type 下拉列表框中选择数据的数据类型（选择不同开发语言为模板，可供选择的数据类型不相同），可以在 Initial 文本框中输入属性的初始值，可以通过选择 Public、Protected、Private、Implementation 确定属性的可见性，选定后在类图中属性的表示如图 2.10 所示的右下方附图。如果进入 Detail 页面，选中 Static，可以将该属性标志为关键字，在图中该属性名下会加上下划线作为标志。

选择工具

文本框

注释

连接注释的线

类

接口

单向关联或关联

连接关联类

包

依赖关系或实例关系

泛化关系

实现关系

图 2.7　类图工具条

图 2.8　类的角色分类

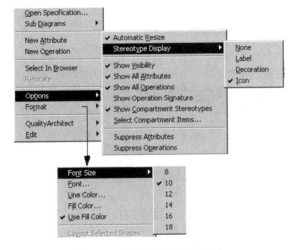

图 2.9　右击类图弹出的菜单

图 2.10　属性数据类型设置

在类图中，用鼠标右击关联线，弹出菜单如图 2.11 所示。利用其中 Multiplicity 菜单项可以设置关联的多重性属性（基数约束）：0、1、0..n、1..n、0..1、n 与不确定（Unspecified multiplicity）。

多重性属性的意义：

0	可以零个
1	有且只能一个
00.*或 0..n	零个或者多个
1..* 或者 1..n	至少有一个
0..1	零个或者一个
n 或者*	任意多个

如果选 New Operation，在属性设置框中选角色 A 属性细节页（Role A Detail），选中 Aggregate、Navigable 或同时选 Navigable 与 Stalic，将改变关联的类型。用带箭头实线表示单向关联，箭头指向被关联方，这一方的类可以被另一方所调用。无箭头实线表示双向关联，双方属性与方法可以被互相调用。具有空心菱形与箭头的实线表示聚合，箭头指向聚合的成员。具有实心菱形与箭头的实线表示组合，箭头指向组合的整体部分。

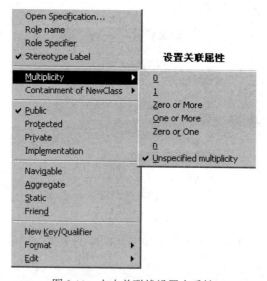

图 2.11　右击关联线设置多重性

2.3.2　利用 Rose 建模操作

利用 Rose 能十分容易地完成建模操作，其步骤如下：

1. 分析系统中的实体

UML 中类有三种主要的构造型：边界类、控制类和实体类。数据库设计时主要考虑实体类。实体分析法可以帮助分析系统中的实体类，根据调查表中有关数据的调查，分析系统所涉及的实际存在的事物、概念、事件，研究它们的属性，确定实体，用实体类来描述。实体类保存要放进持久存储体的信息。持久存储体是数据库或文件等可以永久存储数据的介质。通常每个实体类对应实际系统中的表格，最终对应数据库中的数据表，实体类中的属性对应数据库表中的字段。

2. 分析每一个类的含义和职责，确定属性和操作

属性包括属性的名称、可见性、数据类型、关键字、初始值、数据特性等。对于表现数据流的类强调存储数据的结构，在分析的基础上绘制类图。

图 2.12 是根据 E-R 图（图 2.2）得到的一个类图，表现了实体集系、教研室、老师、学生、课程等的属性及它们之间的相互联系。

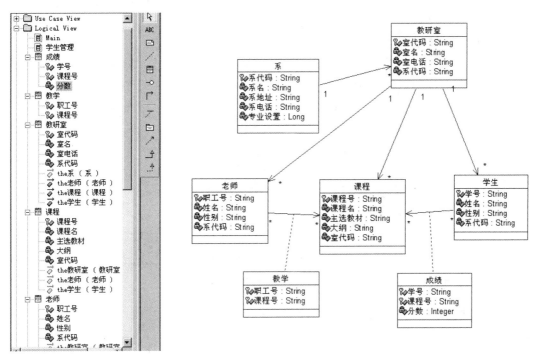

图 2.12　学生管理系统数据库面向对象数据模型示意图

3. 确定类之间的关系

类之间的关系是类图中比较复杂的内容，有关联、聚合、组合、泛化、依赖等。

关联是模型元素之间的一种语义联系，表示类与类之间的连接。它使一个类的可见属性和方法被另一个类使用。关联可以是双向关联，也可以是单向关联，在 UML 图中用无箭头实线或单向的箭头线表示，单向的箭头指向调用或查询的方向。可以给关联加上关联名来描述关联的作用。关联两端的类也可以以某种角色参与关联，角色可以具有多重性，表示可以有多少个对象参与关联。

可以通过关联类进一步描述关联的属性、操作及其他信息。关联类通过一条虚线与关联连接，可以将它看成实体与实体之间的联系关系。对于关联可以加上一些约束，以加强关联的含义。在图 2.13 中，"教学"与"成绩"都属于关联类。"老师"与"课程"及"学生"与"课程"之间都是多对多关系，两边都标为"0..*"。还可以建立从类到自己的关联，称为自身关联，表示存在自己调用自己的指针（递归）。

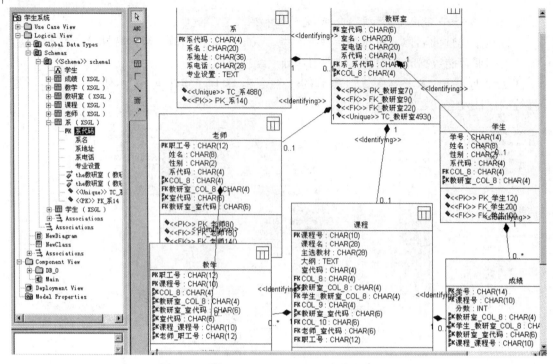

图 2.13　利用 Rational Rose 2003 为数据库建模

Rational Rose 2003 还允许从建模到建库与建表的自动化操作。

2.3.3　从建模到建库与建表的自动化操作

如果利用 Rational Rose 2003 为数据库建模并自动转化为建表操作，以在 SQL Server 中建立学生管理系统的数据库为例，具体操作如下：

（1）右击逻辑视图（Logical View），单击 New→Class Diagram，改名为"学生管理"，双击"学生管理"出现类视图，利用工具条中的类模型在其中建立类："系""教研室""老师""学生""课程""教学""成绩"。

（2）在组件视图（Component View）中创建数据库对象：右击组件，在弹出菜单中选 Data Modeler→New→Database，命名为 XSGL（假设在 SQL Server 中已经建立了数据库 XSGL）。

（3）右击 XSGL，单击 Open Specification，在 Target 中选数据库管理系统（DBMS），例如 SQL Server.x（如果基于其他数据库，也可选 Oracle 9.x、IBM DB2 或其他 DBMS），右击 XSGL，单击 Data Modeler→New→Tablespace，定义表空间，例如 PRIMARY。

（4）经过以上操作，将在逻辑视图（Logical View）中自动生成包 Schemas，以下创建模型，并选定目标数据库：展开 Logical View，右击 Schemas，单击 Data Modeler→New→Schema，定义模型名，例如 Schema1。右击 Schema1，单击 Open Specification，在弹出对话框中选择 Database 为 XSGL。

（5）创建模型视图。右击 Schema1，单击 Data Modeler→New→Data Model Diagram，生成模型视图 New Diagram，定义模型视图名，例如"学生"。

（6）建表。双击"学生"，在视图中利用工具条中的对象模型生成数据表"系""教研室"
"老师""学生""课程"等。右击各个表，单击 Open Specification，在弹出的对话框 General
选项卡中选择 Tablespace（表空间）为 PRIMARY。

（7）创建字段。右击各个表，单击 Data Modeler→New→Column，按需要创建字段。再
右击字段名，单击 Open Specification，在弹出对话框的 Type 选项卡中可以设置 Datatype（数
据类型）、Length（宽度）、unique Constraint（唯一性）、Primary Key（主键）、Not Null（不可
为空值）、Computed Column（计算列），还可以定义 Default Value（默认值）。创建结果如图
2.13 所示。

（8）右击各个表，单击 Open Specification，在弹出对话框中可以设置触发器。

（9）创建表与表之间的关系。表与表之间的关系有两种：确定性关系（Identifying）和非
确定性关系（Non-Identifying）。前者表示子表不能脱离父表而单独存在，用组合关系的 Identifying
类型表示。非确定性关系表示子表不依赖于父表，可以离开父表而单独存在，用关联关系的
Non-Identifying 类型表示。使用工具条中的关联线（Non-identifying Relationship）或箭头线
（Identifying Relationship）可以建立各个表之间的关系，Identifying Relationship 表示确定性关系，
从父表指向子表；Non-identifying Relationship 表示非确定性关系。

（10）导入数据库：打开 SQL Server 的"对象资源管理器"，新建一个名为 XSGL 的数据
库，打开属性，在"文件组"一栏如果没有 PRIMARY 则加上 PRIMARY，对应 Rational Rose
中的 Tablespace。右击打开 XSGL，选择 Forward Engineer，单击"下一步"，选择想导入的部
分，再单击"下一步"，选择 Execute，填入 SQL Server 的登陆账号密码，选择 XSGL 数据库，
导入到 SQL Server 中。

本章小结

本章通过讨论数据之间的联系，重点介绍数据模型的概念。包括用于描述实体及其属性
和联系的 E-R 图和计算机上可以实现的关系数据模型。说明了根据 E-R 图求关系数据模型的
方法与步骤。

本章还介绍了面向对象数据模型的概念，结合 Rational Rose 操作介绍面向对象数据模型
的设计方法和从数据模型转换建立数据库表的方法。

习题二

1．举出一对一、一对多和多对多的实例并用 E-R 图表示。

2．为某个出版单位设计一个 E-R 图。假设在一个出版社要出版很多图书，每本图书只能
由一个出版社出版。每本图书可以有多名作者，每个作者也可能参与多本书的编写工作。根据
你所了解的出版社工作情况为每个实体设计属性并分析实体间的联系。

3．在第 2 题的基础上建立对应的关系数据模型，并分析在转换过程中要注意哪些问题。

4．简述什么是 UML，说明类的意义及利用 Rational Rose 设计类图的方法与步骤。

5．根据第 2 题的要求绘制面向对象数据模型。

第 3 章 关系数据库

本章学习目标

本章深入地讨论了关系数据库系统的基本概念、函数的依赖关系，并在此基础上介绍关系规范化理论。

通过本章学习，读者应该掌握以下内容：

- 函数的依赖关系（完全函数依赖、部分函数依赖和传递函数依赖）
- 候选关键字、关键字和主属性的基本定义
- 关系规范化的理论，范式的基本概念和分解方法

3.1 基本概念

按关系数据模型组织的数据库是关系数据库。其理论基础是集合代数。按集合代数理论，关系名及其属性序列称为关系模式或关系的型。一个元组为其所属关系模式的一个值，对应一个实体或一组联系。元组中每一个分量对应该实体或联系的一个属性值。

例如一个关系名为 Relation，其属性有 Attr1、Attr2、…、Attrn，则关系模式简单写成 Relation(Attr1,Attr2,…,Attrn)，其一个属性或若干属性取值的范围称为域，同一域中数据是同质的，例如性别域{男，女}，由"男""女"两个值组成；姓名域{张明，王新，林军，…彭烁映}，对于汉族人来说，一般由一个中文姓氏（一到两个汉字）加中文名字（一到两个汉字）组成等。各域中各取一值的完全组合称为这些域的笛卡尔积。例如图 3.1 所示，性别域和姓名域的笛卡尔积为 C。

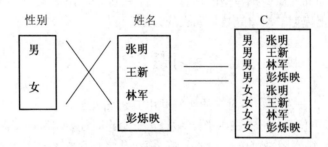

图 3.1　关系的笛卡尔积

域 D1 和域 D2 的笛卡尔积是一个表，其属性为原 D1 域和 D2 域所有属性的集合，其行数为 D1 域值的个数和 D2 域值个数的乘积，每一行由 D1 和 D2 各取一值组成，所有各行均不重复。如果给定一组域 D1,D2,…,Dn，这些域中允许有相同的值，则 D1*D2*…*Dn={(d1,d2,…,dn) | di∈Di,I=1,2,…,n}，其中每一个元素（d1,d2,…,dn）叫作一个 N 元元组，或简称为元组。元

素中的每一个值叫作元组的一个分量，也是它所对应的那个属性的一个值。多个属性构成的关系是这些属性所属域的笛卡尔积的子集，而且只有其真子集才有意义。图 3.1 的关系中同一位老师的性别不可能既为男又为女，因而 C 中只有一半元组是有意义的。

按数据库理论，所有关系模式的集合（包括关系名、属性名、关键字、完整性约束和安全性要求）称为关系数据库模式，它表示一个关系数据库的逻辑结构。关系数据库模式中所有关系模式的具体关系的集合称关系数据库。关系数据库模式是数据的型的表示，而关系数据库则是数据的值的表示。元组中属性的个数有时被称为度或目，对于一个 N 目的关系，有时又称之为 N 元关系。

数据库中的关系应具备如下性质：

（1）每一列中的分量来自同一个域，是同一类型的数据。

（2）不同的列可来自同一个域，每一列称为属性，要给予不同的属性名。

（3）列顺序的改变不改变关系。

（4）在一个关系中任意两个元组不能全同。

（5）元组次序可以任意交换而不改变关系。

（6）每一分量必须是不可再分的数据项，即具有原子性。

第 2 章中表 2.1 所示的重复组、向量和表 2.2 所示重复组结构都是关系不允许的结构。

3.2 函数依赖

3.2.1 函数依赖概念

关系理论中函数依赖是指关系中属性间的对应关系。如关系中对于属性（组）X 的每一个值，属性（组）Y 只有唯一的值与之对应，则称 Y 函数依赖于 X，或称 X 函数决定 Y。记作 X→Y 。其中，X 称为决定因素。例如表 1.3 中所示"系"关系中：

系代码→系名，系代码→系地址，系代码→系电话，系代码→系专业设置

如果系名值是唯一的，即各系名均不相同，那么还有函数依赖集：

系名→系代码，系名→系地址，系名→系电话，系名→系专业设置

显然该关系中系地址对任何其他属性皆不是决定因素，因为系地址为"机二楼"时对应任何属性都有两个不同值。

决定因素可能为两个以上属性构成的属性组。例如在表 1.8 的"成绩"关系中，课程号不是决定性因素，每门课都有许多学生学，同一个课程号有多个学号、多个分数与之对应。学号也不是决定性因素，同一个学生要学习多门课程，因此一个学号有多个课程号，有多个分数值与之对应。只要每个学生每门课只有一个成绩，那么学号和课程号的值的集合在这个表中就是唯一的，任何两个元组中学号与课程号的值都不会相同，只要学号和课程号都确定，与之对应的分数值也就唯一确定。因此，（学号，课程号）→分数。

在表 1.7 "课程"关系中只有两行的课程名是相同的，同为"C 语言"，但也因此存在这样的情况，当课程名为 C 语言时，课程号有两个值与之对应，因而课程名不能唯一确定课程号。我们在分析函数依赖时一定要全面分析了解在实际应用中属性和属性组全部取值可能，只要存

在一个元组的某个属性值不能唯一决定另一个属性的值,另一个属性对这个属性的函数依赖关系就不成立。

在一个关系中，如果一个属性（组）值不唯一，则这个属性（组）与任何属性（组）的函数依赖关系中，它都不是决定因素。

3.2.2 部分函数依赖

在一个关系中，可分析出许多依赖关系，但依赖程度可有不同。

例如表 1.7 中有课程号→课程名，课程号→开课单位。从另一角度看，只要课程号一定，同时课程名确定，开课单位也唯一确定。因此（课程号，课程名）→开课单位。但它与前述课程号→开课单位是不同的，因为{课程号，课程名}存在一个真子集："课程号"，课程号→开课单位。我们把（课程号，课程名）→开课单位称为"开课单位"部分函数依赖于课程号+课程名。

部分函数依赖指：若 X、Y 为关系 R 中的属性（组），如 X→Y 且 X 中存在真子集 X'（X'≠X∧X'∈X），满足 X'→Y，则称 Y 部分函数依赖于 X，记作 $X \xrightarrow{P} Y$。因而表 1.7 中（课程号+课程名）$\xrightarrow{P}$ 开课单位。

部分函数依赖可以用图 3.2 示意：属性集 A 由属性 k1、k2、k3 构成（要求至少两个属性），表示为 A={ k1,k2,k3}；如果，A→k4，且在 A 中的一个属性 k2→k4，那么，$A \xrightarrow{P} k4$。

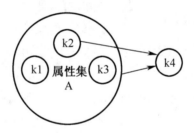

图 3.2 部分函数依赖示意

3.2.3 完全函数依赖

如 X，Y 是关系 R 中属性（组），X→Y 且对于 X 的任何真子集 X'（X'≠X∧X'∈X），都有 X'↛Y，则称 Y 完全函数依赖于 X，记作 $X \xrightarrow{F} Y$。

我们之前所举的函数依赖例子中，除了（课程号，课程名）与其他属性之间的函数依赖之外的函数依赖皆为完全函数依赖，例如：课程号 $\xrightarrow{F}$ 开课单位 。

3.2.4 传递函数依赖

在一个学校中，如果每门课均是某一位老师教，但有些老师可教多门课，例如表 3.1 所示的关系"教学"。其中，课程名→职工号、职工号↛课程名，但职工号在它和其他属性的函数关系中都是决定因素，即职工号→老师名、职工号→职称，在这种情况下，我们说：职称传递函数依赖于课程名，老师名传递函数依赖于课程名。

表 3.1 教学表

课程名	职工号	老师名	性别	出生日期	职称
英语	T1	张平	男	55.6.3	教授
数学	T2	王文	女	62.10.5	副教授
C 语言	T3	李迎	女	62.10.5	副教授
数据库	T2	王文	女	62.10.5	副教授

如 X、Y 为关系 R 中属性（组），有 X→Y，Y ⇸ X 但 Y → Z，则称 Z 传递函数依赖于 X，记作 X $\xrightarrow{T}$ Z。

上例中有：课程名 $\xrightarrow{T}$ 职称；课程名 $\xrightarrow{T}$ 老师名。

3.3 候选关键字与主属性

3.3.1 候选关键字

在前面曾给出过关键字的一个定义：在关系 R 中，如属性（组）X 唯一标识一条记录，则 X 称为关系 R 的关键字。但这个定义是不严密的，"课程号＋课程名"能唯一标识一条记录，而课程号就能唯一标识一条记录，显然课程号与课程名的集合不是关键字，只有课程号是关键字。

关键字的更严密定义是：在关系 R 中如所有记录的值完全函数依赖于属性（组）X，则称 X 为关系 R 中的一个候选关键字。

在表 1.3 中，"系代码"是关系"系"的候选关键字，表 1.5 中"职工号"是关系"教师"的候选关键字。在表 1.8 "成绩"关系中，（学号，课程号）是候选关键字。

候选关键字有如下性质：

（1）在一个关系中，候选关键字可以有多个。例如表 1.7 的系关系中，系号、系名都是候选关键字。

（2）任何两个候选关键字值都是不相同的，因为若有两条记录的候选关键字的值相同，它和记录的关系就不是决定因素。在实际应用中，只有在任何情况下值皆不重复的属性（组）才有可能是候选关键字。由于同名同姓的人很多，在人事管理中，姓名一般不是候选关键字，我们需要设计代码例如"职工号"作为人事关系的关键字。

（3）关键字可能由一个属性构成，也可能由多个属性构成。关键字不可能再与其他的属性构成新的候选关键字。我们分析一个关系中有哪些候选关键字时，一般首先一个个属性逐一分析判断，再两两判断，三三判断……。

（4）在任何关系中至少有一个关键字。因为根据关系的基本要求，在一个关系当中任何两个元组不全同。因而在一个 N 元关系当中如单个属性都不是关键字，任何两个属性的属性组也不是关键字，任何 K（K<N）个属性的属性组也都不是关键字，在这样的情况下，该关系全部属性构成的属性组是其关键字。

3.3.2 主属性

在一个关系中，如一个属性是构成某一个候选关键字的属性集中的一个属性，则称它为主属性。如一个属性不是构成该关系任何一个候选关键字的属性集的成员，就称它为非主属性。例如表 1.8 成绩关系中，（学号，课程号）是关键字，那么"学号"是主属性，"课程号"是主属性，分数是非主属性。

3.4 关系规范化

3.4.1 问题的提出

设计关系数据库时，一种方法是分析并找出 E-R 模型再转换为关系数据模型，最后求取关系模式，称为自上而下设计方法。也有采用自下而上设计方法的，其方法是首先收集应用对象全部表格、凭证等各类数据，对它们的所有栏目归纳分类后得到关系数据模型。

例如，人事部门的数据表有：

（1）人事卡片，栏目有：职工号、姓名、性别、出生日期、职务、职称、基本工资、政治面貌、所在部门、入校时间；还有爱人有关情况：姓名、单位地址、性别、出生日期…；还有社会关系情况：姓名、与本人关系、出生日期、地址…。

（2）人员报表，栏目有：姓名、性别、年龄、职务、职称、部门、政治面貌。

有关职称职务工资计算办法，例如：处长 800 元，副处长 740 元，科长 700 元…，教授 1000 元，副教授 900 元…，同一职工如有职务又有职称，则职务工资取两个标准较高者。

财务部门有工资单，栏目有部门名、姓名、基本工资、职务工资、考勤补扣、行政费补扣、公积金等。

还有其他一些凭证、收据、发票、报表文件等。

对所有表的所有栏目汇总并经过分析可知所在部门、部门和部门名是同一概念，定义完全相同，可统一称之为部门名，年龄可由系统当前日期及出生日期计算得到，年龄依不同年份而不同，但一个人出生日期只有一个值且不会改变。职务工资可从职务、职称及有关职务工资计算办法求得。由此我们可知，人事报表数据源来自人事卡片，工资单有部分数据源来自人事卡片，另有一些数据与生产部门、行政部门相关，且有各自计算方法。最终可设想系统由三个关系构成：①人事卡片（职工号，姓名，性别，年龄，出生日期，职务，职称，基本工资，政治面貌，部门名，参加工作时间，爱人姓名，爱人性别，爱人年龄，爱人职务，爱人职称，爱人单位，爱人单位地址，关系人姓名，关系人年龄，关系人性别，与本人关系，关系人单位，关系人地址）；②考勤表（职工号，加班天数，早班数，中班数，晚班数，病假天数，旷工天数）；③行政收费表（职工号，房租费，水电费，电话费，行政扣除，行政奖励）。

如果按此模式建立数据库，在录入数据时可能发现有几个问题：①在使用中，对社会关系有关数据查找取用次数极少，但占据空间多；②不少人社会关系人很多，如要对关系人利用数据库系统进行查找，必须对不同关系人数据分段存放，其部分内容如表 3.2 所示。

表 3.2 人事卡片表部分内容

职工号	姓名	性别	年龄	爱人姓名	爱人年龄	关系人姓名	与当事人关系
201	张平	男	35	李莉	30	张明	大哥
201	张平	男	35	李莉	30	张武	二哥
201	张平	男	35	李莉	30	张文	妹妹
202	王勇	女	25	吴方	25	王新平	父亲
202	王勇	女	25	吴方	25	张明	表兄

　　显然一个职工数据多行重复存放，出现了严重冗余。这种冗余使表格文件规模增加了数倍，使检索速度降低，在数据录入和修改时需同时修改多处相关数据，工作量大且易出错。在实际运行中还发现，实际应用系统中的数据库要求在定义库结构时必须说明关键字，且关键字数据不输入或不完整输入，数据都不能录进计算机。一个职工可有多个关系人，一个关系人可能和多个职工有关系，在这个结构中不难分析，职工号＋关系人姓名构成候选关键字，一个职工如一个关系姓名也不填，他自己的记录也无法录入计算机。另外还不难分析，如某一个职工要删去自己全部社会关系数据，则自己的数据也无法留存。这些都与实际系统的要求相违背，实际上使这样的结构无法使用。这种现象我们称之为操作异常。

　　操作异常包括插入操作异常和删除操作异常两类。插入操作异常指欲录入的数据因缺少关键字或关键字数据不完整而不能被录入的现象。删除操作异常指不应当被删除的数据因部分主属性删除而被删除的现象。操作异常与冗余一般是互相伴随的，因此我们常常通过检查冗余来发现是否可能存在操作异常。一旦有可能出现操作异常，你的设计就必须修改。例如上述例子中，首先针对冗余最严重的、在实际应用中出现最多的问题：职工基本数据冗余问题，将人事卡片分为两个表，第一个表包括职工本人基本数据和家属数据，第二个表包括职工代码及社会关系全部数据，依赖职工号的关联作用实现相关检索。如表 3.3 所示。

表 3.3 将人事卡片关系分解为两个关系

（1）职工卡片

职工号	姓名	性别	年龄	爱人姓名	爱人年龄
201	张平	男	35	李莉	30
202	王勇	女	25	吴方	25

（2）社会关系

职工号	关系人姓名	与本人关系	职务	职称
201	张明	大哥		副教授
201	张文	妹妹	主任	教授
201	张武	二哥		
202	王新平	父亲	处长	
202	张明	表兄		副教授

　　显然划分为两个表后，冗余减少，操作异常问题得到解决。从人们设计数据库的实践，

根据出现冗余和操作异常的程度，分成若干标准，称为范式，范式级别越高，冗余越小，发生操作异常的可能越小，但在读取数据时花费在关联上的时间越多，查询效率越低。

关系规范化的过程是通过关系分解用达到高级别范式的关系去取代原有关系的过程，随着规范程度的提高，冗余与操作异常可能性减少。

3.4.2 范式

1. 第一范式（1NF）

任给关系 R，如果 R 中每个列与行的交点处的取值都是不可再分的基本元素，则 R 达到第一范式，简称 1NF。根据关系的基本性质可见，符合关系基本性质的关系均达到第一范式。表 3.3 就已达到第一范式。表 2.1 和表 2.2 所示表存在重复组、组项和向量，因而均未达到第一范式。可通过去掉上层的属性，并更改最下层的属性的名称使它达到第一范式。例如把表2.1 结构改为成绩单（姓名、C 分数、DB 分数，OS 分数，总分），则每个行与列取值均不可再分。又例如设计人事卡片结构为：人事卡片（职工号，姓名……社会关系），将一个人的所有社会关系列在一个行列交叉点上。如不准备对它分类检查，它达到第一范式。否则就要如表3.2 或设计成表 3.4 达到第一范式。但达到第一范式仍将有可能有冗余或操作异常的问题。

表 3.4　社会关系分解为两个关系

社会关系表

职工号	姓名	与本人关系
201	张明	大哥
201	张文	妹妹
201	张武	二哥
202	王新平	父亲
202	张明	表兄

关系人表

代码	姓名	职务	职称
A01	张明		副教授
A02	张文	主任	教授
B01	张武		
B02	王新平	处长	

从表 3.3 来分析，此表中数据实际可看成是来自两个实体集：职工与社会关系。如果一个关系人只对应一个职工，从函数依赖关系来看，候选关键字是"职工号＋关系人姓名"，所有属性对它们都是函数依赖的，但是其中职工实体的数据对它们是部分函数依赖，因为它们完全函数依赖的是职工号。当我们把职工实体自己的数据从原表中分离出来就可解决严重冗余的问题。由此我们得到对于达到第一范式但存在较严重冗余的关系优化的办法，如果这些关系中存在非主属性对关键字的部分函数依赖时，将之分解为两个关系，将对候选关键字存在部分函数依赖的属性分离出来建立新关系，注意加进它们完全函数依赖的主属性，剩余属性构成另一个

关系，见表 3.4 所示。

2. 第二范式（2NF）

如果一个关系达到第一范式，且不存在任何非主属性对候选关键字的部分函数依赖，则称此关系达到第二范式，简称 2NF。经过上述分解后的"职工卡片"关系满足第二范式的基本要求。第二范式还可用另一种形式表述，即如果一个关系达到第一范式，且不存在非主属性对构成候选关键字的部分主属性的完全函数依赖，则该关系达到第二范式。

如图 3.3 所示，k1、k2、k3、k4 是主属性，其他 pj 是非主属性。如果 k3 不是关键字，但出现 k3→p3、k3→p4、k3→p6 的情况（只要出现了其中之一），那么该关系即使达到第一范式，也未达到第二范式。要达到第二范式需作分解。方法是：将 p3、p4、p6 等函数依赖于 k3 的非主属性抽出来，加上 k3 组合成新的关系，k3 是其关键字；剩余非主属性、主属性包括 k3 维持原有关系不变。

在关系规范化过程中，并不是规范化程度越高越好，要根据实际问题的需要综合考虑。例如在表 3.3 中的"社会关系"关系中，如一个关系人存在与多位职工的联系，则候选关键字是（职工号，姓名），职称、职务等其他数据对它是部分函数依赖，因而未达到 2NF。但一般应用问题，主要关心的是职工数据，是弄清某一个职工有哪些社会关系及其情况，在数据录入时一定是先为职工编号并录入职工数据，再录入社会关系数据，如果再分解，数据表过多，不便于管理，为求系统简单而不再分解，这样的设计是允许的。

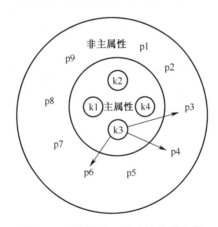

图 3.3 不满足第二范式的关系示意

但如果经常需要对关系人情况进行分析与统计，就需要再分解，应如表 3.4 所示进行关系分解，关系分解后，在社会关系表中已不存在冗余和操作异常。又例如学生与课程关系，我们经常要分析课程情况，例如大纲、教材等，而且从管理上也要求课程数据的录入与学生无关，仅仅把学生关系分解出来是不够的，应分解为学生、课程、成绩三个关系。

有一些关系已达到第二范式标准，但仍有比较严重的冗余。例如一个学校中一门课程仅一位老师主讲，但一个老师可能讲多门课，实例如表 3.5 所示，老师张平承担两门课程的教学任务。结果老师张平的记录重复录入了两次。

在本关系中课名是候选关键字，不存在真子集，因而所有属性对它均是完全函数依赖的，该关系达到第二范式标准，但是存在冗余，而且课程与老师数据的录入、删除是互相依赖的，必将出现操作异常。

表 3.5　达到第二范式标准，但仍有比较严重的冗余

课号	课名	教材	大纲	职工号	教师姓名	性别	出生日期
C1	C 语言	C 程序设计	M1	201	张平	男	62.3
C2	数据库	数据库原理	M2	202	王宁	女	70.5
C3	数据结构	数据结构	M3	201	张平	男	62.3

　　我们进一步分析发现，其中存在两个实体集：课程与教师，它们之间是一对多关系，如按 E-R 图转为关系模式的法则，应当是建立课程关系、教师关系，在课程关系中加上职工号，将不出现冗余和操作异常。可是在目前关系中，该关系不是优秀的关系结构，课号决定职工号，职工号不决定课号，而决定职工记录，即职工记录对课程号是传递函数依赖关系。应按 E-R 图转为关系模式的方法分为两个关系，如表 3.6 和表 3.7 所示。

表 3.6　第二范式关系分解达到第三范式关系（1），课程表

课号	课名	教材	大纲	职工号
C1	C 语言	C 程序设计	M1	201
C2	数据库	数据库原理	M2	202
C3	数据结构	数据结构	M3	201
C4	数学	高等数学	M4	203
C4	数学	高等数学	M4	204

表 3.7　第二范式关系分解达到第三范式关系（2），职工表

职工号	姓名	性别	出生日期
201	张平	男	62.3
202	王宁	女	70.5
203	李明	男	55.2
204	徐方	男	74.8

3．第三范式（3NF）

　　如果一个关系达到第二范式且不存在非主属性对候选关键字的传递函数依赖，则称为达到第三范式，简称 3NF。在上例中，教师有关属性均是非主属性，对关键字课程号存在传递函数依赖，因此达到第二范式，未达到第三范式。

　　第三范式还可表述为，如果一个关系达到第二范式且不存在非主属性对非主属性的完全函数依赖，则称之达到第三范式。

　　如图 3.4 所示，k1、k2、k3、k4 是主属性，其他 pj 是非主属性。如果出现 k3→p4、p4→p2、p4→p3、p4→p5 的情况（只要出现了后三种依赖其中之一），那么该关系即使达到第二范式，也未达到第三范式。要达到第三范式需作分解。方法是：将 p2、p3、p5 等函数依赖于 p4 的非主属性抽出来，加上 p4 组合成新的关系，p4 是其关键字；剩余主属性、非主属性包括 p4 维持原有关系不变。

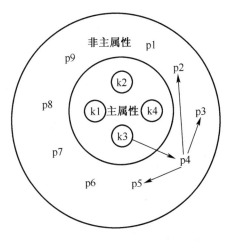

图 3.4　不满足第三范式的关系示意

不难分析，上述两个定义是一致的。对非主属性完全函数依赖，对关键字一定是传递函数依赖。

从达到第二范式的关系优化到第三范式的办法是，将对关键字存在传递函数依赖的那些属性与其完全函数依赖的主属性分解出来建立新的关系，而它们所依赖的那个主属性作为关联属性也要存在于原关系中。

对于表 3.5，要分解成课程(课号,课名,教材,大纲,职工号)和职工(职工号,姓名,性别,出生日期,…)两个关系，如表 3.6 和表 3.7 所示。

这样一种结构和依据实体—联系分析方法得到的结构是一致的。在分析关系优化情况时，要注意实际应用需求的影响。例如上述课程与教师关系，在一个学校中一定有一些课程需要多个老师教。例如，数学、政治、英语等基础课需要多个老师教，也必定有一些老师要承担多门课程教学任务，它们实际是多对多的关系，因而如表 3.5 的结构优化程度甚至未达到第二范式，有必要分解为课程、职工、教学三个关系。有时我们对课程冗余不计较，那么也可分解为职工、教学两个关系，在教学关系中包括职工号和课程全部数据，在课程数据中会出现冗余。在表中增加一个序号作为关键字可以解决操作异常问题。如表 3.8 所示，"教学"关系达到第二范式，但未达到第三范式，存在数据冗余，但已能满足应用需求，且简化了系统结构。

表 3.8　教学关系表

序号	职工号	课号	课名	教材	大纲
1	201	C1	C 语言	C 程序设计	M1
2	202	C2	数据库	数据库原理	M2
3	201	C3	数据结构	数据结构	M3
4	203	C4	数学	高等数学	M4
5	204	C4	数学	高等数学	M4

4. BC 范式

BC 范式（BCNF）是第三范式的另一种表示方式，但比上面的定义更加严格。

如果一个关系中每个决定因素都是关键字，则该关系达到 BCNF。另一种表述：如果一个关系中存在一个主属性能决定另外的某一个到多个主属性的值，就未达到 BCNF。

达到第三范式标准的关系，不一定达到 BCNF。

例如出现图 3.5 的情况，该关系中 k1 和 k3 是一个关键字，k1 和 k4 是另一个关键字，k1、k3 和 k4 都是主属性，没有非主属性，因此达到第二范式，也达到第三范式，但其中 k3 不是关键字，是主属性；k4 也不是关键字，是主属性，却有 k3→k4，按 BC 范式的定义，它未达到 BCNF。要达到 BCNF 需作分解。方法是：将 k4 等函数依赖于 k3 的主属性抽出来，加上 k3 组合成新的关系，k3 是其关键字；剩余主属性包括 k3 维持原有关系不变。

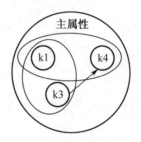

图 3.5　不满足 BCNF 的关系示意

图 3.5 这样的情况是可能出现的，例如一个城市有多家银行，各个客户可在多家银行分别开户，不同客户所使用的密码互不相同，但同一个客户在不同银行使用相同的密码。实例如表 3.9 所示。

表 3.9　不满足 BCNF 的关系实例

银行名	密码	客户名
中 1	1	王平
商 1	1	王平
中 1	2	李宾
商 1	3	张玲

显然，银行名、密码、客户名单独都不是关键字，它们都有重复值。银行名加密码可以决定客户名，因此银行名加密码是关键字，银行名、密码都是主属性。但客户名不是非主属性，因为银行名加客户名可以决定密码，客户名也是主属性。没有非主属性，必然达到第三范式和第二范式。当客户名一定时密码一定，说明客户名→密码。从表中不难看出，存在冗余，{1，王平}重复出现。也存在操作异常，当客户开户时必须报密码，否则不能开户。

解决办法是，分解为两个关系：{银行名,客户名}与{客户名,密码}，前一个关系中银行名加客户名是关键字，两个属性都是主属性。后一个关系中客户名是关键字。

一般而言，图 3.5 这样的情况出现的可能性是极小的，因此也有人将 BC 范式的定义作为第三范式的判断依据。

达到第三范式与 BC 范式的关系仍可能存在冗余等问题，关系数据库理论还提出了 4NF、5NF 等范式，但在实际应用中，一般达到了 BC 范式的关系我们就认为它是较为优化的关系。

3.4.3 关系分解的正确性

关系规范化是一个关系按一定原则分解为多个关系的过程。任何一个非规范的关系都可以经过分解达到 3NF。随着关系规范化程度的提高，数据冗余会得到有效控制，操作异常问题会不再存在，但是关系模式的数量也会增多。原本可在一个关系模式上执行或在较少关系模式上执行的操作应用，现在可能在多个关系模式上进行。此时在检索数据时常采用两种方法，第一种是先在第一个表中查，再到别的表中查相关数据，又回到第一个表中查相关数据或查新的数据……，这实际上是仿照人工的方法操作，程序编制较复杂，执行效率低。另一种方法是设法把两个表连接生成一个临时性的表或非正式的表，也就是还原成原来那个表，然后再检索，这个表只供检索使用，不影响在单个表中的检索也不必担心操作异常问题。但连接过程耗费时间，而且中间文件往往极大，使检索速度大大变慢。在实际应用中，设计人员应根据具体应用需求灵活掌握，切不要盲目追求规范化的程度。特别要注意如何保证分解的正确性，要保证分解后所形成的关系与原关系等价。

所谓分解的等价性是指分解的无损连接性和保持函数依赖性。无损连接性是指通过对分解后形成关系的某种连接运算能使之还原到分解前的关系；保持函数依赖性是指分解过程中不能丢失或破坏原有关系的函数依赖关系。

在人事卡片关系分解中，我们注意到在新生成的三个表中都有"职工号"属性。在课程、职工关系按表 3.7 分解后，课程关系中有职工号。这个属性的重复设置，保证它们能通过连接还原成原来关系。

在实体－联系模型转化成关系模型设计过程中，我们强调一对多的联系在转化时，在多方应有一方的标识属性。对于多对多的联系，要建立新的一个联系关系，其属性要包括原相关两实体的关键字。这些措施保证了不同实体集对应的关系模式之间的函数依赖关系不变。这样形成的关系最后可以通过相关的关键字连接，通过一定规则的运算，最终把相关的表连接成一个表，使分解后的表还原为原来的表。否则相关联的问题就无法查询。例如若在"人事卡片"关系和"社会关系"中去掉了职工号，则要查某职工社会关系情况将无法进行。

在大多数情况下无损连接性和保持函数依赖两者是一致的，前述关键字的联系使分解后的关系保持原有的函数依赖，也使之能实现无损连接。但这并不绝对，这里不再展开。

本章小结

函数依赖和关系的规范化是关系数据库设计要考虑的首要问题，并且也是关系数据库很重要的设计问题。

在关系理论中，函数依赖是指关系中一个属性集和另一个属性集间的对应关系。函数依赖有部分函数依赖、完全函数依赖和传递函数依赖。

在关系数据库中，设计的一个重要目标是生成一组关系模式，使我们既不必存储不必要的冗余信息，又可以方便地获取信息。这时采用的方法之一就是设计满足适当范式的关系模式。在本章中重点讲述了第一范式（1NF）、第二范式（2NF）和第三范式（3NF）。

习题三

1．解释下列术语：实体，函数依赖，候选关键字，主属性，1NF，2NF，3NF。

2．在关系数据模型中，什么是关系的原子性？若关系不具有原子性，应如何处理？

3．现要建立一个关于系、学生、班级的关系数据库，假设一个系有若干专业，每个专业每年只招一个班，每个班有若干学生。

描述学生的属性有：学号、姓名、性别、出生年月、系名、班级号

描述班级的属性有：班号、专业名、系号、人数

描述系的属性有：系号、系名、系地址、系电话号码

请写出关系模式，并写出每个关系模式的函数依赖集，指出是否存在传递函数依赖。

4．设有如下表所示的关系，试给出其全部函数依赖和候选关键字。

学号	姓名	年龄	地址
0101	田浩	22	隋州
0102	易斌	21	云梦
0103	周丽	20	汉阳
0104	王红	22	汉口
0105	张云	23	武昌

5．一个订货系统数据库中包括顾客、存货和订单等内容，以下是该数据库所应包含的内容：顾客（顾客号、收货地址、余额、赊购限额、折扣），订单包括订单头信息（顾客号、收货地址、订货时间）以及订单主要内容（货物编号、订货数量），货物（货物编号、制造厂商、每个厂商的实际存货量、每个厂商规定的最低存货量、货物的详细描述）。给出你认为合适的函数依赖。

6．什么是操作异常？产生操作异常的原因和类型有哪些？如何解决？

7．关系规范化指的是什么？它在关系数据库的设计过程中与函数依赖所考虑的问题有什么不同？

8．假设顾客是关于顾客地址的一个关系模式，它包含属性有：姓名、街道、城市、省和邮政编码。在该关系模式设计中，对于任意一个邮政编码，只有一个城市和省与之对应；同样对于任意一个街道、城市和省也只有一个邮政编码和它对应，那么这个关系模式属于第几范式？你能设计出更好的结构吗？

9．如果一个关系包括老师名、学生名、课程名三个字段，每个老师只上一门课，学生与课程确定后就唯一确定老师。那么这个关系模式属于第几范式？

10．如何保证关系分解的正确性？

第 4 章　SQL Server 基础

本章学习目标

　　SQL Server 是一个典型的面向对象的关系数据库管理系统，它是一个运行于 Windows XP 及之后版本操作系统且具有良好跨平台性能的 DBMS 系统。本章介绍 SQL Server 的基础知识，包括可视化操作方法、数据完整性、安全性初步，要求对本章学习后，能进行简单的数据库管理操作。通过本章学习，读者应该掌握以下内容：

- 了解 SQL Server
- 了解 SQL Server 管理工具使用方法
- 了解 SQL Server 中数据库、数据表、视图、索引等基本概念，掌握可视化创建与维护方法
- 了解数据完整性概念，掌握 SQL Server 可视化定义数据完整性的方法
- 了解数据安全性概念，掌握 SQL Server 中可视化实现数据安全的方法
- 了解备份、恢复的概念，掌握 SQL Server 可视化数据备份、恢复的方法

4.1　SQL Server 管理工具

　　SQL Server 是一个关系数据库管理系统，最初是 Microsoft、Sybase 和 AshtonTate 等三家公司共同开发的一款面向高端的数据库系统，在 Windows NT 推出后，由 Microsoft 移植到 Windows NT 系统上，定位于 Internet 背景下的基于 Windows 的数据库的应用。它推出后，迅速占领了基于 NTFS 的数据库应用市场。经过不断的更新换代，推出了 SQL Server 2005、SQL Server 2008、SQL Server 2012、SQL Server 2014、SQL Server 2016 等版本，其具有高性能，功能强，安全性好，易操作，易维护等特点，为用户的 Web 应用提供了一款完善的数据管理和数据分析解决方案。SQL Server 2005 提出管理工作室，较之前的 SQL Server 2000 增加了"架构"的设置；SQL Server 2008 在内存管理、主数据服务上加强，较之上一版本在管理工具界面上有所改变；SQL Server 2012 全面支持云技术与平台，能快速建立相应的管理方案，实现私有云与公有云之间数据的扩展与应用的迁移；SQL Server 2014 在商业智能、混合云搭建和集成内存 OLTP 进一步加强。

　　为方便应用，各种数据库都提供管理工具，采用可视化方式提供服务，一般建立数据库、建立表、建立视图、基本查询、存储过程、触发器、简单报表等操作都可以利用其管理工具完成。

　　早期的 SQL Server 2000 的管理工具包括查询窗口、导入和导出数据、服务管理器、服务器网络实用工具、客户端网络实用工具、企业管理器、事件探查器等。SQL Server 2014 的管

理工具将企业管理器、查询窗口、数据管理等合并为管理工作平台（Management Studio），包括分析服务、集成服务、商业智能开发工作平台、配置工具、性能工具，SQL Server 2014 的管理工具如图 4.1 所示。

管理工作平台的主要部分是对象资源管理器，其构成如图 4.2 所示。

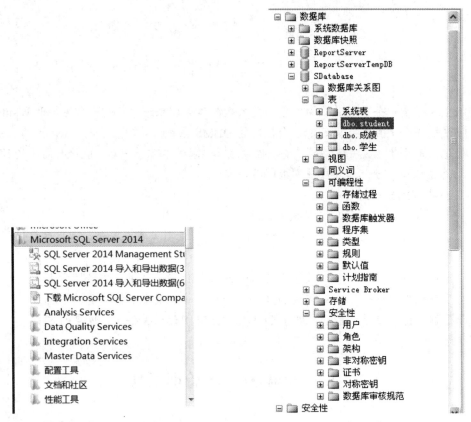

图 4.1　调用 SQL Server 2014 的管理工具　　图 4.2　对象资源管理器中有关数据库的操作的功能

对象资源管理器以树形结构显示并管理所有 SQL Server 对象，包括数据库、表、视图、存储过程、触发器、规则、创建与管理用户账号与角色、用户定义的数据类型与函数、数据转换、服务器备份与链接、定义报表、备份与恢复、安全性管理、分布式事务处理、数据库邮件、SQL Server 日志等内容。可以利用它进行建库、建表、建立视图、建立存储过程、建立触发器等常规操作，见图 4.2、图 4.3。

1.　新建服务器

从管理工作平台主菜单单击"视图"→"已注册的服务器"，打开"已注册的服务器窗口"，右击 Local Server Groups，选择"新建服务器注册"。

在"新建服务器注册"对话框（图 4.4）中用"服务器名称[\实例名称]"的格式输入服务器名称，在"身份验证"中可以使用默认的"Windows 身份验证"；也可以选择"SQL Server 身份验证"，同时填写"用户名"与"密码"。可以要求记住密码。单击"保存"后完成新服务器注册。

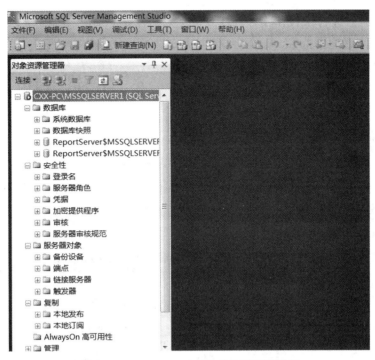

图 4.3　SQL Server 2014 的对象资源管理器

图 4.4　"新建服务器注册"对话框

2. 新建服务器组

可以通过建立服务器组对数据库实例进行分类管理。

同上右击 Local Server Groups，选择"新建服务器组"，在"新建服务器组属性"对话框中输入组名，组名必须保持唯一，在组说明中可输入别名，单击"确定"。

4.2 可视化建立数据库、表、索引的操作

4.2.1 建立数据库

SQL Server 规定只有系统管理员、数据库建立者和他们所授权的用户才能建立数据库。数据库建立者称为数据库的所有者（DBO），具有对该数据库及其对象管理的权限。

如果要建数据库，在选服务器后，进入对象资源管理器，右击"数据库"，出现数据库管理界面，如图 4.5 所示。

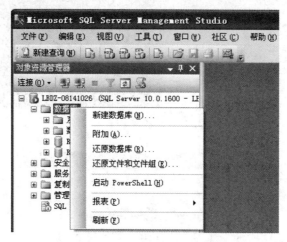

图 4.5　进入数据库管理界面

在该界面中单击"新建数据库"，进入数据库属性界面，如图 4.6 所示。

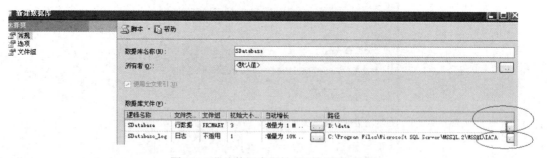

图 4.6　进入数据库属性界面新建数据库

在其中常规选项卡中输入数据库名称，名字必须满足 SQL Server 标识符的命名规则：标识符只能由长度不超过 128 个字符的字符串构成，这些字符只能是字母、数字及符号：_、#、@、$。再在数据库文件列表中设置有关数据库文件的属性。包括：数据库文件在操作系统中目录位置、初始大小、所属文件组、文件增长属性等。

如果建立数据库名为 SDatabase，会产生主数据文件 SDatabase.MDF 与日志文件

SDatabase_log.LDF 两个文件。除了这两个文件外，如果主数据文件不能存储全部数据信息，还可以有多个次数据文件，扩展名为 NDF。

为了方便管理，SQL Server 将多个数据文件组合在一起，称为数据文件组，它控制每个数据文件的存放位置，由于它的作用，可以将属于一个文件组的文件分布在不同硬盘上，从而减轻单个硬盘驱动器承受的负载，提高工作效率，也便于系统的扩展。

在建立数据库之后，系统自动将该数据库的名称、顺序号、建立日期等信息存储在 SQL Server 的系统数据库 Master 的 Sysdatases 视图中。

数据库中可以包含表、视图、存储过程，可以规定用户、角色、规则（见图 4.2）。表即关系，在 SQL Server 中表分为永久表与临时表，包含在数据库中的表为永久表，临时表只存在于内存中，表名以#号打头，当用户退出系统时会自动删除。

4.2.2　建立数据表

SQL Server 一个数据库中可以建约 20 亿个表，每个表可含有 1024 个列（字段），每一列中数据均为相同数据类型，每一行的数据最多 8060 个字节（对于带有 varchar、nvarchar、binary、sql_variant 等数据类型的列，总宽不受此限）。利用对象资源管理器建表的操作方法是打开相应数据库（例如 SDatabase），右击"表"，在弹出菜单中选"新建表"，进入表设计器，如图 4.7 所示。

图 4.7　表设计器

在表设计器中可以依次输入列名（字段名）、数据类型、长度、是否允许空值。长度指字段宽度，一般除第 1 章表 1.1 中所列宽度前加*的那些类型外的字段宽度均为定值，无须用户设置。空值（NULL）指未定义的不确定的值，"是否允许空值"中加勾的列在未来输入数据时，可以不填入具体值。一般关键字字段不允许空值。

对每一字段可以进行描述，其内容包括：默认值，指输入时未具体指定数据值，但又不允许空值时自动填入的值；精度，某些允许进行算术运算的及允许有小数部分的二进制数据需要考虑设置；标识，用于设定自动编号的标识列，当用户向表中每增加一新记录时，系统会为该记录该列生成一个唯一性的数值并填入其中。如果选中该复选框，其下"标识种子"、"标识递增量"将自动设置为 1，用户可以修改这两个数据。"是 Rouguid"：如果在该复选框中打勾，将来每录入一条新记录时会在该记录的 uniqueidentifier 类型字段中自动生成一个 16 位的全局唯一标识符（GUID）。

可以为表设定关键字，操作方法是当输入列名后，右击该列名，在弹出菜单中包括设置主键、插入列、删除列、索引/键、CHECK 约束等菜单项。选择"设置主键"，将来表中该字段将不允许出现空值与重复值。

可以从管理工作平台主菜单单击"视图"→"属性"，打开"属性"，可以设置表所存储位置等信息。

SQL Server 数据库中数据类型见表 1.1，分为：

（1）数字类型，包括整型（bigint、int、smallint、tinyint）、精确数字类型（decimal[(p[, s])]、精确数据类型 numeric[(p[, s])]）、货币型（money、smallmoney）和位型（BIT）。

（2）近似数字类型，包括 float [(n)]和 real 类型。

（3）日期和时间类型，包括 date、datetime、smalldatetime、datetime2、datetimeoffset、time 等。

（4）字符串类型，包括 char、nchar、ntext、nvarchar、nvarchar(max)、unicode、text、varchar、varchar(max)等。

（5）其他类型，包括二进制数（binary、varbinary）、空间数据（geography、geometry）、层次数据（hierarchyid）、图像（image、varbinary(max)）、sql 变量（sql_variant）、全局唯一标识符（uniqueidentifier）、XML 文本（xml）等。

在表中未列入的还有如下特殊或新增数据类型：

- date 数据类型，只存储日期值，支持的日期范围从 0001-01-01 到 9999-12-31。默认的字符串文字格式 yyyy-mm-dd（yyyy 表示年份的四位数字，mm 表示指定年份中的月份的两位数字，dd 是表示指定月份中的某一天的两位数字）。data 类型支持除 ydm 格式以外的其他格式，年、月、日之间可以使用斜线（/）、连字符（-）或句点（.）作为分隔符。yyyy-mm-dd 和 yyyymmdd 格式与 SQL 标准相同，这是唯一定义为国际标准的格式。

- datetime2 数据类型，精度比较高的日期时间类型，可以精确到小数点后面 7 位（100ns），支持日期从 0001-01-01 到 9999-01-01，其使用语法为：datetime2(n)，其中 n 代表的是精度长度，可以从 0 到 7。datetime2(0)表示数据长度 19 位，小数位 0 位；datetime2(1)表示数据长度 21 位，小数位 1 位；……；datetime2(7) 表示数据长度 27 位，小数位 7 位；

- datetimeoffset 数据类型，类似于 datetime 类型，但加入了时区偏移量部分。默认字符串文字格式 yyyy-mm-dd hh:mm:ss[.nnnnnnn] [{+|-}hh:mm]，日期和时间范围与 datetime2 相同，时区偏移量范围-14:00 到+14:00。存储大小为 10 个字节，默认的秒

的小数部分精度为 100ns。时区偏移量指定某个 time 或 datetime 值相对于 UTC（协调世界时）的时区偏移量。时区偏移量 hh 是两位数，范围为 00 到 14，表示时区偏移量中的小时数。mm 是两位数，范围为 00 到 59，表示时区偏移量中的额外分钟数。时区偏移量中必须包含 +（加）或 −（减）号。这两个符号表示是在 UTC 时间的基础上加上还是从中减去时区偏移量以得出本地时间。

- geography 大地向量空间数据类型，此类型表示圆形地球坐标系中的数据，用于存储诸如 GPS 纬度和经度坐标之类的椭球体（圆形地球）数据。存储以 8 个字节的二进制格式存储，每条记录的数据的头部分就被定义好了空间数据的类型（点、线、面等类型），以及所使用的空间参考系统和地理坐标（经度、纬度）等值，以经度和纬度表示椭圆体坐标。

- geometry 几何平面向量空间数据类型，类似于 geography，但以普通坐标系表示地理位置。

- hierarchyid 数据类型，用于构建表中数据元素之间的关系，代表在层次结构中的位置。对从树的根目录到该节点的路径进行编码。表示形式以一条斜杠开头，只访问根的路径由单条斜杠表示。对于根以下的各级，各标签编码为由点分隔的整数序列。子级之间的比较就是按字典顺序比较由点分隔的整数序列。每个级别后面紧跟着一个斜杠。因此斜杠将父级与其子级分隔开。最大 892 字节，超过 892 字节不能使用。

- time 数据类型，表示时间。使用 24 小时时钟，范围：00:00:00.0000000 到 23:59:59.9999999（小时、分钟、秒和小数秒），可指定小数秒的精度。默认精度是 7 位，准确度是 100 毫微秒。默认的字符串文字格式 hh:mm:ss[.nnnnnnn]，小数位的值为 0~2 时，存储大小为 3 字节，Fractional Second Precision 的值为 3,4 时，存储大小为 4 字节，Fractional Second Precision 的值为 5~7 时存储大小是 5 字节。

- varchar(max)、nvarchar(max) 数据类型，大值数据类型，存放字符串构成的文本，当长度在 8000 以内时在行内存放，超过后类似于 text 等处理。微软建议：使用 varchar(max) 来代替 text，使用 nvarchar(max) 来代替 ntext，使用 varbinary(max) 来代替 image。

- XML 数据类型，完整存放 XML 文档数据，且当做 XML 文本处理。SQL Server 2008 在 SQL Server 2000 与 SQL Server 2005 基础上扩展了构建能够合并关系数据和 XML 数据库解决方案的功能。通过对 XML 架构验证进行改进、增强 XQuery 的支持和执行 XML 数据操作语言的插入功能。可以对 XML 数据类型列创建 XML 索引。它们对列中 XML 实例的所有标记、值和路径进行索引，从而提高查询性能。

- sql_variant 数据类型，可以用来存储 Microsoft SQL Server 系统支持的各种数据类型（不包括 text、ntext、image、timestamp、sql_variant 数据类型）的值，可以用在列、变量及用户定义的函数等返回值中。

- timestamp 数据类型是一个特殊的用于表示先后顺序的时间戳数据类型。该数据类型可以为表中数据行加上一个时间戳。每一个数据库都有一个时间戳计数器，当对该数据库中包含 timestamp 列的表执行插入或更新操作时，该计数器就会增加。一个表最多只能有一个 timestamp，每次插入或更新包含 timestamp 列的数据行时，就会在 timestamp 列中插入增量数据库时间戳值。

- uniqueidentifer 是一个具有 16 字节的全局唯一性标志符，用来确保对象的唯一性。可以在定义列或变量时使用该数据类型。

4.2.3 修改表结构

在建立数据表后，若需要修改表结构，例如增加字段、修改字段名、修改字段属性、修改关于列的描述及建立索引等，可以右击表名，在弹出菜单（见图 4.8）中选择"设计"，进入表设计器，进行操作。

如果进行数据录入、修改、删除操作，可在如图 4.8 所示的菜单中选择"编辑前 200 行"。

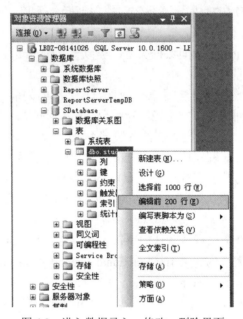

图 4.8 进入数据录入、修改、删除界面

4.2.4 建立索引

为了加快查询速度，可以给表建立索引，一个表可以建多个索引。

1. SQL Server 中索引类型

1）聚集索引，如果数据文件中记录按关键字排序，索引中关键字顺序保持与数据表一致。由于每一个数据表只能按一种方式排序，因此每个表只能有一个聚集索引。

2）非聚集索引，每个表可建多个（最多可达 249 个）非聚集索引，它不导致数据表中的数据重排。未建聚集索引的数据表称为堆，堆内的数据页和行没有特定的顺序，在数据文件的索引分配图（Index Allocation Map，IAM）中记录页的信息，如果也未建非聚集索引，系统将指针放在表的表头数据所在数据页上，SQL Server 通过对一个表所有页的扫描查找数据，效率很低。如果建了聚集索引，则先根据索引查找，查询效率将提高。

3）唯一索引，如果对某字段建立唯一索引，该字段将不允许出现重复值。对任一字段，所建索引可以是聚集索引与唯一索引的组合。

4）XML 索引，XML 指一种由国际标准化组织创建的基于互联网的标记语言，SQL Server

2008 及之后数据库完全支持 XML，在其数据表中允许定义 XML 数据类型的数据，存放 XML 的结构化的数据。用户可以查询存放在列、参数或变量中的 XML 数据。XML 索引是为 XML 字段建立的索引，包括主 XML 索引和辅助 XML 索引，能大大提高对 XML 字段数据的查找速度。

5）全文索引，是用于全文搜索的索引，全文搜索应用于对包括 XML 在内各种文本或二进制数据的模糊查找。每个索引项除关键字外，还包括和关键字有关的重要词及这些词所在列及在列中位置等信息。全文索引是一种基于标记的功能性索引，它与其他索引不同，不基于某一特定行中存储的值，而是基于要索引的文本中各种标记而创建的具有倒排、堆积于压缩的索引结构。数据库首先创建全文目录，一个全文目录可以建多个全文索引，每个全文索引只用于构成一个全文目录。

2. 建立索引的操作

右击列名后，在弹出的菜单中单击"索引"，如图 4.9 所示。

图 4.9　右击某列列名后弹出菜单

如果单击"索引/键"，弹出"索引/键"对话框，如图 4.10 所示。

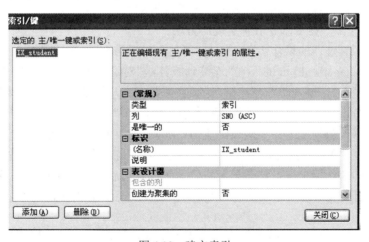

图 4.10　建立索引

可选择建立主键索引、唯一索引、聚集索引、非聚集索引等。唯一索引要求创建索引的列的值在表中具有唯一性，不能有重复值，将来在输入与修改数据时，如果新数据与表中该列已经有的数据相同，操作将不能成功。

如果设置了主键（关键字），将自动建立主索引（又称为主键索引），主索引是唯一标识记录的特殊的唯一索引。建立主索引也是建立 PRIMARY 约束，它是数据库进行实体完整性保护的依据。

聚集索引指对数据表中数据按该索引排序后重新存盘，将来表中数据在维护过程中保持该索引所涉及列的数据排序特性不变。对于一个表只可能有一个聚集索引，如果设计聚集索引，按该索引查询时效率较高，但数据维护效率较低。

在图 4.10 界面中单击"添加"，将自动生成默认的索引名，也可以修改。索引名是今后在程序中调用时使用的名字，当设定后，如果需要修改，下一次进入时，可以先在"选定的索引"下拉列表框中按名字选择欲修改的索引。再选择列名，并选择"升序"或"降序"。每一索引可以选择多列，如果选择多列，称为复合索引，将来数据处理时会先按第一列顺序处理，在第一列的值相同情况下再按第二列顺序处理，依此类推，最多可指定 16 列。

如果回答"是否唯一"为"是"，则建立唯一索引。如果不选中，则建立普通非聚集索引。如果回答"创建为聚集的"为"是"，则建立聚集索引。

创建索引时，可以指定一个"填充规范"，以便在索引项间留出额外的间隙和保留一定百分比的空间，使将来表的数据存储容量进行扩充时对索引文件的维护有较高效率。填充规范的值是从 0 到 100 的百分比数值，指定在创建索引后的填充比例。值为 100 时表示填满，所留出的存储空间量最小。只有当不会对数据进行更改时才会使用 100%。值越小则对索引文件的维护效率越高，但索引需要更多的存储空间。

在图 4.10 界面中，在"选定的主/唯一键或索引"列表中，选择索引名字，单击"删除"按钮可以删除索引。

4.2.5　数据维护操作

"数据维护"指将数据录入到数据表中、修改表中数据、删除表中数据等操作。

SQL Server 为数据维护提供两种方法，一是通过对象资源管理器进行可视化操作的方法；二是应用 T-SQL 语言，利用命令语句实现的方法。

利用对象资源管理器的操作步骤：单击"开始"→"程序"→"Microsoft SQL Server 2014"→"SQL Server Management Studio"，在"连接到服务器"对话框中单击"连接"，进入 SQL Server 的"对象资源管理器"，展开"数据库"，选择具体数据库，如 SDatabase，展开表的目录，右击具体数据表，如 dbo.Student，在弹出的菜单中选择"编辑前 200 行"。将出现一个表浏览器，可以输入数据、修改数据，之后关闭表浏览器，如图 4.11 所示。如果要删除记录，右击记录左边的灰色标记框，单击"删除"即可。如果需要一次删除多条记录，可以先用鼠标单击第一条欲删除的记录的左边标记框，该条记录将改变颜色，之后，按住 Ctrl 键不放，继续单击其他欲删除记录的标记框，选中记录均会改变颜色，选完之后，右击变色区，在弹出的菜单中单击"删除"即可。

当表中数据超过 200 条记录时，需要修改"编辑前 200 行"中的数字，操作方法：进入对象资源管理器，打开"工具"，展开"SQL Server 对象资源管理器"，选择"命令"→"表和视图"选项，"编辑前<n>行"命令的值，将其中 200 改为较大的数字。如果改为 0，表示可以编辑全部记录数据。

图 4.11   "SQL Server 管理工作平台"提供的数据维护窗口

4.3   建立视图的操作

4.3.1   建立视图

视图是为不同用户提供的不同窗口，可以如同表一样对视图进行操作：查询表中的数据，在一定条件下对表进行数据录入、修改、删除等维护操作。

可以在对象资源管理器支持下建立视图，选择某数据库下"视图"，在弹出菜单中选择"新建视图"，将出现图 4.12 所示的新建视图窗口。

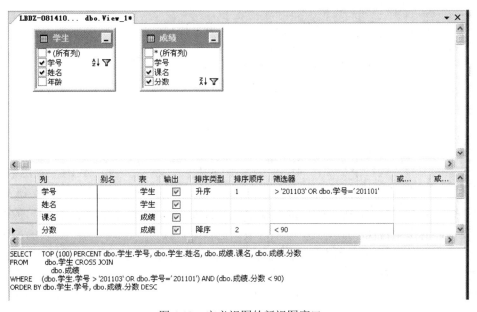

图 4.12   定义视图的新视图窗口

在添加表窗口选择表，可以选择多个基表，基表间如果有同名字段，会自动建立联系。

例如选择"学生"表，单击"添加"按钮；再选择"成绩"表，单击"添加"按钮。确定视图所基于的基表。再选择将来该视图中包括的数据列；允许使用别名，别名可使视图中的列名与原基表中的列名不相同；在要求输出的列名前打勾，可以选择排序类型（升序还是降序）。

还可以规定"筛选"条件，例如可在"分数"一行的"筛选器"中输入"＞=60"，如果给定了筛选条件，将来针对该视图操作的数据必须满足该条件。

如果选择条件是多条件的逻辑组合，要求将各条件分别写到"筛选器"中，如果条件间是 OR 关系，要写在"或"列中；如果是多组合间的 AND 关系，则要再起行，将各条件分别写到不同行的"筛选器"中。

随着操作的进行，下面的文本框中会显示相应 SQL 查询语句，如果需要采用聚集函数（SUM、MAX、MIN、AVG、COUNT）、需要分组等，可以先选择字段名，在字段名上手工加上任意聚集函数，将出现"分组依据"下拉列表框，可在其中定义分组字段及聚集函数。

可以选中一个表的联系字段，例如"学号"不放，拖动到另一个表的联系字段上，建立形象的连接线。下面语句中的连接条件是"INNER JOIN"。

右击两个基表之间的连线，会弹出属性对话框，其中的选项有：

- "选择所有行(S)"，表示第 1 个表的所有行，如果选择该项，连接条件变成"LEFT OUTER JOIN"，表示左外连接。输出内容除符合连接条件的那些记录之外，还要加上第 1 个表未列进输出记录的那些记录，这些记录中在第 2 个表的各列位置中填 NULL 或按默认值填入。
- "选择所有行(E)"，表示第 2 个表的所有行，如果只选择该项，连接条件变成"RIGHT OUTER JOIN"，表示右外连接。输出内容除符合连接条件的那些记录之外，还要加上第 2 个表未列进输出记录的那些记录，这些记录中在第 1 个表的各列位置中填 NULL 或按默认值填入。

如果两项都选中，连接条件变成"FULL OUTER JOIN"，表示全连接。输出内容除符合连接条件的那些记录之外，还要加上两个表各自未列进输出记录的那些记录，这些记录中在不匹配的另一个表的各列位置中填 NULL 或按默认值填入。

单右上角的关闭图标关闭视图设计器，给定视图名称，如"成绩单"，单击"确定"后，视图设计完毕。

4.3.2 使用视图

如果视图中涉及仅一个基表，且输出全是字段内容，没有表达式，没有聚集函数，称为行列子集视图。对这样的视图的操作等同于对表操作，向视图录入数据将直接录入到表中，对视图中数据的修改与删除，将直接修改与删除表中的数据。如果是不满足上述条件的视图，将不能通过这样的视图对视图涉及的所有字段数据进行维护操作，但查询操作与表的操作一致，可帮助完成对基本表数据的检索，可以提高查询速度，有时通过多个视图可以完成用单个 SELECT 语句不能完成的查询。

例如上述视图"成绩单"只能用于查询，不能用于成绩表部分的数据维护，可以右击视图的名字"成绩单"，并选择"编辑前 200 行"观看视图输出情况。

如果视图建立了两个表的左连接，视图显示数据将包括两个表学号相匹配的两表连接数据，还包括"学生"表中有，但"成绩"表中没有相同学号记录的那些"学生"表中的数据，在这些数据记录中，属于原"成绩"表的那些列下数据全是"NULL"。

又例如，如果从"学生"表中选择"学号""年龄"两个字段，分别更名为 Name、Age，建立视图 VIEW2。这样的视图中涉及的只有一个基表的内容，且输出的全是字段内容，如果对其中数据进行维护操作，将实现对数据基表"学生"表中数据的维护操作。

右击视图的名字 VIEW2，并选择"编辑前 200 行"，可以进行数据录入、修改、删除等操作。

视图可以简化程序编写的操作，使程序结构简单、清晰。尤其是给不同操作人员以不同视图，这是实现安全性控制的重要方法之一。

4.4　数据完整性保护

4.4.1　实体完整性保护的实现

如果在表中定义了关键字（主键），就实际定义了 PRIMARY 约束（又称主键约束），自动建立主索引。当录入数据或修改数据值时，将自动检查主键的值，如果为空值，或与已经录入的主键值重复，将拒绝存盘。

在"对象资源管理器"中展开相关数据库，展开"表"并右击欲设置主键的表，如"学生"，选择"设计"，右击欲设置主键的列名左边的标记框，该行将改变颜色；如果欲设置多列共同为主键，可以继续按下 Shift 键同时单击欲设置主键的下一个列名左边的标记框，则多行改变颜色，右击变色区，在弹出菜单中选"设置主键"，单击表页面右上角的关闭图标，提问是否保存更改，单击"是"，将发现在设置了主键的列的列名左边的标记框中出现钥匙图案，表示设置主键成功。

如果要删除主键，可以右击欲删除列的列名，在弹出的菜单中单击"删除主键"，如图 4.13 所示。

图 4.13　删除主键

4.4.2　参照完整性保护的实现

如果在表中定义了"外主键"，建立了两表的 FOREIGN 约束（又称外键约束），将要求子表中外键的值在主表中必须存在，称为参照完整性。

操作时先定义主键基表的主键，再定义外键表中的外键，之后建立关系。操作：在"对象资源管理器"中展开相关数据库，展开"表"并右击欲设置外键的表，如选"成绩"，选择

"设计"，右击欲设置外键的列名（例如"学号"）左边的标记框，"关系"出现"外键关系"对话框中，单击"添加"，将出现新关系名，如"FK_成绩_成绩"，如图4.14所示。

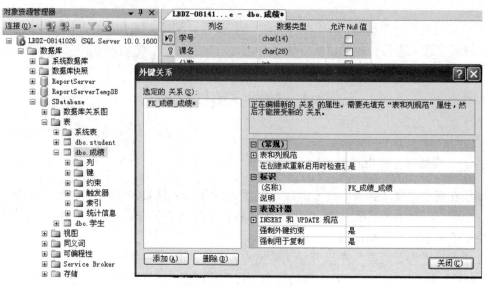

图4.14　"外键关系"对话框

在右边"标识"的"（名称）"一行里可以修改关系的名称，例如改成"FK_成绩_学生"。展开"表和列规范"并单击"表和列规范"右边的空行，如图4.15所示。在"表和列"对话框选择或输入正确的主键表、主键名、外键表、外键名，如图4.16所示。

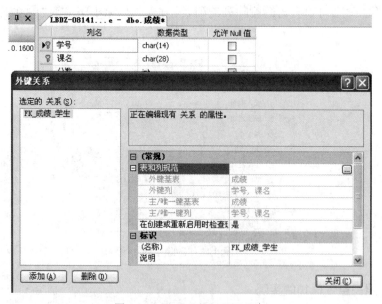

图4.15　展开"表和列规范"

单击"确定"后回到"外键关系"对话框，其中"在创建或重新启用时检测现有数据"的功能是确定在创建或重新启用数据表时，是否检测在未启用该外键关系时变化的数据满足本关系所规定的外键约束。"强制外键约束"选择"是"表示以下规则自动进行。

"INSERT 和 UPDATE 规范"规定"更新规则"与"删除规则"是"级联""不执行任何操作""设置为 NULL""设置为默认值",意义是当进行录入与修改操作时,怎样检查外键约束的情况及如何处理。

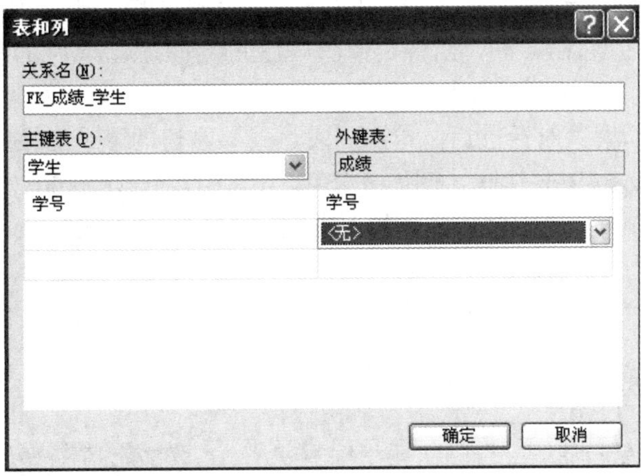

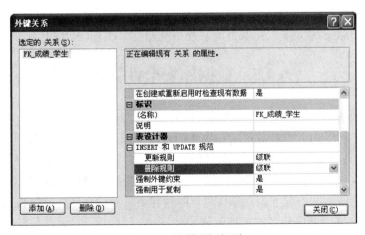

图 4.16　"表和列"对话框

- 如果"更新规则"选"级联",则当外键表进行录入或修改操作后,数据不满足外键约束时,不予存盘;将要求修改数据使满足外键约束后再保存。
- 如果"删除规则"选"级联",则当主键表进行修改或删除操作后,所变化的主键数据相关联的外键表中的记录将自动被删除。
- 如果设置为"不执行任何操作",则主表与外键表的数据更新或删除操作将不受外键关系的约束。
- 如果设置为"设置为 NULL"或"设置为默认值":如果"更新规则"选"级联",则当外键表进行录入或修改操作后,外键数据在主键表中不存在,将不予存盘;但可以改用 NULL 或"默认值"后再保存。如果"删除规则"选"级联",则当主键表进行修改或删除操作后,所变化的主键数据相关联的外键表记录中的外键值将自动修改为 NULL 或"默认值"。界面如图 4.17 所示。

图 4.17　设置更新规则

4.4.3　域完整性保护的实现

为尽量保证数据在录入、修改、导入等操作中的正确性，可以设置保证数据正确性的约束条件，使数据只能在一定范围内才能存进数据库，实现"域完整性保护"。

进入"表设计器"，右击某列，出现类似图 4.13 的界面，选择"CHECK 约束"，可以定义关于数据范围的约束（又称检查约束）。

进入"CHECK 约束"对话框后，单击"表达式"右边的"…"按钮，在"CHECK 约束表达式"对话框中输入约束表达式，例如"分数>=0 AND 分数<=100"，要求录入的分数值只能是 0 到 100 之间的数值，又例如"性别 LIKE '男' OR 性别 LIKE '女'"，要求录入的性别数据只能是男或女。

单击"确定"并关闭"CHECK 约束"对话框后约束生效，如图 4.18 所示。

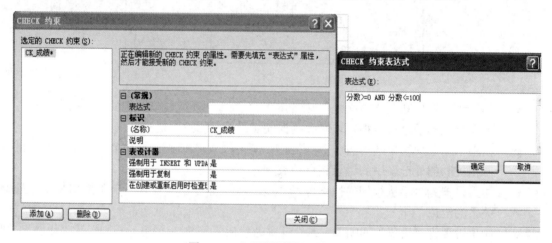

图 4.18　对列设置数据正确性约束

该约束起作用范围同样可作三方面考虑：

（1）在录入与修改时强制检查。

（2）复制数据时强制检查。

（3）创建或重新启用时强制检查。

对于 text 与 image 等文本或图像类型字段不能建立"CHECK 约束"。

4.5　数据库安全性管理

数据库的目标是让数据最大限度的为各用户共享，尽可能为更多的应用服务。就要求数据按权使用，即不同用户可能对数据结构操作的权限不同，数据的录入权限不同、修改权限不同、删除权限不同、查询权限不同等，数据库要确保只有具有相应权限的用户才能进行相关的操作，要防止非权使用。要具有这样的性能，数据库一是要能记录不同用户对有关目标所具有的权限，二是要能在不同情况下识别操作者，检查其所具有的权限，控制其只能进行相应权限的操作。为此，数据库都应具有安全性管理功能。

数据库的安全性管理功能一般包括两方面内容：①用户能否登录及如何登录的管理；

②用户能够操作哪些对象与执行哪些操作的管理。

SQL Server 的安全性管理是建立在身份验证和访问许可的机制上的。身份验证要求首先建立用户表，用户通过注册将自己的信息（包括自己选择的密码）存入表内，系统管理员要将其所具有的权限信息（访问许可）也存入表内，在进入系统前先要执行登录操作，报告自己的账号与密码，系统检查其输入内容是否与用户表中保存的数据一致，确定用户的合法性，确定其所具有的权限，控制其所可以进行的操作。

4.5.1　主体与安全对象

主体是可以请求 SQL Server 资源的个体、组或过程。SQL Server 的主体分三个级别：

1）Windows 级别的主体，包括 Windows 域登录名、Windows 本地登录名、Windows 组。

2）SQL Server 级别的主体，包括 SQL Server 登录名、SQL Server 角色。

3）数据库级别的主体，包括数据库用户、数据库角色、应用程序角色、数据库组。

展开"数据库"→"系统数据库"→"Master"→"视图"→"系统视图"，打开 sys.server_principals 的前 200 行，显示如图 4.19 所示。

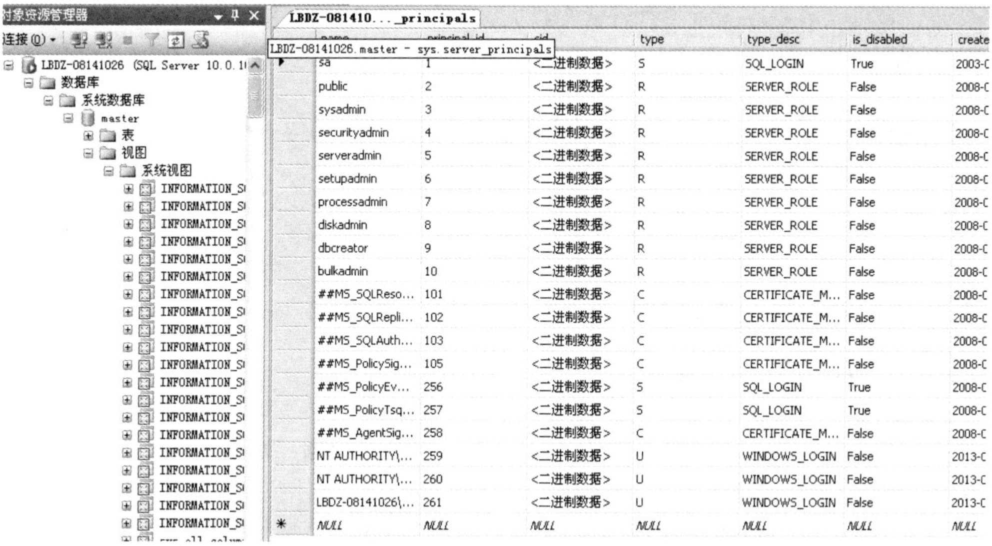

图 4.19　系统视图 sys.server_principals 的内容

可以看出，主体包括" SQL_LOGIN "" SERVER_ROLE "" WINDOWS_GROUP "" WINDOWS_LOGIN "等。其中，登录服务器 LBDZ-08141026 的名字是：LBDZ-08141026\Administrator。一般系统都有一个用户：SA，属于 SQL_LOGIN。

SQL Server 数据库按上述级别分层给予访问权限，对上层授予的权限将被下层默认继承享有。

4.5.2　身份验证模式

SQL Server 身份验证有两种模式：Windows 身份验证模式与混合身份验证。前者只要用户能登录 Windows 操作系统，即具有 Windows 用户账号，就视同 SQL Server 身份验证通过。这种方法集成了 Windows 的安全系统的功能，例如密码加密、审核、密码过期、最短密码长度、身份验证（包括多次登录申请无效后锁定账户等）功能。

混合身份验证使用用户可以使用 Windows 身份验证或使用 SQL Server 身份验证实现与 SQL Server 连接。在 SQL Server 身份验证下，用户在连接 SQL Server 时必须提供登录名和密码，SQL Server 在系统表 Syslogin 中检测输入的账户名和密码，只有找到相匹配的，才能进入系统。

SQL Server 验证模式通过 SQL Server 属性对话框设置。方法是：展开服务器组，右击需要修改验证模式的"服务器"名，例如 LBDZ-08141026，选择"属性"，弹出"服务器属性"窗口，进入"安全性"选项，可更改身份验证模式，如图 4.20 所示。

图 4.20　SQL Server 服务器属性设置窗口

4.5.3　登录名的管理

在 SQL Server 中登录名与用户名是两个不同的概念，根据登录名赋予访问 SQL Server 系统的权限，和一个或多个数据库用户名对应。用户名是访问具体数据库的主体。用户登录后将具有进入 SQL Server 的权限，在进一步有了用户名后，才具有访问数据库的权限。

创建登录名的操作如图 4.21 所示，展开服务器，选择"安全性"，右击"登录名"，单击"新建登录名"，弹出"登录名－新建"窗口，如图 4.22 所示。

图 4.21　创建登录账号的操作

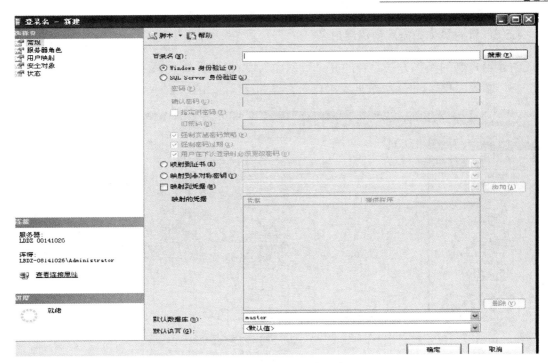

图 4.22　"登录名-新建"窗口

先输入用户登录名，再确定身份验证模式，如果选择 SQL Server 身份验证，将要求输入密码，之后选择该登录有权操作的数据库与语言。

4.5.4　创建架构

从 SQL Server 2005 开始将架构与用户分离开来，所谓"架构"在早期从功能上讲就是数据库用户，在 SQL Server 2005 之后指数据库对象的容器，例如，DB_Dbdatareader 架构的用户可以查看所有数据库中的表，DB_Dbdatawriter 架构的用户可以修改所有数据库中的表，DB_Owner 架构的用户可以对数据库所有表进行所有操作，这几个架构的用户可以通过角色获取到在数据库中的特殊权限。

用户、架构的分离有如下好处：

1）多个用户可以通过角色成员身份或 Windows 组成员身份拥有一个架构，享有该架构包含的对象的权限。

2）删除数据库用户变得简单。在之前版本中，每个用户拥有与其同名的架构。因此要删除一个用户，必须先删除或修改这个用户所拥有的所有数据库对象。将架构和对象者分离后，删除用户的时候，对数据库对象将没有任何影响。

3）在架构和架构所包含的对象上设置权限拥有更高的可管理性。

4）不同架构可以区分不同业务处理的对象，例如，可以把公共的表设置成 Public 的架构，把具体业务相关的表设置为 Sales 的架构，使管理和访问更容易。

创建架构的操作方法是：展开"数据库"，右击某具体数据库，选"安全性"→"架构"→"新建架构"，进入"架构-新建"窗口，输入架构名称，选择架构的所有者（在用户、数据库角色、应用程序角色中搜索），单击"确定"。

4.5.5 针对具体数据库创建用户名

创建用户名的操作方法是：展开"数据库"，右击某具体数据库，选"安全性"→"用户"→"新建用户"，进入"数据库用户－新建"窗口，如图 4.23 所示。

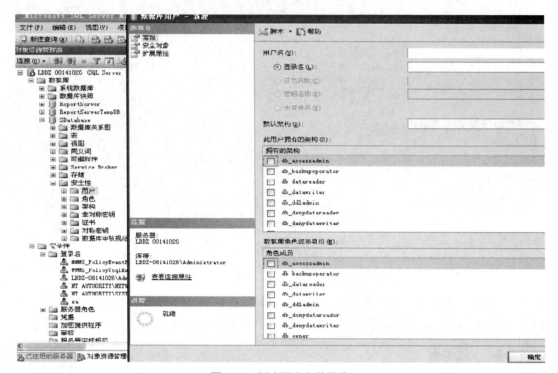

图 4.23 创建用户名的操作

输入用户名称，在登录名列表框中选择某登录账户，在列表中选择"用户拥有的架构"，例如可在默认架构中选择 dbo（管理员架构）。在"角色成员"列表中选择数据库角色成员的身份，例如 DB_Owner。

4.5.6 服务器角色

当几个用户工作相类似时，为简化管理与方便操作，可以将他们集中到一个称为角色的单元中，按角色分配权限，对一个角色的权限设置可以用到多个用户的管理中。

SQL Server 规定了两种角色类型：服务器角色与数据库角色。系统创建了 8 个服务器角色，如表 4.1 所示。

表 4.1 服务器角色及其权限

服务器角色	操作权限
sysadmin	在 SQL Server 中的各种活动
securityadmin	管理服务器登录名及其属性。他们可以授权、拒绝和撤销服务器级权限和数据库级权限。可以重置 SQL Server 登录名的密码
serveradmin	配置服务器范围和关闭服务器，能控制启动过程

服务器角色	操作权限
setupadmin	添加和删除链接数据库并执行某些系统存储过程
processadmin	管理包括删除在 SQL Server 中运行的进程
public	初始状态时没有权限，所有的数据库用户都是它的成员
diskadmin	管理磁盘文件，比如镜像数据库和添加备份设备。它适合助理 DBA 角色
dbcreator	创建和改变数据库，适合助理 DBA 的角色或开发人员的角色
bulkadmin	执行 BULK INSERT 语句，允许从文本文件中将数据导入

指定用户角色的方法：在图 4.24 中选择服务器角色，双击某角色，弹出"服务器角色属性"窗口，单击"添加"，在弹出的"选择登录名"对话框中单击"浏览"，选择用户名，在选中的用户名前选择框中打上勾。如果在"服务器角色属性"窗口中选择"权限"选项，则可以查看该服务器角色所具有的权限情况，如图 4.25 所示。

图 4.24　为用户授予服务器角色

4.5.7　数据库角色

系统管理员可以将用户加入到用户内部数据库角色中，使其能在数据库级别上进行操作。

SQL Server 提供了 10 种数据库角色类型，如表 4.2 所示，只要给某角色赋给某种已定义的数据库角色，该角色就具有预规定的那些权限。

图 4.25　查看该服务器角色所具有的权限

表 4.2　数据库角色及其权限

数据库角色	操作权限
db_owner	可以在数据库中执行任何操作
db_accessadmin	可以从数据库中增加或者删除用户
db_backupopperator	允许备份数据库
db_datareader	允许从任何表读取任何数据
db_datawriter	允许往任何表写入数据
db_ddladmin	允许在数据库中增加、修改或者删除任何对象（即可以执行任何 DDL 语句）
db_denydatareader	只能通过存储过程来查看数据库中的数据
db_denydatawriter	只能通过存储过程来修改数据库中的数据
db_securityadmin	可以更改数据库中的权限和角色
public	每个数据库用户都属于 public 数据库角色。当尚未对某个用户授予或者拒绝对安全对象的特定权限时，该用户具有授予该安全对象的 public 角色的权限

　　如果要将登录用户添加到固定数据库角色成员中，可以展开数据库文件夹，展开用户准备授权的数据库，右击"安全性"中"角色"，选择"新建数据库角色"，如图 4.26 所示。在弹出的数据库角色属性窗口中进行操作。

　　定义"角色名称"，选择"所有者"，选择"拥有的架构"，单击"添加"，单击"浏览"，输入用户名或数据库角色名，单击"确定"，如图 4.27 所示。

图 4.26　将用户添加到数据库角色的操作

图 4.27　定义数据库角色

4.5.8　权限管理

用户或角色还需要进一步被授予某些创建或操作权限才能对数据表、视图、存储过程进行具体的操作。在架构与用户分离后该操作变的简单，只需要将用户名与架构、数据库角色对应就可以了。

利用对象资源管理器授权的方法：展开某具体数据库，选择"安全性"→"用户"，双击某具体用户，进入"数据库用户"窗口，如图 4.28 所示。

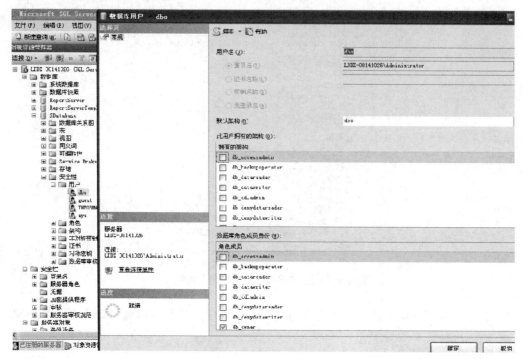

图 4.28　"数据库用户"窗口

输入"用户名"，选择"登录名"，确定"拥有的架构"，确定"角色成员"，单击"确定"完成授权。

本章小结

SQL Server 的管理工具包括管理工作平台、分析服务、集成服务、商业智能开发工作平台、配置工具、性能工具等，是数据库数据存储与管理的强大工具。

本章重点介绍 SQL Server 各种可视化操作方法，主要内容包括以下部分：

使用数据库首先需要建立数据库、数据表，为了更好存储与使用数据，可以建立索引、视图、存储过程等，本章介绍了利用对象资源管理器建立数据库、表、索引的详细步骤与操作方法，还介绍了主索引、聚集索引等的意义以及 SQL Server 的各种数据类型与意义。

数据库应用强调数据安全、完整性控制，需要解决备份与恢复的问题，本章介绍了 SQL Server 利用对象资源管理器实现权限管理的方法，介绍实现实体完整性、参照完整性、域完整性的可视化方法。

习题四

1. 简述在 SQL Server 2014 中建立数据表的可视化操作步骤，关键字的意义，char、nchar、int、decimal、numeric、datetime、text、ntext、image 等数据类型的意义，及数据宽度的意义。

2. 如果数据表记录数超过 200 条，怎样设置才能应用对象资源管理器用可视化方式录入和修改表中的数据？

3．说明视图的意义及可视化定义方法，什么是行列子集视图，以及它与一般视图结构和应用的不同。

4．SQL Server 中有哪几类索引，各自意义如何？怎样用可视化和 SQL 语言两种方法建立主索引与聚集索引？

5．说明实体完整性、参照完整性、域完整性控制的意义，怎样用可视化方法实现实体完整性、参照完整性、域完整性定义？

6．SQL Server 的安全保护由哪几个层次构成？

7．SQL Server 支持哪几种身份验证模式？

8．在 SQL Server 中有几类角色？

9．什么是架构？架构有什么用处？

10．SQL Server 的授权语句结构是怎样的，怎样应用？

第 5 章　关系代数与 SQL 语言

本章学习目标

关系数据库是以二维表形式组织数据，它是目前数据库管理系统的主流。本章首先介绍关系运算，并在此基础上重点介绍关系数据库标准语言：SQL 语言。通过本章学习，读者应该掌握以下内容：

- 掌握并、交、差、笛卡尔积、选择、投影、连接、自然连接、除等关系运算的概念与算法
- 掌握 SQL 的数据定义语句及其使用方法，掌握 SQL 数据完整性控制语句结构与使用方法
- 掌握 SQL 的数据查询语句及其使用方法
- 掌握 SQL 语句定义视图的方法
- 掌握 SQL 的数据录入、数据修改、数据删除等数据操纵语句及使用方法
- 了解嵌入式 SQL 语句及其应用
- 了解查询优化的概念及方法

对数据库的设计初步完成之后就可选用具体的 DBMS 提供的定义语言将设计结果严格地描述出来，成为 DBMS 可接受的源代码，生成数据库结构文件，之后就可载入数据，继而对之进行维护和访问。

SQL 语言是国际化标准组织（ISO）批准的关系数据库标准语言，它包括定义（Definition）、查询（Query）、操纵（Manipulation）和控制（Control）四方面功能。

数据库操纵指对数据库中数据作增添新记录、删除作废或错误的记录，修改变化了的记录等数据维护操作（简称增、删、改）。数据查询是数据库应用的主要内容，是各种操作的基础。

关系数据库的数据查询，以集合的运算为理论基础。按照表达查询的方式可分为两大类。第一类是用对关系的运算来表达查询的方式，称为关系代数。第二类是用谓词来表达查询的方式称为关系演算。按谓词变元的基本对象是元组变量还是域变量，关系演算又可分为元组关系演算和域关系演算两种。

这三种运算在表达能力上可互相转换。实际的查询语言能提供其中任何一种运算所要求实现的功能。但实际上有些数据库语言不能完全实现其所有功能。因此，实际语言能在多大程度上实现其功能也就成为评估实际语言查询能力的标准或基础。

1986 年提出的关系数据库标准语言 SQL 能实现关系运算的全部功能。

5.1　关系代数

关系代数的运算可分为两类：

（1）传统的集合运算，如并、交、差、广义笛卡尔积。这类运算将关系看成元组的集合，其运算是以关系的"行"为单位来进行的。

（2）专门的关系运算，如选择、投影、连接、除。这类运算表达了实际系统中应用最普遍的查询操作。

上述两类运算的运算对象是关系，运算结果也是关系。

5.1.1　传统的集合运算

传统的集合运算包括四种运算：并（∪）、交（∩）、差（−）、广义笛卡尔积（×）。

1. 并（Union）

设关系 R 和关系 S 具有相同的目 n，且相应的属性取自同一个域。则关系 R 和关系 S 的并记为 R∪S，其结果仍为 n 目关系，由属于 R 或属于 S 的元组组成。如 R 和 S 的元组分别用两个圆表示，则 R∪S 的集合为如图 5.1 所示的阴影部分。关系 R 和关系 S 的并为从两关系全部元组的集合中去掉共同部分后所剩余元组组成的新关系。

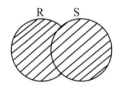

图 5.1　集合 R∪S 集合

【例 5.1】设某公司有两个子公司，其营业库如表 5.1 所示。

表 5.1　某公司两个子公司营业库内容示意

营业库 1

商品代码	子公司代码	品名	数量	单价
1	Comp1	钢笔	50	10.00
2	Comp1	圆珠笔	200	6.00
3	Comp1	练习本	1000	3.00
4	Comp1	笔记本	1000	8.00

营业库 2

商品代码	子公司代码	品名	数量	单价
1	Comp2	钢笔	50	10.00
5	Comp2	练习本	200	3.00
6	Comp2	信笺	1000	3.00

现如欲对全公司营业情况进行统计，操作时首先把两表内容合并为一个表，再在一个表中进行统计，即求营业库=营业库1∪营业库2。结果如表 5.2 所示。

表 5.2　营业库 1∪营业库 2 运算结果

商品代码	子公司代码	品名	数量	单价
1	Comp1	钢笔	50	10.00
2	Comp1	圆珠笔	200	6.00
3	Comp1	练习本	1000	3.00
4	Comp1	笔记本	1000	8.00
1	Comp2	钢笔	50	10.00
5	Comp2	练习本	200	3.00
6	Comp2	信笺	1000	3.00

在进行并操作时，如有全同元组应只保留一个。本例中，在营业库 1 和营业库 2 中的"子公司代码"字段内容使两个子公司即使有许多商品相同，也不会有全同元组。在另外有些应用系统中，还常常采用增加如"序号"这类数据作为关键字以区分各条记录。

2.　交（Intersection）

设关系 R 和关系 S 具有相同的目 n，且相应的属性取自同一个域。关系 R 和关系 S 的交记为 R∩S，结果仍为 n 目关系，由既属于 R 又属于 S 的元组组成。如 R 和 S 的元组分别用两个圆表示，则 R∩S 集合运算结果可用图 5.2 阴影部分示意，关系 R 和关系 S 的交为由两关系中都有的相同元组组成的新关系。

图 5.2　集合 R∩S

【例 5.2】在输入学生成绩时，为保证数据正确，常让两人重复输入成绩数据，形成两个成绩文件如表 5.3 所示。由于两人同时对同一学生成绩输入出错而且输入的错误数据完全一样的概率几乎为 0，因此认为，两人输入数据一致的部分数据是准确的，即求取成绩 1∩成绩 2，其结果被认为是正确的，其计算结果如表 5.4 所示。

在数据录入时，手工误差是难免的，为了保证数据正确性，对于一些不允许出现差错的数据输入，常常采用两人重复输入或一人重复输入两次分别形成两个文件再进行核对的手段，能有效地保证数据准确性。

3.　差（Difference）

设关系 R 和关系 S 具有相同的目 n，且相应的属性取自同一个域。定义关系 R 和关系 S 的差记为 R-S，其结果仍为 n 目关系，由属于 R 而不属于 S 的元组组成。

表 5.3　两人分别输入同一成绩数据，生成两个成绩文件

成绩 1

学号	课名	分数
1	数学	80
1	英语	85
1	政治	90
2	数学	85
2	英语	80
2	政治	90

成绩 2

学号	课名	分数
1	数学	80
1	英语	85
1	政治	92
2	数学	85
2	英语	80
2	政治	90

表 5.4　成绩 1∩成绩 2 运算结果

学号	课名	分数
1	数学	80
1	英语	85
2	数学	85
2	英语	80
2	政治	90

如 R 和 S 的元组分别用两个圆表示，则 R-S 的集合如图 5.3 所示，关系 R 减关系 S 的差为从关系 R 中除掉其中关系 S 中也有的元组后所余元组组成的新关系。

比较图 5.2 和图 5.3，显然 R=(R∩S)∪(R-S)或 R-S=R-(R∩S)。

图 5.3　集合 R-S

【例 5.3】在例 5.2 中，如果发现两人输入存在不相同的数据，应当找出错误原因，以防丢失正确数据。因而应分别找到（成绩 1-成绩 2）及（成绩 2-成绩 1），并对两个结果进行分析，与实际成绩复核，检查其中哪一人输入是正确的，或找到正确数据再补充录入。

（成绩 1-成绩 2）和（成绩 2-成绩 1）的结果如表 5.5 所示。

表 5.5　（成绩 1-成绩 2）与（成绩 2-成绩 1）的运算结果

成绩 1-成绩 2

学号	课名	分数
1	政治	90

成绩 2-成绩 1

学号	课名	分数
1	政治	92

4. 笛卡尔积（Extended Cartesian Product）

两个分别为 n 元和 m 元的关系 R 和 S 的广义笛卡尔积 R×S 是一个 n+m 元元组的集合。

元组的前 n 个分量是 R 的一个元组，后 m 个分量是 S 的一个元组，若 R 有 K1 个元组，S 有 K2 个元组，则 R×S 有 K1×K2 个元组，其中不存在相同元组。记为 R×S，其意义已在第 3.1 节中表述。

5.1.2 专门的关系运算

专门的关系运算包括四种，即选择（σ）、投影（∏）、连接（⋈）和除法（÷），是关系数据库数据维护、查询、统计等操作的基础。

1. 选择（Selection）

设有关系 R，在关系 R 中求取满足给定条件 F 的元组组成新的关系的运算称为选择。记作 $\sigma_F(R)$。

这是以行为处理单位进行的运算，其中 F 是一个条件表达式，其值为"真"或"假"，由常量、变量及算术比较符（>，≥，<，≤，=，≠=）和逻辑运算符与、或、非（∧，∨，¬）等构成。

【例5.4】由表5.2所示关系（假设关系名称为营业库），如欲求公司中所有单价不少于5元的商品的情况（包括子公司代码、品名、数字和单价），求关系代数式。

关系代数式为：$\sigma_{单价 \geq 5}$(营业库)，结果如表5.6所示。

表 5.6　$\sigma_{单价 \geq 5}$(营业库)运算结果

商品代码	子公司代码	品名	数字	单价
1	Comp1	钢笔	50	10.00
2	Comp1	圆珠笔	200	6.00
4	Comp1	笔记本	1000	8.00
1	Comp2	钢笔	50	10.00

2. 投影（Projection）

设有关系 R，在关系 R 中求指定的若干个属性列组成新的关系的运算称作投影，记作 $\prod_A(R)$。其中 A 为欲选取的属性列列名的列表。这是以列作为处理单位进行的运算，示意图如图5.4所示的阴影部分，设 A={a,c,d}，即 a∈{A}，c∈{A}，d∈{A}。

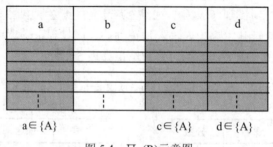

图 5.4　$\prod_A(R)$示意图

【例5.5】由表5.2所示"营业库"关系，欲求所有商品数量情况，要求取出品名和数量两列，求关系运算式及结果。

关系运算式为：$\prod_{品名, 数量}$(营业库)

也可将列名用顺序号表示，上式可写为 $\prod_{[3],[4]}$(营业库)，结果如表 5.7 所示。

表 5.7　$\prod_{品名, 数量}$(营业库)运算结果

品名	数量
钢笔	50
圆珠笔	200
练习本	1000
笔记本	1000
练习本	200
信笺	1000

注意：在投影后如出现重复元组，应只保留一个。

【例 5.6】求"营业库"所示的所有公司销售的品名清单。

关系运算式：$\prod_{品名}$(营业库)，结果如表 5.8 所示。

表 5.8　$\prod_{品名}$(营业库)运算结果

品名
钢笔
圆珠笔
练习本
笔记本
信笺

实际的查询问题一般既要通过选择操作又要通过投影操作求解。

【例 5.7】求"营业库"中所有单价大于 5 元的商品品名和单价，求关系运算式。

关系运算式：$\prod_{品名, 单价}(\sigma_{单价 \geqslant 5}(营业库))$，其结果见表 5.9。

表 5.9　从表 5.6 再作投影

品名	单价
钢笔	10.00
圆珠笔	6.00
笔记本	8.00

3. 连接（Join）

从两个分别为 n、m 元的关系 R 和 S 的广义笛卡尔积中选取满足给定条件 F 的元组组成 R 和 S 的连接，记作 R $\bowtie_F$ S（F=AθB）。其中 A 和 B 分别为 R 和 S 上度数相等且可比的属性，θ 是算术比较符（>，$\geqslant$，<，$\leqslant$，=，$\neq$）。

【例 5.8】关系 R 和 S 如表 5.10 和表 5.11 所示，求 R $\bowtie_{A=C}$ S，连接结果如表 5.12 所示。

表 5.10　关系 R

A	B
a1	101
a2	201

表 5.11　关系 S

C	D	E
a1	81	85
a2	82	70
a3	83	90

表 5.12　关系 R 与 S（条件为 A=C）的连接运算

A	B	C	D	E
a1	101	a1	81	85
a2	201	a2	82	70

如算术比较符为 "="，称为等值连接。

自然连接（Natural Join）是一种特殊而常用的连接。若 R 和 S 具有同名的属性组，且连接条件为 R 和 S 中两关系所对应的同名属性列的值相等，则称为自然连接。

对于自然连接，无须标明条件表达式 F，在结果中要把重复的属性去掉。如果表 5.11 中关系 S 中的字段 "C" 的名字改为 "A"，关系 R 和 S 可作自然连接，写作 R $\bowtie$ S，结果如表 5.13 所示。

表 5.13　关系 R 与 S（S 中字段名 C 改为 A 后）的自然连接运算

A	B	D	E
a1	101	81	85
a2	201	82	70

在关系优化过程中分解为高一级范式后的两个关系如能通过自然连接得到原来的关系，则称之为实现 "无损连接"。关系优化过程要求分解具有 "无损连接性"，这是关系分解的准则之一。

4. 除（Division）

给定关系 R(x, y) 与 S(z)，其中 x、y、z 为属性集（也可为单属性），R 中的 y 和 S 中的 z 是同名的属性（集），也可以有不同的属性名，但必须出自相同的域集。假定 R÷S 的商等于关系 P，在求解 P 时，对 R 按 x 的值分组，然后检查每一组，如某一组中的 y 包含 S 中全部的 z，则取该组中的 x 的值作为关系 P 中的一个元组，否则不取。

【例 5.9】从表 5.2 关系 "营业库" 中求既销售钢笔，又销售圆珠笔的子公司代码。

从营业库中求在子公司代码和品名上的投影 R，再设计关系 S，如表 5.14 所示。

设子公司代码为 X，品名为 Y，对 R 按子公司代码的值分组，共分为两组：Comp1 和 Comp2，其中第一组的品名值包含了 S 中所有品名。故所求问题的解为 R÷S，如表 5.14 所示。

表 5.14 关系相除结果

R		S	R÷S
子公司代码	品名	品名	子公司代码
Comp1	钢笔	钢笔	Comp1
Comp1	圆珠笔	圆珠笔	
Comp1	练习本		
Comp1	笔记本		
Comp2	钢笔		
Comp2	练习本		
Comp2	信笺		

5.2 关系演算

关系演算以数理逻辑中的谓词演算为基础。谓词（Predicate）指明一个条件，通过对它的求解可得出下列之一的值："真""假""未知"。常见的谓词有比较谓词：$>$、$\geq$、$<$、$\leq$、$=$、$\neq$；包含谓词：IN；存在谓词：EXISTS。关系演算有元组关系演算与域关系演算两类。

1. 元组关系演算

元组关系演算用表达式 $\{t|Q(t)\}$ 来表示，其中 t 为元组变量，$Q(t)$ 是由关系名、元组变量、常量及运算符组成的公式。$\{t|Q(t)\}$ 表示使 $Q(t)$ 为"真"的元组的集合。

关系代数的运算均可用关系演算表达式来表示（反之亦然）。其表示如下：

1）并：$R \cup S = \{t|R(t) \lor S(t)\}$

2）交：$R \cap S = \{t|R(t) \land S(t)\}$

3）差：$R - S = \{t|R(t) \land \neg S(t)\}$

4）投影：$\prod_{i1,i2,\dots ik}(R) = \{t^k | \exists (u)(R(u) \land t[1]=u[i1] \land \dots t[k]=u[ik])\}$

5）选择：$\sigma_F(R) = \{t|R(t) \land F'\}$

其中 F' 是由 F 用 t[i] 代替运算对象 i 得到的等价公式。

6）连接

$R \underset{F}{\bowtie} S = \{t^{(n+m)} | (\exists u^{(n)})(\exists v^{(m)})(R(u) \land s(v) \land t[1]=u[1] \land t[2]=u[2] \land \dots t[n]=u[n] \land t[n+1]=v[1] \land \dots t[n+m]=v[m] \land F')\}$

其中 F' 是由 F 用 t[i] 代替运算对象 i 得到的等价公式。

【例 5.10】 根据表 5.2 营业库显示所有品名及其单价。

$C0l = \{t^{(2)} | (\exists u)(营业库(u)) \land t[1]=u[品名] \land t[2]=u[单价]\}$

2. 域关系演算

域关系演算用表达式 $\{x_1,x_2,\dots x_k | \varphi(x_1,x_2,\dots x_k)\}$ 来表示，其中 $x_1,x_2,\dots x_k$ 是域变量，φ 是由关系、域变量、常量及运算符组成的式子。

$\{x_1,x_2,\dots x_k | \varphi(x_1,x_2,\dots x_k)\}$ 表示所有使 $\varphi(x_1,x_2,\dots x_k)$ 为"真"的那些 $x_1,x_2,\dots x_k$ 组成的元组的集合。每一个关系代数表达式有一个等价的域演算表达式，反之亦然。

【例 5.11】 如果有关系：学生(学号,姓名,年龄,性别)，求用域关系演算式表示年龄大于 20 的学生的学号、姓名、年龄。

{<学号,姓名,年龄>|∃性别(<学号,姓名,年龄,性别>∈学生∧年龄>20)}

5.3　SQL 语言概貌

SQL（Structured Query Language）指结构化查询语言，现在已成为关系数据库标准语言，是一种综合的、通用的、功能极强的关系数据库语言。其主要特点有：

（1）一体化的特点。SQL 能完成定义关系模式、索引、视图、录入数据、查询、维护、数据库重构及数据库安全性控制等一系列操作，能实现数据库生命期中的全部活动。

（2）语言简洁，易学易用。SQL 完成核心功能总共仅 9 条命令。其语法接近英语口语，其查询语句的各种形式可直接完成关系代数相关运算，因而容易学习，容易使用。

（3）高度非过程化。SQL 完成一项功能的一个操作均只用一条语句完成，只要求用户提出干什么，条件范围是什么，而无须指出具体每一步怎么干。使程序设计简化且不易出错。

（4）极强适应性。SQL 不仅在数据库领域，在数据库以外的其他领域，也广泛被应用。

SQL 有三种使用方式，一种是联机交互使用的方式；一种是嵌入某种高级程序语言的程序中，负责数据库操作；第三种是添加过程性语句与图形功能、面向对象方法及与各种软件工具相结合，形成各具特色的独立语言。这已成为目前语言发展的一大潮流。

（5）SQL 语言支持关系数据库三级模式的结构。

1）SQL 语言有定义视图的功能，视图是从一个或几个基本表导出的表，它不另外存储对应的数据，在数据库中存储的是视图的定义，是一个虚表。

2）可以用 SQL 语言对视图和基本表进行查询操作。从这个意义上说，视图和基本表一样都是关系。利用视图可以改变在应用程序中使用的基本表中数据的名字和数据类型，可以进行一些选择、变换及连接，而减少应用程序对全局数据模式的依赖性，加强数据逻辑独立性。还可设置通过视图对基本表数据读写的权限，提高数据的安全性。

3）基本表是本身独立存在的表，每个基本表的数据都实际存放在一个存储文件中，一个表可以带若干个索引，存储文件与索引组成了关系数据库的内模式。SQL 有定义索引的功能。

5.4　SQL 数据定义功能

SQL 数据定义功能包括定义基本表，定义视图，定义索引三部分。可用于定义和修改模式，包括模式（基本表）、外模式（视图）和内模式（索引），也可以删除上述模式的定义。

本节介绍基本表和索引的定义，视图的定义和有关概念放在第 5.6 节叙述。

5.4.1　基本表的定义和修改

1. 定义基本表的语句

```
CREATE TABLE <表名>(<列名 1> <类型> [NOT NULL] [,<列名 2> <类型>] [NOT NULL]…) [<其他参数>]
```

其中，"其他参数"指与物理存储有关的参数，随具体系统不同而不同。

一般的 SQL 支持的数据类型有：

- INTEGER 全字长（31bits 精度）的二进制整数。
- SMALLINT 半字长（精度为 15bits）的二进制整数。
- DECIMAL([p,q]) 压缩十进制数，共 p 位，小数点后有 q 位（$15 \geq P \geq q \geq 0$，q=0 时可省略）。
- FLOAT 双字长的浮点数。
- CHAR(n) 长度为 n 的定长字符串。
- VARCHAR(n) 变长字符串，最大长度为 n。

SQL 支持空值（NULL）的概念，空值是不知道的或不确定的值，除了候选关键字外，任何列都可以有空值。如不允许空值，则应指定 NOT NULL。例如，CREATE TABLE 学生（学生号 CHAR(14) NOT NULL，姓名 CHAR(8)，性别 CHAR(2)，年龄 INTEGER）。

执行后建立基本表结构："学生"，包括学生号、姓名、性别、年龄四个字段，其中学生号不允许空值。

在本书语法中，中括号"[ ]"中内容是可选项，在书写具体语句时，可以根据设计的需要选用，需要时写入程序，不必要则略去。语法中加尖括号"< >"的中文字内容表示需由用户确定的名字、数据或其他内容，设计时用户按语法要求给定并写入。"|" 表示多项选一项，对于其两边内容，用户只能选其中一项。

2. 修改基本表定义语句

（1）添加新列。

格式：ALTER TABLE <表名> ADD <列名> <类型>

功能：添加新的一列。

例如：ALTER TABLE 学生 ADD　班级　CHAR(4)

意义：添加新列：班级，在表中该列值全为空值。在修改基本表定义的列的语句中不允许 NOT NULL。

（2）修改列名。

格式：ALTER TABLE <表名> RENAME COLUMN <原列名> TO <新列名>

功能：将某列列名改为新的名字。

（3）修改列属性。

格式：ALTER TABLE <表名> ALTER COLUMN <列名> <类型> [(<宽度>) [,<小数位>]]

功能：修改字段类型、字符类型字段或数值类型字段宽度和数值型字段小数点后位数。

（4）删去列。

格式：ALTER TABLE<表名> DROP COLUMN <列名>

功能：根据所指定的列名从表中删去一列。

3. 删除基本表的语句

格式：DROP TABLE <表名>

功能：根据所指定的表名删除对一个表的定义，将把一个基本表的定义连同其中记录、索引及它导出的所有视图全部删除。例如：DROP TABLE　学生

5.4.2 索引的建立和删除

对一个基本表，可以根据应用的需要建立若干索引，以适应不同查询和提取数据的需要。

1. 建立索引语句

格式：CREATE [UNIQUE] INDEX <索引名> ON <基本表名> (<列名> [<次序>] [,<列名> [<次序>]]…)[<其他参数>]

功能：对某一个基本表建立针对所指定的那些列的索引，如果选用 UNIQUE，表示每一个索引值只对应唯一的数据记录。

例如，CREATE INDEX 学生索引 ON 学生(班级 DESC,学生号)。

表示建立了一个关于学生表的索引，索引名为："学生索引"，索引建立在班级和学生号两列上。

2. 删除索引语句

格式：DROP INDEX <索引名>

功能：删除某一个基本表的一个索引，例如 DROP INDEX 学生索引。

5.5 SQL 数据查询语句

5.5.1 标准 SQL 数据查询语句格式

SQL 语言数据库查询语句一般格式是：

SELECT *|{<表达式>} FROM {<表名>} [WHERE <条件表达式 1>] [GROUP BY {<列名 1>}] [HAVING <条件表达式 2>]] [ORDER BY {<列名 2> [ASC/DESC]}]

其中 WHERE 子句、GROUP 子句、HAVING 子句、ORDER 子句均为可选项。

注意： 表示从 FROM 选定的基本表（或视图）中，根据 WHERE 子句中的条件表达式找出满足条件的记录，按所指定的目标列选出记录中的分量形成结果表。如果有 GROUP 子句，则按列分组并根据 HAVING 给定的内部函数筛选，统计各组中数据，每组产生一个元组，再按目标列选出分量形成结果表。如果有 ORDER 子句，则应对结果表按列名 2 排序再显示。

|{<表达式>}为输出要求目标列，""表示全部列，表达式可以由一到多个<表达式>组成，各<表达式>之间用逗号分隔。这些<表达式>可以是列名、SQL 提供的库函数、其他函数或计算式。{<表名>}可以是一到多个数据表的名字，也可以是视图的名字，如果是多个名字，名字之间用逗号分隔。{<列名 1>}指分组列的名字，如果需要对某列根据数据相同进行分组，按组输出数据，可以选择 GROUP BY 子句。{<列名 1>}中的列名可以是一个，也可以是多个。如果是多个，列名间用逗号分隔。如果是多个，分组时先按第 1 列分大组，同一大组中再按第 2 列名进一步分组，以下类同。{<列名 2> [ASC/DESC]}指排序列的名字，{}表示可以有多个<列名> [ASC/DESC]，之间用逗号分隔，对每一列都可以指定是升序还是降序。如果是多个列，排序时先按第 1 列排，第一列值相同的再按第 2 列排序，以下类同。子句 "HAVING<条件表达式 2>"只在有 GROUP 子句的情况下才能存在，其中条件表达式 2 只对各分组后的数据进行条件处理。

更具体而言：

（1）{<表达式>}的格式可以是以下格式：

1）列名 1，列名 2，……其中列名 1，列名 2，……为 FROM 子句中所指基本表或视图中的列名；如果 FROM 子句中指定多个表，且列名有相同的时，则列名应写为"表名.列名"的形式。

2）表达式 1，表达式 2，……其中表达式可以是涉及列的计算式，也可以是常量或其他计算式。

3）表达式 1，表达式 2 还可以是 SQL 提供的库函数形成的表达式。常用的库函数如下：

COUNT(列名)，计算一列值的个数（空值不计数，空格或 0 都参加计数）。

COUNT(*) 计算记录条数。

SUM(列名) 计算某一列值的总和，该列必须为数值类型。

AVG(列名) 计算某一列值的平均值，该列必须为数值类型。

MAX(列名) 计算某一列值的最大值，该列不得为文本、图形类型。

MIN(列名) 计算某一列值的最小值，该列不得为文本、图形类型。

如无 HAVING 子句，上述函数完成对全表统计，否则作分组统计。

4）可以在 SELECT 与表达式表之间加一个词：DISTINCT，表示在最终结果表中，如果取出的内容中存在完全相同的记录，将只留下其中一条。

在书写时，允许使用通配符"*""？"。"*"表示任意一字符串。"？"表示任意一个字符。

（2）{<表名>}可以是以下形式的格式：

<表名 1>|<视图名 1> [[AS] <别名 1>] [,<表名 2>|<视图名 2> [[AS] <别名 2>]]…

（3）关于条件表达式的描述，在 5.5.2 节中通过例子说明。

不难看出，如果{<表达式>}由列名构成，将实现关系投影运算。如果 FROM 中指定的是一个表，WHERE 的描述将实现选择运算。如果 FROM 中指定的是多个表，WHERE 的描述将包括连接运算。下面将介绍利用 SELECT 嵌套语句还可实现的其他各种关系运算。

5.5.2 对单一表查询语句

假设在本节示例中使用的基本表的结构为：

学生(学生号,姓名,性别,出生年份,班级,寝室号)。

课程(课程号,课程名,先行课程名)。

成绩(学生号,课程号,分数)。

其中出生年份和分数为整型，其他为字符串类型。先行课程名指必须先学习这一门课才能学习这条记录中指定的课程。

【例 5.12】求所有学生表数据。

SELECT * FROM 学生

【例 5.13】求所有学生姓名的列表。

SELECT 姓名 FROM 学生

【例 5.14】如当前系统设定的年份为 YEAR1，求显示所有学生姓名、年龄。

SELECT 姓名，YEAR1-出生年份 FROM 学生

【例 5.15】 求显示学生人数和学生平均年龄。

`SELECT COUNT(*), AVG(YEAR1-出生年份) FROM 学生`

【例 5.16】 求所有学生班级的列表。

`SELECT DISTINCT 班级 FROM 学生`

因为每个学生班级均有许多学生，为在列表中不出现重复班级名，故使用了"DISTINCT"。

【例 5.17】 显示一个学生表，要求先按班级，在班级相同时按学生号排序。

`SELECT * FROM 学生 ORDER BY 班级, 学生号`

【例 5.18】 求全体男生信息。

`SELECT * FROM 学生 WHERE 性别='男'`

【例 5.19】 求 1980 年以前出生的女生姓名、性别、出生年份。

`SELECT 姓名, 性别, 出生年份 FROM 学生 WHERE 性别='女' AND 出生年份<1980`

【例 5.20】 假设没有安排寝室的学生的寝室号为空值，求没有安排寝室的学生姓名。

`SELECT 姓名 FROM 学生 WHERE 寝室号 IS NULL`

涉及空值的谓词的一般形式是：列名 IS [NOT] NULL

在条件表达式中还经常使用谓词 IN、BETWEEN、LIKE。

【例 5.21】 求 2000101 班和 2000103 班的学生表。

实现语句之 1：**SELECT * FROM 学生 WHERE 班级 IN ('2000101', '2000103')**

实现语句之 2：**SELECT * FROM 学生 WHERE 班级='2000101' OR 班级='2000103'**

两句意义与结果都相同，可见，谓词 IN 实际是一系列逻辑关系词"OR"的缩写。

另外，还可用谓词 NOT IN 表示不在某集合之中。

【例 5.22】 求出生年份在 1982 年至 1985 年间的学生姓名和出生年份。

`SELECT 姓名, 出生年份 FROM 学生 WHERE 出生年份 BETWEEN 1982 AND 1985`

【例 5.23】 找出所有 2001 级学生。

`SELECT * FROM 学生 WHERE 班级 LIKE '2001%'`

使用谓词 LIKE 时，列名必须为各种字符串类型。可采用一些通配字符：① __（下横线）表示任意一单个字符；②%（百分号）表示任意长度任意字符串。

【例 5.24】 求选修课程超过了三门的学生号。

`SELECT 学生号 FROM 成绩 GROUP BY 学生号 HAVING COUNT(*) >3`

以上查询实现了关系运算中投影与选择两种运算。

5.5.3 对两个以上表的连接查询

【例 5.25】 求所有学生信息，包括他所学的课程的课程名和成绩，并按课程号和成绩排名。

`SELECT 学生.*, 成绩.* FROM 学生, 成绩 WHERE 学生.学生号=成绩.学生号 ORDER BY 课程号, 分数 DESC`

其中"学生.学生号=成绩.学生号"称为连接条件。本例是实现两表等值连接的一例。如在 FROM 子句中涉及两个以上表名，则在 WHERE 子句描述中一定要有表间连接的描述语句。在本例中由于学生和成绩两表中都有学生号，因此在结果表中，系统将两个学生号命名为不同的名字。

如将 SELECT 后面目标列号改为"学生.*, 课程号, 分数"，则实现自然连接。

【例 5.26】 求分数为优良（80 分及以上）的所有成绩组成的表，要求显示内容包括姓名、课程名和分数。

SELECT 姓名,课程名,分数 FROM 学生,成绩,课程 WHERE 学生.学号=成绩.学号 AND 成绩.课程号=课程.课程号 AND 分数>=80

连接还允许一个表自身的连接，用于实现涉及两条记录的查询。

【例 5.27】求每门课程的先行课的先行课程名。

SELECT 表 2.先行课程名 FROM 课程 表 1,课程 表 2 WHERE 表 1.先行课程名=表 2.课程名

该句中"课程 表 1，课程 表 2"意义是在内存中建立表 1 与表 2，其内容都是"课程"表的内容，在前面的表达式表和其后出现的列名前都必须加表 1.或表 2.，说明涉及的是新建立的表中的那一个表。

【例 5.28】求既选修了课程号为 C1，又选修了课程号为 C2 这两门课的学生的学生号。

SELECT 表 1.学生号 FROM 成绩 表 1,成绩 表 2

WHERE 表 1.学生号=表 2.学生号 AND 表 1.课号='C1' AND 表 2.课号='C2'

本例实际上是一个简单关系除法问题。

5.5.4　嵌套查询

嵌套查询亦称为子查询，它是指一个 SELECT-FROM-WHERE 查询块可以嵌入到另一个查询块之中的查询。

【例 5.29】求选修了课程号为 C1 的学生姓名。

SELECT 姓名 FROM 学生 WHERE 学号 IN (SELECT 学号 FROM 成绩 WHERE 课程号='C1')

SQL 中允许多层嵌套。

【例 5.30】求选修了课程名为 C 语言的学生姓名。

SELECT 姓名 FROM 学生 WHERE 学号 IN (SELECT 学号 FROM 成绩 WHERE 课程号 IN (SELECT 课程号 FROM 课程 WHERE 课程名='C 语言'))

由上述两例可见涉及多个表连接时，可使用嵌套查询，使用嵌套查询层次分明，容易理解，具有结构化程序设计特点，更重要的是查询效率高、速度快。

上述语句操作时，每个子查询在上一级查询处理之前求解，即由里向外查，先由子查询得到一组值的集合，外查询逐一检查学生表中每一学生的学号是否在该集合之中，如果在则显示该生姓名。

以下例子中的查询将不遵循这样的规律。

【例 5.31】由表 5.3 所示关系，求表成绩 1 和成绩 2 的两个关系的交。

SELECT * FROM 成绩 1 WHERE 学生号 IN

(SELECT 学生号 FROM 成绩 2

WHERE 成绩 1.课程号=成绩 2.课程号 AND 成绩 1.分数=成绩 2.分数)

该语句的处理过程是：对成绩 1 从第一条记录起顺次进行处理，定在某条记录上后，记下这时的学号、课程号与分数，并执行一次嵌入的 SQL 子句，从成绩 2 中找出课程号与分数与所记下值相同的记录，取出学号，形成满足上述条件的学号的集合，再检查所记下的成绩 1 的学号是否在该集合之中，如果在其中，将成绩 1 的该记录归至输出结果表中。

可见，这一语句执行是内外交叉循环进行的。

【例 5.32】由表 5.3 所示关系，求成绩 1-成绩 2 两个关系的差。

SELECT * FROM 成绩 1 WHERE 学生号 NOT IN (SELECT 学生号 FROM 成绩 2 WHERE 成绩 1.课程号=成绩 2.课程号 AND 成绩 1.分数=成绩 2.分数)

两个SELECT-FROM-WHERE查询块如果目标列相同,可利用谓词UNION构成一个查询,实现关系"并"运算,其格式例如:

```
SELECT <目标列1> FROM <表1> WHERE <条件表达式1>
 UNION
SELECT <目标列2> FROM <表2> WHERE <条件表达式2>
```

目标列1与目标列2名字不要求一样,但列数应相同,对应列的类型和宽度必须一样,结果中的列名按第一个查询块中列名,查询时将去掉重复元组。

【例5.33】 由表5.2所示关系,求营业库1和营业库2两个关系的并。

```
SELECT * FROM 营业库1 UNION SELECT * FROM 营业库2
```

5.5.5　关系除法

【例5.34】 求既选修了C1又选修了C2的学生姓名。

```
SELECT 姓名 FROM 学生 WHERE 学生号 IN (SELECT 学生号 FROM 成绩 WHERE 课程号='C1' AND
学生号 IN (SELECT 学生号 FROM 成绩 WHERE 课程号='C2'))
```

本例属关系除法问题,但比较简单。

一般实现关系除法,需利用存在量词EXISTS和NOT EXISTS。应用EXISTS查询语句意义见下例。

【例5.35】 求选修了课程号为C1的学生姓名。

```
SELECT 姓名 FROM 学生 WHERE EXISTS (SELECT * FROM 成绩 WHERE 成绩.学生号=学生.学
生号 AND 课程号='C1')
```

这一查询的处理过程和例5.34相同:首先查学生表中第一条记录,根据第一个学生号情况,先检查内层查询有无满足条件的记录,有则选中其姓名,无则跳过,转入外层查学生表第二条记录,重复上述处理。这样继续下去直到学生表最后一条记录。

例5.34与例5.35这类查询称为相关子查询(Correlated Subquery)。相关子查询中查询条件依赖于外层查询中的某个值,因此不能只处理一次,而要内外交错反复求值。本例中在内层子查询的条件中包含有"学生.学生号"列的值,随外层查询的表的记录变化而改变,因而构成相关子查询结构。

【例5.36】 求选修了全部课程的学生姓名。

这是一个无法直接实现的除法问题。它可以改为另一种说法:选这样的学生姓名,没有一门课程是他不选修的。实现语句为:

```
SELECT 姓名 FROM 学生 WHERE  NOT EXISTS(SELECT * FROM 课程 WHERE NOT EXISTS (SELECT
* FROM 成绩 WHERE 成绩.学号=学生.学号 AND 成绩.课程号=课程.课程号))
```

在SQL中没有全称量词∀(For all),但是带全称量词的谓词都可转换成等价的带存在量词的谓词:

$$(\forall X)p \equiv \neg(\exists X(\neg p))$$

可用类似于上述语句的语句实现查询。更一般的关系除法问题如例5.37。

【例5.37】 求至少选修了学生号为S1的学生所选修的全部课程的学生号。

本问题含义是对成绩表按学生号分组,如每组课程号包含了学生号为S1所选修的全部课程的课程号,则取该组学生号列入结果表。

SQL没有蕴函(Implication)逻辑运算。但是蕴函逻辑运算可作如下变换:

$$p \rightarrow q \equiv \neg(p \land \neg q)$$

其意义是说如 p 包含在 q 中，则一定不存在包含在 p 内的元素却不在 q 之中的情况。上例也就可如下表述：求这样一些学生学号，不存在这样的情况，即 S1 选修了的课程 Cy 他却没有选修。

如果用 p 表示谓词"学生 S1 选修课程 Cy"，用 q 表示谓词"学生 Sx 选修课程 Cy"，则上述查询可表示为：

$$(\forall Cy)(p \rightarrow q) \equiv \neg \exists Cy(\neg(p \rightarrow q)) \equiv \neg \exists Cy(\neg(\neg p \lor q)) \equiv \neg \exists Cy(p \lor \neg q)$$

用 SQL 语句表达为：

SELECT DISTINCT 学生号 FROM 成绩 表 1 WHERE NOT EXISTS (SELECT * FROM 成绩 表 2 WHERE 表 2.学生号='S1' AND NOT EXISTS (SELECT * FROM 成绩 表 3 WHERE 表 3.学生号=表 1.学生号 AND 表 3.课程号=表 2.课程号))

5.6　视图

为了让不同用户只看到自己需要并有权看到的内容，关系数据库允许在数据库中建立视图。视图是定义到数据库里面的虚表，其中并不存放实际数据，只存放结构及与原数据表（称为基本表）结构之间的关系。它可以是对应一个基本表里面的部分字段的行列子集视图，可以作为修改相关基本表相应字段内数据的传送器。它也可以是对一个表进行某一处理后抽取一部分形成的表，将来调用时会自动先对基本表按所定义的方法进行处理，然后展现结果，其功能相当于一个查询器。它还可能是对多个表进行连接与处理后抽取形成的表，也相当于一个查询器。视图是数据库实现安全性控制的重要手段，也是提供友好界面、简化操作的手段，还是实现数据逻辑独立的手段。

5.6.1　建立视图的语句

语句格式：

CREATE VIEW <视图名> [(<字段名> [,<字段名>]…) AS <子查询>
 [WITH CHECK OPTION]

视图所用字段名可以与基本表中字段名不一致。当字段名不一致或子查询中目标列是非列名（函数或一般表达式）或子查询中目标列有相同列名时，在视图定义中必须指出视图的各个字段名，否则可以不列出，默认与子查询结果相同。在子查询中一般不能包括 DISTINCT、INTO、ORDER 等，不能涉及临时表。WITH CHECK OPTION 选项表示在通过视图对基本表进行插入和更新操作时必须满足子查询中 WHERE 语句中规定的条件。

从该语句可以了解视图或子模式是怎样提高数据逻辑独立性的，视图来自于基本表，当其字段来自一个基本表的字段时（行列子集视图），对视图的操作就相当于对基本表操作，或者说，对视图编程就相当于对基本表编程。然而，视图虽然与原基本表有对应关系，其字段名、数据类型和字段特性可以与原表不相同，这样当在修改基本表模式时，如果修改只是涉及字段名等内容，那么，只要修改视图中定义的对应关系，就可以不要求修改应用程序，数据逻辑独立性得到加强。

【例 5.38】将学生表、成绩表、课程表连接后取部分字段建立视图。

CREATE VIEW 学生成绩 AS SELECT 姓名,课名,分数 FROM 学生,成绩,课程

WHERE 学生.学生号=成绩.学生号 AND 成绩.课程号=课程.课程号

对于视图如同基本表一样，可以利用 SQL 查询语句进行查询。本例生成视图"学生成绩"之后，便可对之查询每个人每门课的成绩情况，而无须再写连接语句。

在实际操作时，系统实际是根据视图的定义得到等价的对基本表的查询，再对基本表运行查询命令。从这个意义上看，视图就好像一个"窗口"，人们可从中看到基本表中数据情况。

但是，要求转换成等价的对基本表的操作是有条件的，如果视图不是行列子集视图，将不一定能实现这样的转换，此时查询一般只能以视图字段中字段名与基本表相同的那一部分数据为目标，其他内容随查询结果计算显示。

【例 5.39】要求按课程生成成绩统计视图，包括每门课平均分、最高分、最低分，再对成绩进行分析，包括查看成绩统计数据、查询某门课程成绩统计情况。

（1）生成视图。

```
CREATE VIEW 成绩统计(课程号,平均分,最高分,最低分) AS
SELECT 课程号,AVG(分数),MAX(分数),MIN(分数) FROM 成绩
 GROUP BY 课程号
```

（2）查看成绩统计情况。

```
SELECT * FROM 成绩统计
```

（3）查询某门课程 C1 的成绩统计情况。

```
SELECT * FROM 成绩统计 WHERE 课程号='C1'
```

还可以以平均分、最高分、最低分作为查询条件。另外，还可通过视图再导出新视图。

5.6.2 删除视图语句

语句格式：DROP VIEW 视图名

当一个视图被删去后，由它导出的其他视图也将自动删除。由于视图是根据子查询建立，借助于视图，用户看到的是已被筛选了的数据，这就为安全地使用数据提供了可能，展现给用户的将只是他有权操作的那部分数据。

在关系优化过程中，我们将一个实际数据改为多个表存储，使用户面对的是复杂的数据结构，而视图可在不改变数据存储结构的情况下，让用户面对简单的数据结构，视图将其中连接操作对用户隐藏起来，就使用户对数据使用大大简化，更容易操作。在程序与基本表之间视图可发挥转换、字典一类的作用，增强了数据逻辑独立性，更加增强了数据共享特性。

在一些数据库系统中，利用视图可建立两个不同数据库系统的联系和通信，称之为"远程视图"，可如同自己的基本表一样对这些视图做查询、录入、修改、删除等操作，并借之实现对相关数据库系统中表的操作，使得程序设计大大简化。

5.7 SQL Server 中 SQL 语句的加强

Transact-SQL 语言（T-SQL 语言）是 SQL Server 中的 SQL 语言，是标准的 SQL 语言的扩展，是 SQL Server 系统配套软件，是应用程序与 SQL Server 数据库沟通的主要语言。它包括以下主要组成部分：

（1）数据定义语言（Data Definition Language，DDL），用于在数据库系统中对数据库、表、视图、索引等数据库对象进行创建和管理。

（2）数据操纵语言（Data Manipulation Language，DML），用于插入、修改、删除和查询数据库中的数据；还包括程序设计语言，可以用以编写较复杂的应用程序。

（3）数据控制语言（Data Control Language，DCL），用于实现对数据库中数据的完整性，安全性等的控制。

（4）一些附加的语言元素。

可以在对象资源管理器中单击工具栏中"新建查询"，将出现一个查询窗口，在查询窗口中输入 T-SQL 语句，再单击"执行"，将能看到执行 T-SQL 语句后的结果。

5.7.1　T-SQL 语言对 SQL 定义语句的加强

1. 创建数据库的命令

命令格式：

```
CREATE DATABASE <数据库名> [ON [PRIMARY] [<文件 1>[,<文件 2>…]]][,<文件组和文件>]]
[LOG ON <文件>] [COLLATE <排序规则名称>] [FOR LOAD | FOR ATTACH]
```

说明：

（1）PRIMARY 表示定义数据主文件，其后是关于数据文件的描述。如果没有 PRIMARY 字样，其中第一个文件为主文件。

（2）关于"文件"的格式：

（NAME= <文件逻辑名称>,FILENAME=<操作系统中的文件名称>,SIZE=<文件大小>, MAXSIZE=<文件最大尺寸>,FILEGROWTH=<每次文件添加空间的大小>）

其中"文件逻辑名称"指将来在指令中使用的名称，"操作系统中的文件名称"指在操作系统中所指文件的路径与文件名称，路径应当是 SQL Server 实例中的目录，不应是压缩文件系统中的目录。

大小与尺寸默认单位为 MB。每次需要增加空间时添加空间的大小可以用默认单位 MB，也可以用百分比：%，默认为 10%。

文件可以是多个文件，对每一个文件的描述用括号括起，彼此间用逗号分隔。

（3）关于"文件组和文件"的意义：定义中用 PRIMARY 定义主文件组，可以再增加用户定义文件组及文件组中的文件。格式为：

FILEGROUP <文件组名> <文件 1>[,<文件 2>…]。

（4）LOG 子句中定义的文件指日志文件名。

（5）COLLATE 指定默认的排序规则，排序规则可以是 Windows 排序规则，也可以是 SQL Server 排序规则。如果没有指定排序规则，则以 SQL Server 实例的排序规则为排序规则。

（6）FOR LOAD 指可以从备份数据库中加载。FOR ATTACH 将已脱机的数据库重新联机。

【例 5.40】创建数据库：Waremanage，数据文件初始大小为 1M，最大为 10M，如果需要增加空间，每次增加 1M。逻辑文件同样设置。

```
CREATE DATABASE Waremanage ON(NAME= 'Waremanage_Data',FILENAME='c:\Program
Files\Microsoft SQL Server\Data\Waremanage_Data.mdf',SIZE=1,MAXSIZE=10, FILEGROWTH
=1)LOG ON (NAME=Waremanage_log,FILENAME=Waremanage_Data.ldf,SIZE=1, MAXSIZE=10,
FILEGROWTH=1)
```

2. 创建数据库表

创建表的语句格式类似于标准 SQL 语言中建表语句格式，但涉及数据库、字段类型、约束条件、索引等，范围更广，表达更深入。

命令格式：

```
CREATE TABLE <表名说明>{列定义或列计算式 } [CHECK 子句] [ ON {<文件组名> | DEFAULT }]
[TEXTIMAGE_ON { <文件组名> | DEFAULT }]
```

说明：

（1）关于"表名说明"有三种格式：①直接用表名，表示在当前数据库下建表；②<数据库名>.<表名>，只有数据库属主有权操作；③<数据库名>.<架构名>.<表名>。

（2）列定义的一般格式是：<列名> <数据类型> [<宽度>] [NOT [NULL]] [CONSTRAINT 子句] [UNIQUE 子句] [PRIMARY 子句] [FOREIGN 子句] [DEFAULT 子句]

1）数据类型详见表 1.1。

2）CONSTRAINT 子句是可选关键字，表示 PRIMARY KEY、NOT NULL、UNIQUE、FOREIGN KEY 或 CHECK 约束定义的开始，同时定义索引名称。格式为：CONSTRAINT <索引名>。

3）UNIQUE 表示唯一性，表示该列不允许有重复值。它和主键不同的是，主键除不允许有重复值外，还不允许空值。

4）PRIMARY 子句说明该列为主键。格式：PRIMARY KEY CLUSTERED

5）DEFAULT 子句定义默认值，如果该列不允许空值，而在录入时又未说明该列的值，则自动用默认值填充；否则填入 NULL。

6）FOREIGN 子句定义外键，其格式为：FOREIGN KEY <外键名> REFERENCES <主表名称>(主键名称)。其中外键名可以是多个列的列名，用逗号分隔，但其数量与类型必须与其后主表中说明的相关列的列名与类型一一对应。

（3）{}表示其中内容为多个类似结构的集合，例如{列定义}表示多个列定义的集合，列定义之间用逗号分隔。

（4）列计算式指有的列的数据可以由另外一些列的数据根据具体的公式计算得到，称为派生数据。在列定义中，这样的列可以用如下格式定义：

```
<列名> AS <计算列值的表达式>
```

计算列不能作为 INSERT 或 UPDATE 语句的目标，也不能作为 DEFAULT 和 FOREIGN KEY 约束定义。

（5）CHECK 子句为表级约束，说明列自定义约束条件。其格式为：CHECK (<约束条件表达式>)

其中约束条件表达式例如：

1）<字段名> IN (<值表>)。

2）<字段名> <关系符><数据值>。

3）<字段名> LIKE <匹配表达式>。

约束条件表达式可以由多个表达式组成，彼此间用 AND、OR 连接。

（6）ON {<文件组名> | DEFAULT }定义存储表的文件组，该文件组必须在数据库中存在。如果使用 DEFAULT 或没有该子句表示存储在默认文件组中。

（7）TEXTIMAGE_ON {<文件组名> | DEFAULT } 定义 TEXT、NTEXT、IMAGE 等类数据所存储的文件组名称。

【例 5.41】在数据库 Waremanage 中创建关于出版物的表 Publishers(Pub_Id, Pub_Name, Author , Unitprice, Unit)

在选择数据库 Waremanage 之后在查询窗口中可以输入如下语句建表：

```
CREATE TABLE Publishers (Pub_Id CHAR（4）NOT NULL CONSTRAINT Upkcl_Pubind PRIMARY
KEY CLUSTERED CHECK (Pub_Id IN ('0389', '0736', '0877', '1622', '1756') OR Pub_Id
LIKE '20[0-9][0-9]'),Pub_Name VARCHAR(40) NULL,Author VARCHAR(20) NULL, Unitprice
INT NULL, Unit VARCHAR(30) NULL DEFAULT('USA') )
```

说明：

（1）NOT NULL 表示在输入数据时不允许空值，NULL 表示在输入数据时允许空值。

（2）CONSTRAINT Upkcl_Pubind PRIMARY KEY CLUSTERED 建立主键约束，同时建立主键索引，索引名为 Upkcl_Pubind。CLUSTERED 表示索引类型为聚集索引。

（3）CHECK (Pub_Id IN ('0389', '0736', '0877', '1622', '1756') OR Pub_Id LIKE '99[0-9][0-9]') 子句建立用户定义约束，将建立表达式：([Pub_Id] = '1756' OR ([Pub_Id] = '1622' OR ([Pub_Id] = '0877' OR ([Pub_Id] = '0736' OR [Pub_Id] = '0389'))) OR [Pub_Id] LIKE '20[0-9][0-9]')LIKE '20[0-9][0-9]'表示出版物编号前二位为"20"，后二位的每一位由 0 到 9 之间的数字构成。

3. 修改数据表与删除数据表

修改数据表与删除数据表的语句和标准 SQL 语言中修改数据表与删除数据表的语句基本相同，但修改数据表的字段名语句有所不同，添加新列、修改列属性等语句中可包括添加约束的内容。

（1）T-SQL 语言中修改列名的语句。

T-SQL 语言中不能应用"RENAME COLUMN <原列名> TO <新列名>"子句修改列名，需要利用系统数据库 ReportServerTempDB 中存储过程 Sys.Sp_Rename 实现，语句格式：

```
EXEC Sp_Rename '表名.原列名','新列名','column'
```

功能：T-SQL 语言中将某列列名改为新的名字。

【例 5.42】将学生表中字段名"学号"改为"学生号"。

```
EXEC Sp_Rename '学生.学号','学生号','column'
```

（2）修改列属性语句中包括添加约束的内容。

【例 5.43】求为 Publishers 的 Unitprice 创建一个名为 Ck_Publishers 的约束，要求控制 Unitprice 的值在 10 到 1000 之间。

```
ALTER TABLE Publishers ADD CONSTRAINT Ck_Publishers CHECK (Unitprice>=10 AND
Unitprice<=1000)
```

4. 建立视图

语句格式：CREATE VIEW [<数据库名>.][<架构名>.] <视图名>[({<列名>})] [WITH <视图属性>] AS <子查询> [WITH CHECK OPTION]

说明：

（1）{<列名>}定义视图中的列名，可以与表中列名不相同，列名间用逗号分隔。

（2）视图属性包括：①ENCRYPTION：表示加密包含 CREATE VIEW 语句文本的系统表列；②SCHEMABINDING：将视图绑定在架构上，要求<SELECT 子句>包含表、视图等两部分的名称；③View_Metadata：表示在某些查询中可以返回元数据信息。元数据指有关数据表名称、字段名称等结构数据。

（3）子查询与 WITH CHECK OPTION 见前面章节内容。

5. 修改视图

语句格式：ALTER VIEW [<数据库名>.][<架构名>.] <视图名>[({<列名>})] [WITH <视图属性>] AS <子查询> [WITH CHECK OPTION]

【例 5.44】修改原有表 Publication 的视图 View_Pub，要求输出 Pub_Id、Pub_Name 与 Unitprice，显示条件是 Unitprice 大于 100。

ALTER VIEW Waremanage.View_Pub AS SELECT Pub_Id, Pub_Name,Unitprice FROM Publishers WHERE Unitprice>100

6. 建立索引

语句格式: CREATE [UNIQUE] [CLUSTERRED | NONCLUSTERRED] INDEX <索引名称> ON {<表名> | <视图名>} ({<列名>[ASC | DESC]}) [{WITH <索引选项>}] [ON <文件组>]

说明：

（1）UNIQUE 选项表示创建唯一索引。

（2）CLUSTERRED | NONCLUSTERRED 选项表示创建聚集或非聚集索引。如果是聚集索引，则数据表中数据物理存储时按该索引规定的顺序排列。

（3）索引选项例如 Ignore_Dup_Key 表示向属于聚集索引的列插入重复值时将发出警告并拒绝执行。又例如 Drop_Existing 表示除去并重建先前存在的聚集或非聚集索引。

【例 5.45】为表 Publishers 建立关于 Pub_Id 的聚集索引。

```
CREATE UNIQUE CLUSTERRED INDEX Pub_Pub_Id (Pub_Id ASC) WITH Ignore_Dup_Key
```

5.7.2 涉及数据完整性的数据表结构修改语句

修改数据表与删除数据表的语句和标准 SQL 语言中修改数据表与删除数据表的语句基本相同，但修改数据表的语句中可包括添加约束的内容。

1. 添加约束的语句

语句格式：ALTER TABLE <表名> ADD [CONSTRAINT <约束名>] <约束说明> (<字段名>)|(<涉及某字段的条件表达式>)

其中，约束说明可以是：添加主键: PRIMARY KEY(<字段名>); 唯一约束: ADD UNIQUE(<字段名>); 添加外键: FOREIGN KEY (<字段名>) ADD FOREIGN KEY <主表>(<主表中字段名>); CHECK 约束: CHECK(<条件表达式>); 默认值: DEFAULT<默认值> FOR <字段名>。

注意：

（1）约束的名字不能与已经建立的约束名字相同。

（2）已经填入的数据不能与将建立的约束相冲突。

1）添加主键的语句格式。

```
ALTER TABLE <表名> ADD CONSTRAINT <约束名> PRIMARY KEY (<字段名>)
```
或
```
ALTER TABLE <表名> ADD PRIMARY KEY (<字段名>)
```

2）添加唯一约束的语句格式。

```
ALTER TABLE <表名> ADD CONSTRAINT <约束名> ADD UNIQUE (<字段名>)
```
或
```
ALTER TABLE <表名> ADD UNIQUE (<字段名>)
```

3）添加外键约束的语句格式。

```
ALTER TABLE <表名> ADD CONSTRAINT <约束名> FOREIGN KEY (<字段名>) ADD FOREIGN KEY
<主表>(<主表中字段名>)
```

或

```
ALTER TABLE <表名> ADD FOREIGN KEY (<字段名>) ADD FOREIGN KEY <主表>(<主表中字段名>)
```

注意：设置外键，要求主表中对应键必须是主键，添加外键时不能与现有数据冲突。

4）添加 CHECK 约束的语句格式。

```
ALTER TABLE <表名> ADD CONSTRAINT <约束名> CHECK (<条件表达式>)
```

CHECK 约束可以和一个列关联，也可以和一个表关联，因为只要这些列都在同一个表中以及值是在更新或者插入的同一行中，就可用它们检查一个列的值相对于另外一个列的值的关系。CHECK 约束还可以用于检查列值组合是否满足某一个标准。

可以像使用 WHERE 子句一样的规则来定义 CHECK 约束。所有可以放到 WHERE 子句的条件都可以放到该约束中。特殊的 CHECK 约束条件的示例如表 5.15 所示。

表 5.15　特殊的 CHECK 约束

目标	SQL
限制某列为合适的数字	BETWEEN 1 AND 12
正确的 SSN 格式	LIKE'[0-9][0-9][0-9]-[0-9][0-9]-[0-9][0-9][0-9][0-9]'
限制为一个特定列表（集合）	IN('UPS','Fed Ex',EMS')
必须为正数	>= 0

5）添加默认值约束的语句格式。

```
ALTER TABLE <表名> ADD CONSTRAINT <约束名称> DEFAULT <默认值> FOR <字段名>
```

【例 5.46】将部门表中部门号设置为主键。

```
ALTER TABLE 部门表 ADD PRIMARY KEY (部门号)
```

【例 5.47】要求部门表中部门名称不能有重复值。

```
ALTER TABLE 部门表 ADD UNIQUE(部门名)
```

【例 5.48】设置职员表中部门号为部门表中部门号的外键。

```
ALTER TABLE 职员表 ADD FOREIGN KEY (部门号) REFERENCES 部门表 (部门号)
```

【例 5.49】为工资表定义 CHECK 约束，要求基本工资不超过 5000 元。

```
ALTER TABLE 工资表 ADD CHECK (基本工资<=5000)
```

【例 5.50】为职员表部门号设置默认值：10。

```
ALTER TABLE 职员表 ADD DEFAULT 10 FOR 部门号
```

2. 删除创建的约束

```
ALTER TABLE <表名> DROP ADD CONSTRAINT <约束名>
```

注意：如果约束是在创建表的时候创建的，则不能用命令删除，只能在管理工作平台里面删除。

3. 复合主键的创建

如果在已经存在的表中创建包括多个字段的主键，称为复合主键，语句格式为：

```
ALTER TABLE <表名> WITH NOCHECK ADD
CONSTRAINT <约束名> PRIMARY KEY NONCLUSTERED ( [<字段名 1>], [<字段名 2>] )
```

其基本部分为：ALTER TABLE <表名> ADD PRIMARY KEY ([<字段名 1>], [<字段名 2>])

例如：ALTER TABLE 工资表 ADD PRIMARY KEY (员工号,发放年月)

【例 5.51】在多对多联系中，常常会有一张表来描述其他两张表的关系，例如读者和图书之间会有借阅关系，其主键由两个字段构成，定义主键的语句为：

```
ALTER TABLE ReaderAndBook ADD
CONSTRAINT PK_Readerandbook PRIMARY KEY NONCLUSTERED ( Readerid, Bookid )
```

也可以使用语句：

```
ALTER TABLE ReaderAndBook ADD PRIMARY KEY ( Readerid, Bookid )
```

涉及两个及以上字段的约束称为表级约束。

4. 关于级联动作的说明

外键和其他类型键的一个重要区别是：外键是双向的，即不仅是限制子表的值必须存在于父表中，还在每次对父表操作后检查子表以避免孤行。SQL Server 的默认行为是在子表相关记录存在时"限制"父表相关记录被删除。

然而，有时希望能自动删除任何依赖的记录，而不是防止删除被引用的记录。同样在更新记录时，可能希望依赖的记录自动引用刚刚更新的记录。你还可能希望将引用行改变为某个已知的状态。为此，可以选择将依赖行的值设置为 NULL 或者那个列的默认值。

这种进行自动删除和自动更新的过程称为级联。这种过程，特别是删除过程，可以经过几层的联系关系（一条记录依赖于另一条记录，而这另一条记录又依赖其他记录）。在 SQL Server 中实现级联动作需要做的就是修改外键语法，只需要加上 ON 子句。例如要求修改时不级联更新子表，删除时级联删除依赖行。

语句格式：

```
ALTER TABLE <表名> ADD FOREIGN KEY (<字段名>) REFERENCES <主表>(<主表中字段名>)
<级联说明>
```

【例 5.52】定义成绩表中学号为学生表的外键，要求设置级联更新，假如约束名为 FK_学生。

```
ALTER TABLE 成绩表 ADD CONSTRAINT FK_学生 FOREIGN KEY (学号) REFERENCES 学生(学号) ON UPDATE CASCADE ON DELETE CASCADE
```

其中"ON UPDATE CASCADE ON DELETE CASCADE"表示级联更新，级联删除，这样在删除主表 Student 时，成绩表中该学生的所有成绩都会删除。

刚添加的约束和建立时添加的约束一样生效，如果某行引用 Customerid 不存在，那么就不允许把该行添加到 Orders 表中。

当进行级联删除时，如果一个表级联了另一个表，而另一个表又级联了其他表，这种级联会一直下去，不受限制，这其实是级联的一个危险之处，很容易不小心删掉大量数据。

级联动作除了 NO INDEX、CASCADE 之外，还有 SET NULL 和 SET DEFAULT。后两个是在 SQL Server 中引入的，如果执行更新而改变了一个父行的值，那么子行的值将被设置为 NULL，或者设置为该列的默认值（不管 SET NULL 还是 SET DEFAULT）。

5. 主键约束与唯一约束的比较

唯一约束与主键比较相似，共同点在于它们都要求表中指定的列（或者列的组合）上有一个唯一值，区别是唯一约束没有被看作表中记录的唯一标识符，而且可以有多个唯一约束，而在每个表中只能有一个主键。

一旦建立了唯一约束，那么指定列中的每个值必须是唯一的。如果更新或者插入一条记录时，在带唯一约束的列上已经存在值的记录，SQL Server 将抛出错误，拒绝这个记录。

和主键不同，唯一约束不会自动防止设置一个 NULL 值，是否允许为 NULL，由表中相应列的 NULL 选项的设置决定，但即使确实允许 NULL 值，一张表中也只能够插入一个 NULL 值，如果允许多个，那就不叫唯一了。

创建主键时会自动创建聚集索引，除非当前表中已经含有了聚集索引或是创建主键时指定了 NONCLUSTERED 关键字。

创建唯一约束时自动创建非聚集索引，除非指定了 CLUSTERED 关键字并且当前表中还没有聚集索引。

每个表中只能有一个主键，但可以有多个唯一约束。

5.7.3　T-SQL 语言对 SQL 查询语句的加强

对 SQL 查询语句在列更名、输出定向、外部连接等方面内容，T-SQL 语言进一步扩展：

语句基本结构：

```
SELECT {<表达式>} [INTO <新表名>] FROM {<表名>} [WHERE <选择条件表达式>] [GROUP BY {<分组字段名称>}] [HAVING <分组条件表达式>] [ORDER BY {<排序字段> [ASC | DESC]}] [COMPUTE <聚集函数>] [FOR < BROWSE 或 XML 选项>]
```

1.　输出列更名运算

在一些查询中对于输出的列的名字常常要求用新的名字定义或更换，可以利用 AS 指定。这时，可以在语句开始 SELECT 之后的<表达式表>中增加更名子句，改为如下形式：

```
SELECT [DISTINCT] [<别名 1>] <表达式 1> [AS <新列名 1>] [,<别名 2>] <表达式 2> [AS< 新列名 2>]…] FROM …
```

"AS 新列名"指定查询结果中列的重新定义的标题。当"表达式"是一个表达式或一个字段函数或常量时，如果要给此列取一个新的名称，一般可以使用这个子句。

2.　输出定向

在实际语言中，SELECT 语句的输出都是送到显示器中，即将查询结果显示在屏幕上。但是，还有许多应用要求根据查询语句产生一个新表并将查询结果送到新表中等。其方法是在语句中增加子句：INTO <表名>

3.　定义外部连接

在例 5.26 中语句"WHERE 学生.学号=成绩.学号 AND 成绩.课程号=课程.课程号"，实现学生、成绩与课程三表的连接，只有符合连接条件的记录可能被作为结果集输出，这样的连接称为内连接。但有时还要求将参加连接的某个表或某些表中没有被连接进去的那些记录的数据也输出出来。能满足这样要求的查询语句中的连接称为外连接。实现外连接的方法是在FROM 子句中增加有关连接的语句成分，格式为：

```
<表名 1> <连接类别> OUTER JOIN <表名 2> ON <连接条件>
```

根据连接类别不同，具体分为：

- 左外连接，格式为：<表名 1> LEFT OUTER JOIN <表名 2>，意义为可供选作输出内容的记录除了满足连接条件的记录之外，还要加上那些左表（表名 1）中不满足连接条件的记录（即表名 1 中实际未被列入结果的记录）。

- 右外连接，格式为：<表名 1> RIGHT OUTER JOIN <表名 2>，意义为可供选作输出内容的记录除了满足连接条件的记录之外，还要加上那些右表（表名 2）中不满足连接条件的记录（即表名 2 中实际未被列入结果的记录）。

● 全外连接，格式为：<表名 1> FULL OUTER JOIN <表名 2>，意义为可供选作输出内容的记录除了满足连接条件的记录之外，还要同时加上那些左表（表名 1）中不满足连接条件的记录以及右表（表名 2）中不满足连接条件的记录。

【例 5.53】求根据表 5.2 生成一个新表：统计表，包括所有单价大于 5 元的记录，并要求增加两列：金额、说明，其中金额=数量×单价，说明要求 10 个字符宽，以空格填充。

```
SELECT *,数量*单价 AS 金额 , "          " AS 说明 INTO 统计表 FROM 营业库
WHERE 单价>5
```

如要在一个表中增加新字段，可使用 ALTER 命令，也可使用 SELECT 命令。此时要注意，如新字段中无内容，则字符类型要用""AS 列名"的格式，其中空格数应等于欲设置字段宽度。

【例 5.54】求生成按课程成绩的分析统计表，包括每门课平均分、最高分、最低分，存放在表 TMP 中。

```
SELECT 课程号,AVG(分数) AS 平均分, MAX(分数) AS 最高分,
MIN(分数) AS 最低分 INTO TMP FROM 成绩 GROUP BY 课程号
```

【例 5.55】对于表 5.2 营业库，生成统计表，要求按商品代码分组，既显示每笔记录，还要求求出该组"数量"数据之和，并在其中品名栏内标注"小计"字样。

```
SELECT * INTO 统计表 FROM 营业库
    UNION
SELECT 商品代码,子公司代码,"小计" AS 品名,SUM (数量) AS 数量,单价 FROM 营业库 GROUP BY
商品代码
```

【例 5.56】生成按课程成绩的分析表，包括所有学生姓名、班级、课程号、分数。要求没有成绩的学生情况也能显示。

```
SELECT 学生.姓名,学生.班级,成绩.课程号,成绩.分数 FROM 学生 LEFT OUTER JOIN 成绩 ON 学
生.学号=成绩.学号
```

4. COMPUTE <聚集函数>

结构为：

```
COMPUTE { { AVG | COUNT | MAX | MIN | STDEV | STDEVP | VAR | VARP | SUM } (<
表达式>) } [ BY <表达式>]
```

其功能是生成统计数据作为附加的汇总列出现在结果集的最后。当与 BY 一起使用时，可以在结果集内生成分类汇总。在同一查询内可同时指定 COMPUTE BY 和 COMPUTE。

其中聚集函数的意义：AVG 表示数字表达式中所有值的平均值；COUNT 表示记录条数；MAX 表示表达式中的最高值；MIN 表示表达式中的最低值；STDEV 表示表达式中所有值的统计标准偏差；STDEVP 表示表达式中所有值的填充统计标准偏差；SUM 表示数字表达式中所有值的和；VAR 表示表达式中所有值的统计方差；VARP 表示表达式中所有值的填充统计方差。

5. FOR < BROWSE 或 XML 选项>子句

格式为：

```
FOR { BROWSE | XML { RAW | AUTO | EXPLICIT } [ , XMLDATA ] [ , ELEMENTS ] [ ,
BINARY BASE64 ]}
```

说明：

（1）FOR BROWSE 指定当查看 DB-Library 浏览模式游标中的数据时允许更新。如果表

包含时间戳列（用 TIMESTAMP 数据类型定义的列），表有唯一索引且 FOR BROWSE 选项在 SELECT 语句的最后发送到 SQL Server，则可以在应用程序中浏览该表。

（2）FOR XML 指定查询结果将作为 XML 文档返回。必须指定下列 XML 模式之一：RAW、AUTO、EXPLICIT。

其中 RAW：获得查询结果并将结果集内的各行转换为 XML 元素，用一般标识符 <row /> 作为元素标记。AUTO：以简单的嵌套 XML 树返回查询结果。在 FROM 子句内，每个在 SELECT 子句中至少有一列被列出的表都表示为一个 XML 元素。SELECT 子句中列出的列映射到适当的元素特性。EXPLICIT：指定显示定义所得到的 XML 树的形状。使用此种模式，要求以一种特定的方式编写查询，以便显示指定有关期望的嵌套的附加信息。

（3）XMLDATA 表示返回架构，但不将根元素添加到结果中。如果指定了 XMLDATA，它将被追加到文档上。

（4）ELEMENTS 表示指定列作为子元素返回。否则，列将映射到 XML 特性。

（5）BINARY BASE64 表示指定查询返回二进制 Base64 编码格式的二进制数据。使用 RAW 和 EXPLICIT 模式检索二进制数据时，必须指定该选项。这是 AUTO 模式中的默认值。

6. 使用 UNION 运算符

使用 UNION 运算符可以将两个或更多查询的结果组合为单个结果集，该结果集包含联合查询中的所有查询的全部行，实现求关系并集的操作。使用 UNION 组合两个查询的结果集的两个基本规则是：①所有查询中的列数和列的顺序必须相同；②数据类型必须兼容。

语句结构：〈查询语句 1〉UNION [ALL] 〈查询语句 2〉[UNION [ALL] ...]

其中 ALL 表示在组合过程中不删除重复行。

【例 5.57】如果有表 Titles，包括 Title、Type、Price、Advance、Ytd_Sales 等字段，显示含有本年度截止到现在的当前销售额的行，然后按 Type 分类以递减顺序计算书籍的平均价格和预付款总额，最后计算全部书籍的平均价格和预付款总额。

```
SELECT CAST(Title AS CHAR(20)) AS Title, Type, Price, Advance FROM Titles WHERE
Ytd_Sales IS NOT NULL ORDER BY Type DESC COMPUTE AVG(Price), SUM(Advance) BY Type
COMPUTE SUM(Price), SUM(Advance)
```

5.8　SQL 数据更新语句

5.8.1　修改（UPDATE）语句

格式：UPDATE <表名> SET<字段 1>=<表达式 1> [, <字段 2>=<表达式 2>]...
　　　　[WHERE <条件表达式>]

【例 5.58】将营业库中所有单价高于 5 元的商品单价减少 10%。

```
UPDATE 营业库 SET 单价=单价*0.9 WHERE 单价>5
```

注意：这里提到的修改是修改数据表中的数据，和修改表的结构的 ALTER 命令是完全不相同的命令。

5.8.2　删除（DELETE）语句

格式：DELETE FROM <表名> [WHERE <条件表达式>]

【例 5.59】 清空成绩表。

```
DELETE FROM 成绩
```

【例 5.60】 清空 89 级学生成绩记录。

```
DELETE FROM 成绩 WHERE 学生号 IN (SELECT 学生号 FROM 学生
WHERE 班级 LIKE "1989%")
```

5.8.3 插入（INSERT）语句

格式 1：INSERT INTO ｛<表名> | <视图名>｝ [(<字段名> [,<字段名>]…)]
　　　　　VALUES ({DEFAULT | NULL | <表达式> [,<表达式>]…)

功能：此格式将由表达式的值组成的一条记录，添加到表中。

说明：

（1）{[<列名>]}指多个列的名字，彼此用逗号分隔。如给了字段名，则要求表达式的值的个数和字段名的个数相同，且类型等属性对应相同。如不给字段名表，表示对表的所有字段，要求表达式个数与表的字段个数相同，且类型一一对应。

（2）{DEFAULT | NULL | <表达式>}表示多个"DEFAULT | NULL | <表达式>"的集合，彼此用逗号分隔，其数量与顺序要和{[<列名>]}一致，如果语句中省略{[<列名>]}，那么要和表定义的结构中列的数量与顺序一致。

"DEFAULT | NULL | <表达式>"表示可以是 DEFAULT，或者是 NULL，或者是<表达式>。DEFAULT 表示按表定义中关于列默认值的定义填入。NULL 表示填入"空"，只有表定义中允许为空值的列允许填入。<表达式>指当前可以计算得到具体数据的计算式或函数式。

格式 2：INSERT INTO <表名> [(<字段名> [,<字段名>]...)] <子查询>

这一格式将子查询结果插入表中，同样子查询的结果表中字段个数应与标明的字段名个数相同且类型一一对应，表中未插入的字段值取空值 NULL。如语句中不标明字段名，则子查询中目标列个数应和表中字段个数相同且类型一一对应。

【例 5.61】 录入一个学生记录到学生表中，假设已将其学号、姓名、性别、出生年份和班级数据分别赋值给变量 Xh1、Xm1、Xbl、Csnf1、Bj1。

语句为：INSERT INTO 学生(学号，姓名，性别，出生年份，班级)VALUES (Xh1,Xm1, Xbl,Csnf1, Bj1)

【例 5.62】 欲由表 5.1 的营业库 1 和营业库 2 生成表 5.2 的营业库表且增加金额一栏，可先基于营业库 1 生成一个新表，在新表中增加"金额"字段，再将营业库 2 的数据添加到生成的新表中。用如下两条语句完成。

```
SELECT *，数量*单价 AS 金额 INTO 营业库 FROM 营业库1
INSERT INTO 营业库 SELECT *，数量*单价 FROM 营业库2
```

上述修改、删除、录入语句中所针对的表也可以是针对行列子集视图的，通过视图实现对基本表的更新。但如果是非行列子集视图，其中某些字段对应的是对基本表按某种表达式运算的结果，或者视图是基于多表建立的，将不能通过这样的视图对视图涉及的所有字段实现对基本表的更新。

有些数据库系统，在定义视图时规定了某些限制，例如限定某些字段允许更新，某些字段不允许更新，或规定筛选条件，则视图更新必须在其预定范围内。

对于带有 NOT NULL 列的对象修改将可能导致错误。

5.9 嵌入式 SQL

SQL 查询语言对数据库查询功能是很强的，写 SQL 查询语句比用一般编程语言编码实现相同的查询要简单得多。但是在有些情况下仍然需要使用一般通用编程语言如 JAVA、C 语言等。这是因为 SQL 语言是非过程化语言，有些查询要求必须通过程序过程实现，包括与用户交互、查询的特殊输出及对数据表中数据作较为复杂的处理等。

为此，可将 SQL 语句嵌入到一般通用编程语言程序中去，SQL 语句负责对数据库中数据的提取及操作，它所提取的数据逐行提交给程序，程序中其他语句负责数据的处理和传递。

SQL 标准定义了许多语言的嵌入式 SQL，例 PASCAL、PL/1、Fortran、C 和 Cobol。SQL 语句嵌入的语言称为宿主语言。宿主语言中使用的 SQL 结构称为嵌入式 SQL。

一个使用嵌入式 SQL 的程序在执行前，一般要进行两次编译。首先预编译，嵌入的 SQL 请求被宿主语言的声明及允许运行时访问数据库的过程所代替。然后由宿主语言编译且得到执行代码。为使预处理能识别嵌入式 SQL 语句，有些语言要求在 SQL 语句前加上 "EXEC SQL" 标记。

嵌入 C 的查询语句格式为：

```
EXEC SQL SELECT <目标列> INTO <变量> FROM <基本表>[或<视图>]
[WHERE <条件表达式>]…
```

其中主变量为宿主语言程序的变量，前面加 "："作为标识，以和 SQL 变量相区分。

例如查找学号为 S1 的学生姓名、性别、出生年份放到变量 Xm1、Xb1、Csnf1 中，语句为：EXEC SQL SELECT 姓名,性别,出生年份 INTO Xm1,Xb1,Csnf1 WHERE 学生号='S1'。

有一些宿主语言执行一次只处理一个元组，而在实际问题中，查询结果是多个元组，则要使用游标。

例如下面一段程序：

```
EXEC SQL DECLARE C Cursor FOR SELECT 姓名,性别,出生年份 FROM 学生；
EXEC SQL OPEN C；
LOOP
EXEC SQL FETCH C INTO :Xm1, :Xb1, :Csnf1；
PRINT Xm1, Xb1, Csnf1；
GOTO LOOP
```

上例中第一句从学生表中选取姓名、性别、出生年份三列形成结果表，并定义游标 C。第二句 "OPEN C" 激活游标，使 C 指向第一条记录。在 LOOP 的循环体内 FETCH 语句将 C 所指记录的值赋给主变量 Xm1、Xb1、Csnf1。宿主语言语句 PRINT 对取出值进行处理。

循环返回命令 GOTO LOOP 使上述两句重复执行，并将游标顺次指向第二行，第三行……直到表的末尾，此时 FETEH 语句将关闭游标。

也有一些宿主语言，例如 Java，调用 Statement 接口的 ExecuteQuery、ExecuteUpdate、Execute 等方法处理 SQL 语句，SQL 语句以参数形式带入；可以一次将处理内容存放到数组中，再利用语言自身功能对数组进行处理，这样的语言不需要定义游标。

5.10　查询优化

使用 SQL 语句查询数据，语句虽然简洁，但在有些情况下查询很慢，效率很低，有必要根据实际数据的情况选择最好的查询策略以求最快查询到结果。

设若学生表有 100 条记录，每条记录宽度为 500 字节，文件大小约 54KB，成绩表有 3000 条记录，每条记录宽度为 24 字节，文件大小约 100KB。求选修课程 C1 的学生姓名及成绩。如果使用关系代数式描述如下：

$$\prod_{\text{姓名, 分数}}(\sigma_{\text{课程号='C1'}}(\sigma_{\text{学生·学生号=成绩·学生号}}(\text{学生}\times\text{成绩})))$$

用语言实现时，先计算学生×成绩，其结果每条记录长度为 524 字节，共计有 100×3000=300000 条记录，其文件大小将达 16 MB。

如每次从硬盘提取或写入硬盘的块大小为 512 字节，则读取学生表和成绩表约需访问硬盘共约 300 次，而将学生×成绩的笛卡尔积临时存入硬盘需访问硬盘 32 万次，而且，下面作第二步操作还需用同样多的访盘次数将数据一块块取回内存再行选择。由于计算机操作中访盘的寻道时间及等待时间每次约数十毫秒，较取数据时间和数据处理时间要长几千倍，因此速度极慢，费时在 100 秒以上。

如果我们把查询式改为：

$$\prod_{\text{姓名, 分数}}(\sigma_{\text{学生·学生号=成绩·学生号}}(\sigma_{\text{姓名, 学生号}}(\text{学生})\times\sigma_{\text{课程名='C1'}}(\text{成绩})))$$

此时首先操作的是 $\sigma_{\text{姓名, 学生号}}(\text{学生})$，取数约需访盘 100 次，其结果大小约 3KB，存入硬盘约需 6 次，再求 $\sigma_{\text{课程名='C1'}}(\text{成绩})$，取数约需访盘 200 次，结果大小约 4KB，存入硬盘约需 8 次。再计算两者笛卡尔积，结果大小约 500KB，结果存入硬盘约需 1000 次，约为第一方案的 1/300，查询速度大大加快。

如果对这一类问题处理时，将连接筛选结合笛卡尔积计算过程同时进行，查询速度将进一步加快。

从上面例子可见查询优化是十分必要的，采用不同查询过程时间开销差别极大，优化查询程序可提高系统效率千倍甚至更多。同时我们也看到提高查询速度的关键在于减少访盘次数。从计算顺序来看，希望在进行笛卡尔积时参加运算的关系的数据量尽可能小，使其结果也尽可能小。方法上，就是要将某些选择投影的操作提前在笛卡尔积之前进行。

对于查询过程可以用语法树表示。以参与运算的关系作为叶，向上列出每步运算表达式，此例第一方案可用图 5.5 表示，第二方案用图 5.6 表示。

查询优化关系变换时常用到一些变换规则：

（1）$\sigma_{F1}(\sigma_{F2}(E)) \equiv \sigma_{F1 \wedge F2}(E)$

此处 F1、F2 是选择条件，将两个条件合并后，对关系的一次扫描就可完成两个条件的选择操作。

（2）$\sigma_{F1}(\prod_{A1, A2, ...An}(E)) \equiv \prod_{A1, A2, ...An}(\sigma_{F2}(E))$

查询涉及对同一关系选择和投影两步操作时，如果先选择的中间结果大大小于先投影的中间结果，应先作选择再作投影。

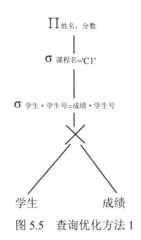

图 5.5　查询优化方法 1

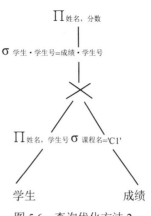

图 5.6　查询优化方法 2

（3）$\prod_{A1, A2, ...An}(\sigma_F(E)) \equiv \prod_{A1, A2, ...An}(\sigma_F(\prod_{A1, A2, ...An, B1, B2, ...Bm}(E)))$

式中 B1,B2…Bm 是 F 中的属性。在图 5.6 中，虽然最终结果只需姓名、分数两列数据，但为了学生表与成绩表连接的需要，首先求学生投影时要取姓名、学生号两个字段。虽然多做了一步操作，但总查询时间是减少的。如果 F 中属性全包含在 A1, A2, …An 之中，则可简单交换：

$$\prod_{A1, A2, ...An}(\sigma_F(E)) \equiv \sigma_F(\prod_{A1, A2, ...An}(E))$$

（4）关于 $\sigma_F(E1 \times E2)$ 的变换关系。

如果 F 中涉及属性全为 E1 中的属性，则 $\sigma_F(E1 \times E2) = \sigma_F(E1) \times E2$。

如果 F=F1∧F2，且 F1 中属性全属于 E1，F2 中属性全属于 E2，则 $\sigma_F(E1 \times E2) = \sigma_{F1}(E1) \times \sigma_{F2}(E2)$。

如果 F=F1∧F2，F1 只涉及 E1 中属性，F2 涉及 E1 和 E2 两者的属性，则 $\sigma_F(E1 \times E2) = \sigma_{F2}(\sigma_{F1}(E1) \times E2)$。

（5）如 A1, A2, …An 是 E1 的属性，B1,B2…Bm 是 E2 的属性，则投影 k 可与笛卡尔积交换，即 $\prod_{A1, A2, ...An, B1, B2...Bm}(E1 \times E2) = \prod_{A1, A2, ...An}(E1) \times \prod_{B1, B2, ...Bm}(E2)$。

（6）选择与并的交换：$\sigma_F(E1 \cup E2) \equiv \sigma_F(E1) \cup \sigma_F(E2)$。

（7）选择与差的交换：$\sigma_F(E1 - E2) \equiv \sigma_F(E1) - \sigma_F(E2)$。

（8）投影与并的交换：$\prod_{A1, A2, ...An}(E1 \cup E2) \equiv \prod_{A1, A2, ...An}(E1) \cup \prod_{A1, A2, ...An}(E2)$。

我们可利用上述规则作语法树的变换，再确定查询次序。

在讨论 SQL 查询语句时曾经提到，采用嵌套查询语句结构优于连接查询语句结构，其原理正是基于查询优化理论。

有一些数据库系统在执行查询命令时能自动根据数据字典和当前数据情况对多种策略进行比较，并选取较佳方案，使得运行效率最高。

在查询优化时，如果能考虑索引结构情况会取得更好的效果。

本章小结

关系数据库的数据查询，以集合的运算为理论基础。按照表达查询的方式可分为两大类。

第一种是用对关系的运算来表达查询的方式，称为关系代数。关系代数又分为传统的集合运算和专门的关系运算。第二种是用谓词来表达查询的方式称为关系演算。按谓词变元的基本对象是元组变量还是域变量，关系演算又可分为元组关系演算和域关系演算两种。

SQL 语言是关系数据库标准语言，它包括定义、查询、操纵和控制四方面功能。本章分别介绍 SQL 语言实现这些功能的语句。同时介绍某些商品化数据库中的 SQL 查询语句的扩展情况。

视图是通过查询表达式定义的"虚关系"。本章介绍视图的定义和使用以及用 SQL 语言实现视图的更新。

由于 SQL 语言强大的查询功能，还可以在其他的高级语言中嵌入 SQL 语句，本章以 C 语言为例介绍了嵌入式 SQL 语句。

最后介绍有关查询优化技术以及作查询优化时常用的规则。

习题五

1. 关系代数的概念和作用是什么？
2. 解释下列术语：集合，选择运算，投影运算，除法运算，视图。
3. 已知关系 R1、R2、R3、R4 如下图所示，（1）求出下列运算的结果：R1-R2、R1∪R2、R1∩R2、R1×R3。（2）如 R4 由 R1 经关系运算得到，写出关系表达式。

关系 R1

P	Q	A	B
3	b	c	d
8	z	e	f
3	b	e	f
8	z	d	e
6	g	e	f

关系 R2

P	Q	A	B
3	b	c	f
8	z	d	e
6	g	c	d
6	b	e	f

关系 R3

A	B	C
c	d	m
c	d	n
d	f	n

关系 R4

A	B
c	d
e	f

4. 若有关系数据库如下：

```
Employee(Employee.Name,Street,City)
Works(Employee.Name,Company.Name,Salary)
Company(Company.Name,City)
Manages(Employee.Name,Manages.Name)
```

对于下述查询，给出一个关系代数表达式和一个 SQL 查询语句表达式。

（1）找出 First Bank Corporation 的所有员工姓名。

（2）找出 First Bank Corporation 所有员工的姓名和居住城市。

（3）找出所有居住地与工作的公司在同一城市的员工姓名。

（4）找出与其经理居住在同一城市同一街道的所有员工姓名。

（5）假设公司可以位于几个城市中，找出 Small Bank Corporation 所在的每一个城市中的所有公司。

5．对于第 4 题中的数据库，为下列查询写出 SQL 语句。

（1）修改数据库使 Jones 居住在 Newton 市。

（2）为 First Bank Corporation 所有员工增加 10%的薪水。

（3）在 works 中删除 Small Bank Corporation 员工的所有元组。

6．设有如下关系模式：

学生:Student(Sno,Sname,Age,City)

教师:Teacher (Tno,Tname,Titile,Age)

课程:Course (Cno,Cname,Tnum)

联系关系:Stc(Sno,Tno,Cno)

其中，Tnum 为该课程的任课教师数。

一个学生可以选修多门课程，一门课程可由多位老师讲授。

要求：

（1）用 SQL 语句定义上述关系模式组成的数据库模式。

（2）用 SQL 分别表示下列查询：

1）查找所有教师的全部数据。

2）查找职称为教授的教师的全部数据。

3）查找由 3 位以上任课教师教的课程名称。

4）查找给学生"刘芳"上"操作系统"课程的教师姓名。

5）查找职称为副教授不讲授英语课的教师号。

（3）用 SQL 实现下列操作：

1）将教师"廖亚平"的职称改为教授。

2）将所有年龄为 20 岁的学生年龄改为 21 岁。

3）将值(0110,王晓,22,上海)加到 Student 中。

4）删除所有年龄为 24 岁的学生的数据。

7．对于第 4 题中的数据库，给出每个关系的 SQL 模式定义方式，为每个属性选择合适的域，并为每个关系模式选择合适的主关键字。

8．什么是视图？它与基本表的区别和联系是什么？

9．对第 4 题中的数据库定义一个视图，这个视图包括了所有居住城市与公司所在城市相同的员工的姓名和城市。

10．什么是嵌入式 SQL？在什么情况下会考虑使用嵌入式 SQL？

11．试述关系代数的一般优化策略。

第 6 章　T−SQL 语言程序设计

本章学习目标

为了更好适应实际应用的需要，有必要扩展 SQL 语言功能，Transact-SQL 语言是 SQL Server 数据库管理系统的 SQL 语言，对 SQL 语言有较大的提升。通过本章学习，读者应该掌握以下内容：

- 了解 T-SQL 语言程序设计语言成分，掌握 T-SQL 程序设计技术
- 熟悉 SQL Server 中存储过程的使用
- 熟悉 SQL Server 中触发器的使用
- 掌握 SQL Server 数据导入、导出方法
- 了解 SQL Server 的应用系统开发环境

6.1　T−SQL 程序设计的语言元素

T-SQL 语言中数据定义、数据操纵、数据控制语言等已经在前面各章介绍，本节主要介绍 T-SQL 语言中用于程序设计的语言元素、存储过程与触发器。

6.1.1　变量

T-SQL 语言中有两种形式的变量，一种是用户自己定义的局部变量，另外一种是系统提供的全局变量。

1. 标识符

标识符是程序员定义的单词，用于各类名称的定义，其第一个字符必须是字母、汉字、下划线、@或#。后续字符可加十进制数字、$。SQL Server 保留字不得作为标识符。

2. 局部变量

局部变量是一个拥有特定数据类型的对象，它的作用范围仅限制在程序内部。局部变量可以作为计数器来计算循环执行的次数，或是控制循环执行的次数。另外，利用局部变量还可以保存数据值，以供控制流语句测试以及保存由存储过程返回的数据值。局部变量被引用时要在其名称前加上标志"@"，而且必须先用 DECLARE 命令定义后才可以使用。

3. 声明局部变量

使用局部变量必须先定义。

命令格式：DECLARE　@<变量名> <数据类型>[,@<变量名> <数据类型>]…

例如：DECLARE @A CHAR(5),@N NUMERIC(10,2), @G INT, @Name1 CHAR(5)

4. 设置命令

要改变局部变量的值需要赋值，设置命令用于局部变量初始化、运算或处理。

命令格式：SET <局部变量>=<常量>|<表达式>

【例 6.1】定义一组变量，赋值后将其代表的数据录入到 SC 表中：Sno：95004，Cno：4，Grade：80。

分析：在数据录入语句 VALUES 子句中的数据可以是常量、变量或者是已经能求出数值的表达式。

```
DECLARE @S CHAR(5),@C CHAR(2), @G INT
SET @S='95004'  SET @C='4'  SET @G=80
INSERT INTO SC(Sno,Cno,Grade) VALUES (@S,@C,@G)
```

5. 全局变量

全局变量是 SQL Server 系统内部使用的变量，其作用范围并不仅仅局限于某一程序，而是任何程序均可以随时调用。全局变量通常存储一些 SQL Server 的配置设定值和统计数据。用户可以在程序中用全局变量来测试系统的设定值或者是 T-SQL 命令执行后的状态值。

使用全局变量时应该注意以下几点：

（1）全局变量不是由用户的程序定义的，它们是在服务器级定义的。

（2）用户只能使用预先定义的全局变量。

（3）引用全局变量时，必须以标记符"@@"开头。

（4）局部变量的名称不能与全局变量的名称相同，否则会在应用程序中出现不可预测的结果。

6.1.2　运算符

运算符是一些符号，它们能够用来执行算术运算、字符串连接、赋值以及在字段、常量和变量之间进行比较。在 SQL Server 中，运算符主要有六大类：算术运算符、赋值运算符、位运算符、比较运算符、逻辑运算符以及字符串串联运算符。

1. 算术运算符

算术运算符可以在两个表达式上执行数学运算，这两个表达式可以是数字类的任何数据类型。算术运算符包括：加（+）、减（-）、乘（*）、除（/）和取模（%）。

2. 赋值运算符

Transact-SQL 中只有一个赋值运算符，即等号（=）。赋值运算符使我们能够将数据值指派给特定的对象。另外，还可以使用赋值运算符在列标题和为列定义值的表达式之间建立关系。

3. 位运算符

位运算符使我们能够在整型数据或者二进制数据（IMAGE 数据类型除外）之间执行位操作。位运算符包括：^、&、|。

4. 比较运算符

比较运算符用于比较两个表达式的大小或是否相同，其比较的结果是布尔值，即 TRUE（表示表达式的结果为真）、FALSE（表示表达式的结果为假）以及 UNKNOWN。除了 TEXT、NTEXT 或 IMAGE 数据类型的表达式外，比较运算符可以用于所有的表达式。比较运算符包括：=、>、<、>=、<=、<>、!=、!>、!<。

5. 逻辑运算符

逻辑运算符可以把多个逻辑表达式连接起来。逻辑运算符包括 AND、OR 和 NOT 等运算符。逻辑运算符和比较运算符一样，返回带有 TRUE 或 FALSE 值的布尔数据类型。逻辑运算符包括：AND、OR、NOT。

6. 字符串串联运算符

字符串串联运算符允许通过加号（+）进行字符串串联，这个加号即被称为字符串串联运算符。例如对于语句 SELECT 'abc'+'def'，其结果为 abcdef。

运算符的优先等级从高到低如下所示。

括号：（）；

乘、除、求模运算符：*、/、%；

加减运算符：+、-；

比较运算符：=、>、<、>=、<=、<>、!=、!>、!<；

位运算符：^、&、|；

逻辑运算符：NOT；

逻辑运算符：AND；

逻辑运算符：OR。

6.1.3 表达式及常用命令

（1）表达式：由变量、运算符、常量组成表达式。

（2）批处理：连续执行多条语句，最后一句用 GO 开始执行。

（3）输出语句：①以字符串的形式显示运行结果。语句格式 1：PRINT <字符类型表达式>；②以表的形式显示运行结果。语句格式 2： SELECT <表达式>。

（4）指定连接的数据库。

语句格式：USE <数据库>

该语句之后的语句将在指定数据库中执行。

6.1.4 函数

在 Transact-SQL 语言中，函数被用来执行一些特殊的运算以支持 SQL Server 的标准命令。Transact-SQL 编程语言提供了三种函数：

（1）行集函数：行集函数可以在 Transact-SQL 语句中当作表引用。

（2）聚集函数：聚集函数用于对一组值执行计算并返回一个单一的值。

（3）标量函数：标量函数用于对传递给它的一个或者多个参数值进行处理和计算，并返回一个单一的值。

SQL Server 中最常用的几种函数：

1. 字符串函数

字符串函数可以对二进制数据、字符串和表达式执行不同的运算，大多数字符串函数只能用于 char 和 varchar 数据类型以及明确转换成 char 和 varchar 的数据类型，少数几个字符串函数也可以用于 binary 和 varbinary 数据类型。此外，某些字符串函数还能够处理 text、ntext、image 数据类型的数据。

字符串函数的分类：

（1）基本字符串函数：

UPPER(<字符串>)：将串中小写字符变大写字符。

LOWER(<字符串>)：将串中大写字符变小写字符。

SPACE(<整数>)：产生"整数"个空格。

REPLICATE(<字符串>,<整数>)：将字符串重复"整数"次。

REPLACE(<字符串 1>,<字符串 2>,<字符串 3>)：将字符串 1 中的所有字符串 2 用字符串 3 代替。

SUBSTRING(<字符串>,<整数 1>,<整数 2>)：取字符串从第"整数 1"起长度为"整数 2"的子串。

STUFF(<字符串 1>,<数字>,<整数>,<字符串 2>)：将字符串 1 中从"数字"开始的"整数"个字符用字符串 2 代替。

REVERSE(<字符串表达式>)：反转字符串表达式。

LTRIM(<字符串>)：删除字符串前面空格。

RTRIM(<字符串>)：删除字符串后面空格。

【例 6.2】将字符串"abCDEfgTH"中小写字母变成大写字母显示。

```
PRINT UPPER('abCDEfgTH')
```

（2）字符串查找函数：

CHARINDEX(<字符串 1>,<字符串 2>)：在字符串 2 中搜索字符串 1 的起始位置。

PATINDEX('%<字串>%',<字符串>)：在字符串中搜索字串出现的起始位置。

（3）长度和分析函数：

SUBSTRING(<字符串 1>,<数字>,<整数>)：从字符串 1 中取从"数字"起始长度为"整数"的字符串。

RIGHT(<字符串>,<整数>)：从字符串右边取长度为"整数"的字符串。

LEFT(<字符串>,<整数>)：从字符串左边取长度为"整数"的字符串。

（4）转换函数：

ASCII(<字符>)：求"字符"的 ASCII 码。

CHAR(<整数>)：求 ASCII 码等于"整数"的字符。

STR(<数值表达式>[,<整数>[,<小数位>]])：将数值表达式的值变成长度等于"整数"，小数位位数等于"小数位"的字符串。

2．日期和时间函数

日期和时间函数用于对日期和时间数据进行各种不同的处理和运算，并返回一个字符串、数字值或日期和时间值。

DATEADD(<参数>,<数字>,<日期>)：按参数指定部分计算日期与数字之和并返回。参数有：YEAR、QUARTER、MONTH、DAYOFYEAR、DAY、WEEK、HOUR、MINUTE、SECOND、MILLISECOND。

DATEDIFF(<参数>,<日期 1>,<日期 2>)：按参数指定部分计算日期与日期之差。

DATENAME(<参数>,<日期>)：按参数指定部分返回日期相应部分的字符串。

DATEPART(<参数>,<日期>)：按参数指定部分返回日期相应部分的整数值。

GETDATE()：返回系统日期。

DAY(<日期>)：返回日期表达式的日期数据。

MONTH(<日期>)：返回日期表达式的月份数据。

YEAR(<日期>)：返回日期表达式的年份数据。

【例 6.3】计算 2017 年 03 月 1 日加 20 天后的日期，以字符串方式返回其月份值，以整数形式返回其年份数，以日期时间类型返回系统日期。

分析：要注意 DATEADD、DATENAME、DATEPART 等函数返回值的数据类型。

```
PRINT DATEADD(DAY,20,'2017/03/1')--返回日期加 20 天的字符串。注意日期要加单引号。
PRINT DATENAME(MONTH,'2017-03-1')--返回日期的月份部分的字符串。
PRINT DATEPART(YEAR,'2017-03-1')--返回日期年份部分的整数值。
PRINT GETDATE()--返回系统日期。
```

显示结果：

```
03 21 2017 12:00AM
03
2017
03 01 2017 11:50AM
```

3．数学函数

数学函数用于对数字表达式进行数学运算并返回运算结果。数学函数可以对 SQL Server 提供的数字数据（decimal、integer、float、real、money、smallmoney、smallint 和 tinyint）进行处理。

数学函数有：

ABS(n)：求 n 的绝对值。

CEILING(n)：求大于等于 n 的最小整数。

DEGREES(n)：求弧度 n 的度数值。

FLOOR(n)：求小于等于 n 的最大整数。

POWER(n,m)：求 n 的 m 次方。

RADIANS(n)：求度数 n 的弧度值。

SIGN(n)：求 n 的符号，分别用 1、-1、0 表示正数、负数、0。

EXP(n)：求 n 的指数值。

LOG(n)：求 n 的对数值。

LOG10(n)：求 n 的以 10 为底的对数值。

SQUARE(n)：求 n 的平方。

SQRT(n)：求 n 的平方根。

SIN(n)：求 n 的正弦值。

COS(n)：求 n 的余弦值。

TAN(n)：求 n 的正切值。

PI()：返回 π 的值。

RAND()：产生随机数。

MOD(m,n)：求 m 除以 n 的余数。

ROUND(n,m)：对 n 作四舍五入处理，保留 m 位。

4. 转换函数

一般情况下，SQL Server 会自动处理某些数据类型的转换。例如，如果比较 char 和 datetime 表达式、smallint 和 int 表达式或不同长度的 char 表达式，SQL Server 可以将它们自动转换，这种转换被称为隐性转换。但是，无法由 SQL Server 自动转换的或者是 SQL Server 自动转换的结果不符合预期结果的，就需要使用转换函数做显示转换。

CONVERT(<转换后数据类型>[(<长度>)],<表达式>[,<转换样式>])：将表达式的值转换为"转换后数据类型"指定的数据类型，"长度"表示转换后数据长度，"转换样式"只在表达式为日期时间类型且欲转换为字符类型时使用，给出转换成字符类型的样式。

转换后数据类型用 SQL Server 数据类型描述符表示。

CAST(<表达式> AS <转换后数据类型>)：将表达式的值转换为"转换后数据类型"指定的数据类型。

【例 6.4】产生并显示一个整数部分为两位的随机数，分别显示其整数部分与小数部分值。

分析：应用数学函数 RAND()可以产生随机数，所生成的随机数是整数位为 0 的字符串格式的小数，在运算时需要变换数据类型。将精确数据类型的数据赋值给整型变量，将自动进行类型变换，变成整型。用 SELECT 语句输出时显示一个表格，每个数据占据一列，如果显示局部变量的值，字段名显示的是"无列名"。本例如果要用 PRINT 输出，必须将输出的三个数据变成字符串再连接成一个字符串。

```
DECLARE @A CHAR(9),@G INT
SET @A=RAND()*100
SET @G=CAST(@A AS NUMERIC(10,6))
SELECT @A,@G,CAST(@A AS NUMERIC(10,6))-@G
```

5. 系统函数

系统函数用于返回有关 SQL Server 系统、用户、数据库和数据库对象的信息，可以让用户在得到信息后，使用条件语句，根据返回的信息进行不同的操作。可以在 SELECT 语句的 SELECT 和 WHERE 子句以及表达式中使用系统函数。

DB_ID(<名称>)：返回数据库 ID 号。

DB_NAME(<ID 号>)：返回数据库名称。

HOST_ID(<名称>)：返回主机 ID 号。

HOST_NAME(<ID 号>)：返回主机名称。

OBJECT_ID(<名称>)：返回指定对象 ID 号。

OBJECT_NAME(<ID 号>)：返回指定对象名称。

SUSER_ID(<名称>)：返回指定登录 ID 号。

SUSER_NAME(<ID 号>)：返回指定登录的名称。

USER_ID(<名称>)：返回指定用户 ID 号。

USER_NAME(<ID 号>)：返回指定用户名称。

COL_NAME(<表号>,<列号>)：返回列名。

COL_LENGTH(<表名>,<列名>)：返回列定义长度。

DATALENGTH(<表达式>)：返回表达式占用的字节长度。

6. 聚集函数

聚集函数可以返回整个、几个列或者一个列的汇总数据，它常用来计算 SELECT 语句查询的统计值。聚集函数经常与 SELECT 语句的 GROUP BY 子句一同使用。

聚集函数包括：AVG、COUNT、MAX、MIN、SUM。

6.1.5 流程控制语句

流程控制语句是指那些用来控制程序执行和流程分支的命令，在 SQL Server 中，流程控制语句主要用来控制 SQL 语句、语句块或者存储过程的执行流程。

1. BEGIN...END 语句

BEGIN...END 语句能够将多个 Transact-SQL 语句组合成一个语句块，并将它们视为一个单元处理。在条件语句和循环等控制流程语句中，当符合特定条件并要执行两个或者多个语句时，就需要使用 BEGIN...END 语句

语句格式：

```
BEGIN { <执行语句> | <语句块> } END
```

2. IF...ELSE 语句

IF...ELSE 语句是条件判断语句，其中，ELSE 子句是可选的，最简单的 IF 语句没有 ELSE 子句部分。IF...ELSE 语句用来判断当某一条件成立时执行某段程序，条件不成立时执行另一段程序。SQL Server 允许嵌套使用 IF...ELSE 语句，而且嵌套层数没有限制。

语句格式：

```
IF <条件表达式> {<执行语句> | <语句块>} [ ELSE {<执行语句> | <语句块> } ]
```

【例 6.5】判断年份 2017 是否是闰年。

分析：一个年份如果是 400 的倍数，则为闰年；否则，如果能被 4 整除但不是 100 的倍数，是闰年。否则，不是闰年。

```
DECLARE @I INT,@N INT,@M1 NUMERIC(10,2), @M2 NUMERIC(10,2)
SET @I=2017
SET @M1=(@I+0.00)/400 SET @N=@M1
IF @N=@M1                --能被 400 整除
    PRINT RTRIM(CONVERT(CHAR(10),@I))+ '是闰年'
ELSE BEGIN
    SET @M1=(@I+0.00)/4    SET @N=@M1      --不能被 4 整除
    IF @N!=@M1 PRINT RTRIM(CONVERT(CHAR(10),@I))+'不是闰年'
    ELSE BEGIN
        SET @M1=(@I+0.00)/100    SET @N=@M1   --能被 4 和 100 整除
        IF @N=@M1 PRINT RTRIM(CONVERT(CHAR(10),@I))+'不是闰年'
        ELSE PRINT RTRIM(CONVERT(CHAR(10),@I))+'是闰年'
    END
END
```

显示：2017 不是闰年

3. CASE 函数

CASE 函数可以计算多个条件式，并将其中一个符合条件的结果表达式返回给 SET 语句中的变量或返回给 SELECT 语句。CASE 函数按照使用形式的不同，可以分为简单 CASE 函数和搜索 CASE 函数。

语句格式 1：

```
CASE <表达式>
  WHEN <值 1> THEN <表达式 1>
  …
  WHEN <值 n> THEN <表达式 n>
    [ELSE <表达式 n+1 >]
END
```

意义：如果"表达式"的值等于值 1，则返回表达式 1 的值且跳出 CASE 语句，否则继续检查"表达式"的值是否等于值 2，……如果与值 n 都不相等且有 ELSE 子句，则返回表达式 n+1 的值。

语句格式 2：

```
CASE
  WHEN <条件表达式 1> THEN <表达式 1>
  …
  WHEN <条件表达式 n> THEN <表达式 n>
    [ELSE <表达式 n+1> ]
END
```

意义：如果"条件表达式 1"的值为真，则返回表达式 1 的值且跳出 CASE 语句，否则继续检查"条件表达式 2"的值是否为真，……如果所有条件表达式的值都不为真且有 ELSE 子句，则返回表达式 n+1 的值。

【例 6.6】产生一个整数部分为 2 位的随机数，显示该数，且如果为 60 以下显示"不及格"；如果为 60～69，显示"及格"；如果为 70～79，显示"中"；如果为 80～89，显示"良"；如果为 90 及以上，显示"优"；

```
DECLARE  @A CHAR(9),@G INT,@S CHAR(6)
SET @A=RAND()*100
SET @G=CONVERT(NUMERIC(10,4),@A)        --将字符串类型的随机数变成整数
SET @S=CASE
    WHEN @G<60 THEN '不及格'
    WHEN @G<70 THEN '及格'
    WHEN @G<80 THEN '中'
    WHEN @G<90 THEN '良'
    ELSE '优秀'
END
PRINT CONVERT(CHAR(10),@G )+@S
```

4．WHILE…CONTINUE…BREAK 语句

WHILE…CONTINUE…BREAK 语句用于设置重复执行 SQL 语句或语句块的条件。只要指定的条件为真，就重复执行语句。其中，CONTINUE 语句可以使程序跳过 CONTINUE 语句后面的语句，回到 WHILE 循环的第一行命令。BREAK 语句则使程序完全跳出循环，结束 WHILE 语句的执行。

语句格式：

```
WHILE 条件表达式{ <执行语句1> | <语句块1> }[ BREAK ] [ CONTINUE ] { <执行语句2> | <
语句块2> }
```

意义：只要"条件表达式"值为真，就重复执行<执行语句 1>或<语句块 1>。在<执行语

句 1>|<语句块 1>中应当还有条件语句，控制执行 BREAK 或 CONTINUE，如果执行 BREAK 则停止循环。如果执行 CONTINUE，则停止本次循环，转到<执行语句 1>|<语句块 1>的首条语句继续执行。

【例 6.7】 计算 10!。
```
DECLARE @S INT,@I INT
SET @S=1  SET @I=1
WHILE  @I<=10
   BEGIN SET @S=@S*@I
   SET @I=@I+1
   END
PRINT @S
```

5. GOTO 语句

GOTO 语句可以使程序直接跳到指定的标有标识符的位置处继续执行，而位于 GOTO 语句和标识符之间的程序将不会被执行。GOTO 语句和标识符可以用在语句块、批处理和存储过程中，标识符可以为数字与字符的组合，但必须以 ":" 结尾。

语句结构：
```
GOTO <标识符>
…
<标识符>:
```

【例 6.8】 利用 GOTO 语句求出从 1 加到 100 的总和。
```
DECLARE @S INT,@I INT
SET @S=1  SET @I=0
LABEL_1:SET @S=@S+@I
SET @I=@I+1
IF @I<=100
   GOTO LABEL_1
PRINT @S
```

6. WAITFOR 语句

WAITFOR 语句用于暂时停止执行 SQL 语句、语句块或者存储过程等，直到所设定的时间间隔已过或者所设定的时间已到才继续执行。

语句格式：
```
WAITFOR { DELAY '<时间间隔>' | TIME '<时间>' }
```

其中，DELAY 用于指定时间间隔，TIME 用于指定某一时刻，其数据类型为 datetime，格式为 "hh:mm:ss"。

【例 6.9】 延时 10 秒后显示学生表全部数据，到下午 4 点 30 分显示 SC 表数据。
```
WAITFOR DELAY '00:00:10'
SELECT * FROM Student
GO
WAITFOR DELAY '16:30:0'
SELECT * FROM SC. RETURN 语句
```

RETURN 语句用于无条件地终止一个查询、存储过程或者批处理，此时位于 RETURN 语句之后的程序将不会被执行。

语句格式：

```
RETURN [<整数>]
```

其中，参数"整数"为返回的整型值。存储过程可以给调用过程或应用程序返回整型值。

【例 6.10】假定表 Ccc5 有学号 INT、课名 CHAR(10)两个字段，遍历该表所有记录，依次将课名数据取到变量中后输出。

分析：可以先建立一个视图 Is_C，它包括表的全部字段，再加一个字段 Row，等于每条记录的顺序号。再设置一个整数，循环从 1 递增，对于其每一个值，应用 SELECT 语句，根据 Row 等于该值求定位记录，取出课名数据。为了让该程序可以反复执行，有必要先判断该视图是否已经在数据库中存在，如果存在，需要先删除该视图，否则无法建立同名视图。判断一个视图是否存在的最简单方法是利用系统表 Sysobjects，在数据库中创建的每个对象（例如约束、默认值、日志、规则以及存储过程）都对应其中一行数据，可以查看其 id 号，如果大于 0，表示该对象存在。设计两条语句：

```
DECLARE @N1 INT
SELECT @N1=ID FROM Sysobjects WHERE NAME='Is_C'
```

之后根据变量@N1 的值是否大于 0 便可判断 Is_C 是否已经存在。

下例采用另一种方法，应用系统函数 COL_LENGTH 查看视图 Is_C 中一个字段的长度，如果长度大于 0 表示视图存在。这是应用系统函数的一例。

```
DECLARE @Col INT
SET @Col=0
SELECT @Col=COL_LENGTH('Is_C','学号')          --返回列长度到 col 中
IF @Col>=0       --如果 Col 大于 0，表示存在视图 Is_c，需要先删除该视图
   BEGIN
      DROP VIEW Is_C       --删除该视图
   END
GO
CREATE VIEW Is_C AS (SELECT *,ROW_Number() OVER (ORDER BY 学号) AS Row FROM
Ccc5)    --建立关于 Ccc5 的视图，在其中除输出全部字段外增加一个记录序号列：Row
GO
DECLARE @G INT,@X NUMERIC(10,2),@Str CHAR(10)
SELECT @X=COUNT(*) FROM Ccc5        --求记录条数存放到@X 中
SET @G=0
 WHILE @G<=@X        --根据记录序号遍历全部记录
    BEGIN
       SELECT @Str=课名 FROM Is_C WHERE Row=@G
       PRINT @Str
       SET @G=@G+1
    END
GO
```

6.1.6　注释

注释是程序代码中不执行的文本字符串（也称为注解）。在 SQL Server 中，可以使用两种类型的注释字符：一种是 ANSI 标准的注释符"--"，它用于单行注释；另一种是与 C 语言相同的程序注释符号，即"/* */"。

6.2 SQL Server 中的存储过程

在大型数据库系统中，存储过程和触发器具有很重要的作用。无论是存储过程还是触发器，都是 SQL 语句和流程控制语句的集合。就本质而言，触发器也是一种存储过程。存储过程在运算时生成执行方式，所以以后对其再运行时其执行速度很快。SQL Server 不仅提供了用户自定义存储过程的功能，而且也提供了许多可作为工具使用的系统存储过程。

6.2.1 存储过程的概念

存储过程（Stored Procedure）是一组为了完成特定功能的 Transaction-SQL 语句集，经编译后存储在数据库中。用户通过存储过程的名字并给出参数（如果该存储过程带有参数）来执行它。

在 SQL Server 系列版本中存储过程分为两类：系统提供的存储过程和用户自定义存储过程。系统过程主要存储在 Master 数据库中，并以 Sp_为前缀，它从系统表中获取信息，为系统管理员管理 SQL Server 提供支持。通过系统存储过程，SQL Server 中的许多管理性或信息性的活动（如了解数据库对象、数据库信息）都可以被顺利有效地完成。系统存储过程可以在其他数据库中被调用，在调用时不必在存储过程名前加上数据库名。而且当创建一个新数据库时，一些系统存储过程会在新数据库中被自动创建。

用户自定义存储过程是由用户创建并能完成某一特定功能（如查询用户所需数据信息）的存储过程。本节主要介绍用户自定义存储过程。

6.2.2 存储过程的优点

当利用 SQL Server 创建一个应用程序时，Transaction-SQL 是一种主要的编程语言。若运用 Transaction-SQL 来进行编程，有两种方法。

（1）在本地存储包含 Transaction-SQL 语句的应用程序，通过 Transaction-SQL 语句向 SQL Server 发送命令来进行数据处理。

（2）把部分用 Transaction-SQL 编写的程序作为存储过程存储在 SQL Server 中，另外创建应用程序调用这些存储过程来对数据进行处理，包括对数据库的操作，不同参数驱使存储过程向调用者返回不同格式或内容的结果集。同时，返回状态值给调用者，指明调用是成功或是失败。

存储过程可以嵌套，允许在一个存储过程中调用另一存储过程。

我们通常更偏爱于使用第二种方法，即在 SQL Server 中使用存储过程而不是在客户计算机上调用 Transaction-SQL 编写的一段程序，原因在于存储过程具有以下优点：

1. 存储过程实现模块化程序设计

存储过程在被创建以后可以在程序中被多次调用，而不必重新编写该存储过程的 SQL 语句。而且数据库专业人员可随时对存储过程进行修改，但对应用程序源代码毫无影响（因为应用程序源代码只包含存储过程的调用语句），从而极大地提高了程序的可移植性。

2. 存储过程能够实现较快的执行速度

如果某一操作包含大量的 Transaction-SQL 代码或被多次执行，那么存储过程要比批处理的执行速度快很多。因为存储过程是预编译的，在首次运行一个存储过程时，查询优化器对其进行分析、优化，并给出最终被存在系统表中的执行计划。而批处理的 Transaction-SQL 语句在每次运行时都要进行编译和优化，速度相对要慢一些。

3．存储过程能够减少网络流量

对于同一个针对数据库对象的操作（如查询、修改），如果这一操作所涉及的 Transaction-SQL 语句被组织成一存储过程，那么当在客户计算机上调用该存储过程时，网络中传送的只是该调用语句，而不是多条 SQL 语句，使得网络流量减少，网络负载降低。

4．存储过程可被作为一种安全机制使用

系统管理员通过对存储过程的执行权限进行限制，从而实现对相应数据访问权限的限制，避免非授权用户对数据的访问，保证数据的安全。

注意：存储过程虽然既有参数又有返回值，但是它与函数不同。存储过程的返回值只是指明执行是否成功，并且它不能像函数那样被直接调用，在调用存储过程时，在存储过程名字前一定要有 EXEC 保留字。

在 SQL Server 中，创建一个存储过程有两种方法：

（1）使用对象资源管理器提供的可视化窗口。

（2）使用 Transaction-SQL 命令 Create Procedure。

当创建存储过程时，需要确定存储过程的三个组成部分：

（1）所有的输入参数以及传给调用者的输出参数。

（2）被执行的针对数据库的操作语句，包括调用其他存储过程的语句。

（3）返回给调用者的状态值，以指明调用是成功还是失败。

6.2.3　使用对象资源管理器创建存储过程

利用对象资源管理器创建存储过程步骤：

（1）启动对象资源管理器，选择要使用的服务器。

（2）展开要创建存储过程的数据库，在左窗格中单击存储过程文件夹，右窗格中将显示该数据库的所有存储过程，如图 6.1 所示。右击"存储过程"，在弹出菜单中选择"新建"→"存储过程"，在存储过程编辑框中已经预生成程序框架，其中绿色的为注释内容，蓝色的为程序内容。

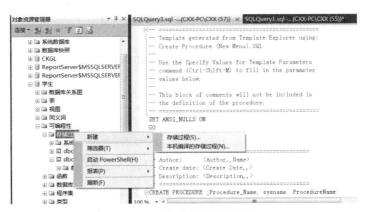

图 6.1　存储过程预设程序框架

可将其中关键语句换为自己的代码，例如：

将语句 CREATE PROCEDURE <Procedure_Name, Sysname, ProcedureName>修改为 CREATE PROCEDURE Pub_Student1 @Int_Sage INT；

将语句 SELECT <@Param1, Sysname, @P1>, <@Param2, Sysname, @P2>修改为 SELECT * FROM Student WHERE Sage>=@Int_Sage。

之后，单击"执行"按钮，新设计的存储过程生成。

如果右击存储过程名称，选择"修改"，可以重新调出存储过程编辑框，对存储过程进行修改。

6.2.4　使用 T-SQL 命令创建存储过程

在创建存储过程之前，应该考虑到以下几个方面：

（1）在一个批处理中，Create Procedure 语句不能与其他 SQL 语句合并在一起。

（2）数据库所有者具有默认的创建存储过程的权限，它可把该权限传递给其他的用户。

（3）存储过程作为数据库对象，其命名必须符合命名规则；

（4）只能在当前数据库中创建属于当前数据库的存储过程。

用 Create Procedure 创建存储过程的语句格式：

```
CREATE PROC[EDURE] <存储过程名> [;<分组数字>]
[{ @<参数> <参数数据类型>}] [VARYING] [= <参数默认值>] [OUTPUT ] ] [,...n ]
[WITH {RECOMPILE | ENCRYPTION | RECOMPILE, ENCRYPTION} ] [FOR REPLICATION]
AS <SQL 语句> [ ...n ]
```

说明：

（1）存储过程的名称必须符合标识符规则，且对于数据库及其所有者必须唯一。要创建局部临时过程，可以在<存储过程名>前面加一个编号符（#<存储过程名>），要创建全局临时过程，可以在 <存储过程名> 前面加两个编号符（##<存储过程名>）。完整的名称（包括 # 或 ##）不能超过 128 个字符。指定过程所有者的名称是可选的。

（2）过程中的参数可以有一个或多个。用户必须在执行过程时提供每个所声明参数的值（除非定义了该参数的默认值）。存储过程最多可以有 2100 个参数。

要求使用 @ 符号作为第一个字符来指定参数名称。参数名称必须符合标识符的规则。每个过程的参数仅用于该过程本身；相同的参数名称可以用在其他过程中。默认情况下，参数只能代替常量，而不能代替表名、列名或其他数据库对象的名称。

（3）参数的数据类型可以是所有数据类型（包括 TEXT、NTEXT 和 IMAGE）。不过，CURSOR 数据类型只能用于 OUTPUT 参数。如果指定的数据类型为 CURSOR，也必须同时指定 VARYING 和 OUTPUT 关键字。

VARYING 指定由 OUTPUT 参数支持的结果集，仅应用于游标型参数。

（4）如果定义了参数的默认值，那么即使不给出参数值，该存储过程仍能被调用。默认值必须是常数，或者是空值。

（5）OUTPUT，该参数是一个返回参数。用 OUTPUT 参数可以向调用者返回信息。TEXT 类型参数不能用作 OUTPUT 参数。

（6）RECOMPILE 指明 SQL Server 不保存该存储过程的执行计划，该存储过程每执行一次都要重新编译。

（7）ENCRYPTION 表明 SQL Server 加密了 Syscomments 表，该表的 TEXT 字段包含 Create Procedure 语句的存储过程文本，使用该关键字无法通过查看 Syscomments 表来查看存储过程内容。

（8）FOR REPLICATION 选项指明了为复制创建的存储过程不能在订阅服务器上执行，仅当进行数据复制时过滤存储过程才被执行，因此只有在创建过滤存储过程时，才使用该选项。FOR REPLICATION 与 WITH RECOMPILE 选项是互不兼容的。

（9）AS 指明该存储过程将要执行的动作。

（10）<SQL 语句>是任何数量和类型的包含在存储过程中的 SQL 语句。[...n]表示 1 到多个。

一个存储过程的最大尺寸为 128M，用户定义的存储过程必须创建在当前数据库中。下面通过示例来详细介绍如何创建包含有各种保留字的存储过程。

【例 6.11】创建当前数据的存储过程：返回关于学生的表 Student 中所有学生的学号、姓名、性别、年龄以及他们所在系。

在查询窗口中输入以下代码：

```
CREATE PROCEDURE Pub_Student
AS
SELECT Sno,Sname,Ssex,Sage,Sdept FROM Student
```

单击工具条中"执行查询"按钮，刷新后可在当前数据库的"可编程性"目录的"存储过程"中发现 Pub_Student 已经生成。

【例 6.12】在存储过程中使用参数 Int_Sage，将来在调用时只要给出 Int_Sage 的值，就能显示所有年龄大于等于该值的学生信息。

```
CREATE PROCEDURE Pub_Student1 @Int_Sage INT
AS
SELECT * FROM Student WHERE Sage>=@Int_Sage
GO
```

在查询窗口中调用已创建的存储过程 Pub_Student1，求显示所有年龄大于等于 20 的记录的相关信息：首先选"查询"→"更改数据库"，选择数据库，输入如下语句：

```
DECLARE @Int_Sage INT
EXEC Pub_Student1 @Int_Sage = 20
```

再单击"执行"按钮，将可见执行结果。

6.2.5　重新命名存储过程

修改存储过程的名字使用系统存储过程 Sp_Rename。其命令格式为：

```
Sp_Rename <原存储过程名>,<新存储过程名>
```

例如，将存储过程 Pub_Student1 修改为 Pub_Student2：Sp_Rename Pub_Student1, Pub_Student2。

另外，通过 Enterprise Manager 也可修改存储过程的名字，其操作过程与 Windows 下修改文件名字的操作类似。即首先选中需修改名字的存储过程，然后右击，在弹出菜单中选取"重命名"选项，最后输入新存储过程的名字。

6.2.6 删除存储过程

删除存储过程使用 DROP 命令，DROP 命令可将一个或多个存储过程或者存储过程组从当前数据库中删除。其语法规则为：

```
DROP PROCEDURE {<存储过程名>}} [,…n]
```

6.2.7 执行存储过程

执行已创建的存储过程使用 EXECUTE 命令，其语法如下：

```
[EXECUTE]
[@<整型变量>=]
{<存储过程名>[;<分组数字>] | @<变量名>}
[[@<参数>=] {<值> | @<返回参数值> [OUTPUT] | [DEFAULT]}] [,…n]
[WITH RECOMPILE]
```

说明：

（1）整型变量用来存储存储过程向调用者返回的值。

（2）<变量名>是用来代表存储过程名字的变量。

其他参数和保留字的含义与 CREATE PROCEDURE 中介绍的一样。

6.2.8 系统存储过程

系统存储过程就是系统创建的存储过程，目的在于能够方便地从系统表中查询信息或完成与更新数据库表相关的管理任务或其他的系统管理任务。系统过程以"Sp_"开头，在 Master 数据库中创建并保存在该数据库中，为数据库管理者所有。一些系统过程只能由系统管理员使用，而有些系统过程通过授权可以被其他用户所使用。

系统存储过程主要类别如表 6.1 所示。

表 6.1 系统存储过程分类

分类	描述
Active Directory 过程	用于在 Microsoft Windows® 2000 Active Directory™ 中注册 SQL Server 实例和 SQL Server 数据库
目录过程	执行 ODBC 数据字典功能，并隔离 ODBC 应用程序，使之不受基础系统表更改的影响
游标过程	执行游标变量功能
数据库维护计划过程	用于设置确保数据库性能所需的核心维护任务
分布式查询过程	用于执行和管理分布式查询
全文检索过程	用于执行和查询全文索引
日志传送过程	用于配置和管理日志传送
OLE 自动化过程	允许在标准 Transact-SQL 批处理中使用标准 OLE 自动化对象
复制过程	用于管理复制
安全过程	用于管理安全性
SQL 邮件过程	用于从 SQL Server 内执行电子邮件操作

分类	描述
SQL 事件探查器过程	由 SQL 事件探查器用于监视性能和活动
SQL Server 代理程序过程	由 SQL Server 代理程序用于管理调度的活动和事件驱动活动
系统过程	用于 SQL Server 的常规维护
Web 助手过程	由 Web 助手使用
XML 过程	用于可扩展标记语言（XML）文本管理
常规扩展过程	提供从 SQL Server 到外部程序的接口，以便进行各种维护活动

说明：除非特别指明，所有系统存储过程返回 0 值表示成功，返回非零值则表示失败。具体的 SQL Server 系统存储过程在此不做详细说明。

6.3　SQL Server 中的触发器

上面我们介绍了一般意义的存储过程：用户自定义的存储过程和系统存储过程。本节将介绍一种特殊的存储过程：触发器。在本节中我们将对触发器的概念、作用以及使用方法作详尽介绍，使读者了解如何定义触发器，创建和使用各种触发器。

6.3.1　触发器的概念及作用

一般存储过程是通过存储过程名字被程序调用而执行的，触发器是在发生对数据库中数据进行维护操作事件时被执行。当对某一表进行诸如 UPDATE、 INSERT、 DELETE 这些操作时，希望 SQL Server 能自动执行触发器所定义的 SQL 语句，对执行情况进行检查，使保证对数据的处理必须符合数据库所定义的规则，例如实现由主键和外键所要求的参照完整性和数据的一致性。除此之外，触发器的功能还可以有：

1. 强化约束（Enforce restriction）

触发器能够实现比 CHECK 语句更为复杂的约束。

2. 跟踪变化（Auditing changes）

触发器可以侦测数据库内的操作，从而不允许数据库中未经许可的更新和变化。

3. 级联运行（Cascaded operation）

触发器可以级联影响数据库的各项操作。例如，某个表上的触发器中包含有对另外一个表的数据操作（如删除、更新、插入）而该操作又导致该表上触发器被触发。

4. 调用存储过程（Stored procedure invocation）

数据库更新时触发器可以调用一个或多个存储过程，甚至可以通过外部过程的调用而在DBMS（数据库管理系统）本身之外进行操作。

由此可见，触发器可以解决高级形式的业务规则或复杂行为限制以及实现定制记录等一系列问题。例如，触发器能够找出某一表在数据修改前后状态发生的差异，并根据这种差异执行一定的处理。一个表的同一类型（INSERT、UPDATE、DELETE）的多个触发器能够对同一数据操作采取多种不同的处理。

当运行触发器时，系统处理的大部分时间花费在其他表的相关处理上，这些表可能既不在内存中也不在数据库设备上，与总是位于内存中的删除表和插入表的操作不一样，因此这些"其他表"的位置将决定操作所需的时间。

6.3.2 触发器的种类

SQL Server 支持两种类型的触发器：AFTER 触发器和 INSTEAD OF 触发器。其中 AFTER 触发器为 SQL Server 老版本中的触发器。该类型触发器只有在执行对表的某一操作（INSERT、UPDATE、DELETE）之后，触发器才被触发；可以使用系统过程 Sp_Settriggerorder 定义哪一个触发器先触发，哪一个后触发。

INSTEAD OF 触发器既可在表上定义，也可以在视图上定义；对同一操作只能定义一个 INSTEAD OF 触发器。当为表或视图定义了针对某一操作（INSERT、DELETE、UPDATE）的 INSTEAD OF 类型触发器且执行时，尽管触发器被触发，但相应的操作并不被执行，运行的仅是触发器 SQL 语句本身。

6.3.3 创建触发器

可以用 SQL Server 管理工具 Enterprise Manager 和 Transaction_SQL 两种方法创建触发器。

1. 用管理工具 Enterprise Manger 创建触发器

利用对象资源管理器创建触发器的操作步骤如下：

（1）选择并展开数据库，展开数据表。

（2）右击"触发器"，在弹出菜单中选择"新建触发器"。进入触发器编辑框，其中已预写入了触发器的程序框架，如图 6.2 所示。

（3）用预先设计的建立触发器程序修改触发器编辑框中的内容。

（4）单击"执行"完成创建。

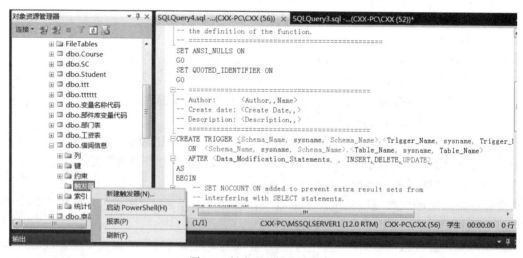

图 6.2 触发器预设程序框架

2. 用 CREATE TRIGGER 命令创建触发器

命令格式：

```
CREATE TRIGGER <触发器名>
ON {<表名> | <视图名>} [WITH ENCRYPTION]
{
    { {FOR | AFTER | INSTEAD OF} {[INSERT] [ , ] [UPDATE]}
        [WITH APPEND]
        [NOT FOR REPLICATION]
        AS
        [ {IF UPDATE (<列名>) [{AND | OR} UPDATE ({<列名>}) ]
            | IF (COLUMNS_UPDATED() {<位逻辑运算符>} <整型位掩码>)
                {<比较操作符>} {<被更新的列的位掩码>}
        } ]
        {<SQL 语句>}
    }
}
```

说明：

（1）WITH ENCRYPTION 表示对包含有 CREATE TRIGGER 文本的 Syscomments 表进行加密。

（2）AFTER 表示只有在执行了指定的操作（INSERT、DELETE、UPDATE）之后触发器才被激活并执行触发器中的 SQL 语句。若使用关键字 FOR，则表示为 AFTER 触发器，该类型触发器仅能在表上创建。

（3）[DELETE][,][INSERT][,][UPDATE]关键字用来指明哪种数据操作将激活触发器。至少要指明一个选项，在触发器的定义中三者的顺序不受限制，且各选项要用逗号隔开。

（4）WITH APPEND 表明增加另外一个已存在某一类型触发器。只有在兼容性水平（指某一数据库行为与以前版本的 MS SQL Server 兼容程度）不大于 65 时才使用该选项。

（5）NOT FOR REPLICATION 表明当复制处理修改与触发器相关联的表时，触发器不能被执行。

（6）AS 是触发器将要执行的动作。

（7）SQL 语句是包含在触发器中的条件语句或处理语句。触发器的条件语句定义了另外的标准来决定将被执行的 INSERT、DELETE、UPDATE 语句是否激活触发器。

（8）IF UPDATE 用来测定对某一确定列是插入操作还是更新操作，但不与删除操作用在一起。

（9）IF(COLUMNS_UPDATED())仅在 INSERT 和 UPDATE 类型的触发器中使用，用来检查所涉及的列是被更新还是被插入。

（10）位逻辑运算符用在比较中。

（11）整型位掩码用于那些被更新或插入的列。例如，如果表 T 包括 C1、C2、C3、C4、C5 五列。为了确定是否只有 C2 列被修改，可用 2 来做位掩码，如果想确定是否 C1、C2、C3、C4 都被修改，可用 15 来做位掩码。

（12）比较操作符用"="表示检查在整型位掩码中定义的所有列是否都被更新，用">"表示检查是否在整型位掩码中定义的那些列被更新。

【例 6.13】当有人试图在 Student 表中添加或更改数据时，要求向客户端显示一条报错消息，请设计带有提醒消息的触发器。

```
CREATE TRIGGER Tri_Student
ON Student
FOR INSERT, UPDATE
AS RAISERROR ('您尚无录入数据的权限。',16,10)
GO
```

说明：RAISERROR 是返回用户定义的错误信息的语句，16 是用户定义的与消息关联的严重级别，10 为从 1 到 127 间的一个整数，表示有关错误调用状态的信息。

【例 6.14】如果当前数据库中有部门表、工资表、津贴标准三个表，在工资表中有"津贴"字段，在津贴标准表中有"部门号""津贴上限""津贴下限"三个字段。请创建关于工资表的一个触发器，当插入或更新职工津贴时，该触发器读出该职工的工作部门号，再检查所输入的津贴数据值是否处于该部门定义的津贴范围内。

```
CREATE TRIGGER 工资_津贴_录改 ON 工资表
FOR INSERT, UPDATE              --当录入数据或修改数据时触发
AS
DECLARE @部门号 CHAR（2）,@津贴上限 INT,@津贴下限 INT,@津贴 INT,@ 部门号 0 CHAR（2）
SELECT @部门号=部门号,@津贴上限=津贴上限,@津贴下限=津贴下限
        FROM 津贴标准      --从津贴标准表中读出全表有关数据到局部变量中
SELECT @书号 0=书号,@津贴 =津贴 FROM 工资表
IF((@部门号 0=@部门号) AND (@津贴<@津贴下限 OR @津贴>@津贴上限))
    BEGIN       --如果从工资表中读出的津贴数据与要求冲突
    PRINT '部门号:'+@部门号+'津贴下限:'+ CONVERT(CHAR(10),@ 津贴下限)+'@津贴上限:'+ CONVERT(CHAR(10),@津贴上限)       --给出报警
    ROLLBACK TRANSACTION       --回滚
    END
```

【例 6.15】求删除触发器"工资_津贴"。

```
IF EXISTS (SELECT Name FROM Sysobjects
WHERE Name = '工资_津贴' AND Type = 'TR')
DROP TRIGGER 工资_津贴
GO
```

4. 创建触发器时需要注意的问题

（1）建立触发器语句必须是批处理的第一个语句。

（2）表的所有者具有创建触发器的权限，表的所有者不能把该权限转给其他用户。

（3）触发器是数据库对象，所以其命名必须符合命名规则。

（4）尽管在触发器的 SQL 语句中可以涉及其他数据库中的对象，但是，触发器只能创建在当前数据库中。

（5）虽然触发器可以基于视图或临时表，但不能在视图或临时表上创建触发器，而只能在基表或在创建视图的表上创建触发器。

（6）由触发器的机制决定，一个触发器只能对应一个表。

（7）尽管 TRUNCATE TABLE 语句如同没有 WHERE 从句的 DELETE 语句，但是由于 TRUNCATE TABLE 语句没有被记入日志，所以该语句不能触发 DELETE 型触发器。

（8）WRITETEXT 语句不能触发 INSERT 或 UPDATE 型的触发器。

当创建一个触发器时，必须指定触发器的名字，在哪一个表上定义触发器，激活触发器

的修改语句，如 INSERT、DELETE、UPDATE。 当然两个或三个不同的修改语句也可以都触发同一个触发器，如 INSERT 和 UPDATE 语句都能激活同一个触发器。

6.3.4　触发器的原理

每个触发器有两个特殊的表：插入表 Inserted 和删除表 Deleted。这两个表是逻辑表，并且这两个表是由系统管理的，存储在内存中，不是存储在数据库中，因此不允许用户直接对其修改。这两个表的结构总是与被该触发器作用的表相同，且动态驻留在内存中，当触发器工作完成，这两个表也被删除。这两个表主要保存因用户操作而被影响到的原数据值或新数据值。它们是只读的，用户不能向这两个表写入内容，但可以引用表中的数据。例如可用如下语句查看 Deleted 表中的信息：

```
SELECT * FROM Deleted
```

1. 插入表的功能

对一个定义了插入类型触发器的表来讲，一旦对该表执行了插入操作，那么对向该表插入的所有行来说，都有一个相应的副本存放到插入表中，即插入表就是用来存储向原表插入的内容。

2. 删除表的功能

对一个定义了删除类型触发器的表来讲，一旦对该表执行了删除操作，则将所有的删除行存放至删除表中。这样做的目的是，一旦触发器遇到了强迫它中止的语句被执行时，删除的那些行可以从删除表中得以恢复。

需要强调的是，更新操作包括两个部分，即先将更新的内容去掉，再将新值插入。因此对一个定义了更新类型触发器的表来讲，当报告更新操作时，在删除表中存放了旧值，再在插入表中存放新值。

由于触发器仅当被定义的操作被执行时才被激活，即仅当在执行插入、删除和更新操作时，触发器才执行。每条 SQL 语句仅能激活触发器一次，可能存在一条语句影响多条记录的情况，可以使用变量@Rowcount。该变量存储了一条 SQL 语句执行后所影响的记录数，可以使用该值对触发器的 SQL 语句执行后所影响的记录求合计值。一般来说，首先要用 IF 语句测试@Rowcount 的值以确定后面的语句是否执行。

6.3.5　INSTEAD OF 触发器

前面已经提到，SQL Server 支持 AFTER 和 INSTEAD OF 两种类型的触发器。其中 INSTEAD OF 触发器是 SQL Server 新添加的功能。其主要优点是使不可被修改的视图能够支持修改。

INSTEAD OF 触发器被用于更新那些没有办法通过正常方式更新的视图。例如，通常不能在一个基于连接的视图上进行删除操作。然而，可以编写一个 INSTEAD OF DELETE 触发器来实现删除。上述触发器可以访问那些如果视图是一个真正的表时已经被删除的数据行，将被删除的行存储在一个名为 Deleted 的工作表中，就像 AFTER 触发器一样。相似地，在 UPDATE INSTEAD OF 触发器或者 INSERT INSTEAD OF 触发器中，可以访问 Inserted 表中的新行。

注意不能在带有 WITH CHECK OPTION 定义的视图中创建 INSTEAD OF 触发器。

6.3.6 触发器的应用

以上部分我们讨论了触发器的优缺点、工作原理以及创建触发器的具体方法。下面我们阐述各种不同触发器的应用。

1. INSERT 触发器

在触发器中如果带有 FOR INSERT 子句，属于 INSERT 类触发器。INSERT 触发器在向数据库插入数据之后触发，执行触发器所定义的操作，可以对新插入数据进行检查，拒绝某些数据的录入。在插入记录的同时，还将生成 Inserted 表，记录副本将插入该表。

【例 6.16】假设在当前数据库中有表 Course，请建立触发器 Tri_Course，检查新插入的每条记录，删除其中 Ccredit>8 的记录。

```
CREATE TRIGGER Tri_Course
ON Course
FOR INSERT
AS
    DELETE FROM Course WHERE Ccredit>8
```

2. DELETE 触发器

在触发器中如果带有 FOR DELETE 子句，属于 DELETE 类触发器。它在数据库删除数据之后触发，执行触发器所定义的操作，可以对被删除数据的相关数据进行检查并执行同步的操作。

【例 6.17】对定义了删除型触发器 Tri_Course1 的 Course 表进行删除操作，首先检查要删除几行，如果将删除多行则返回错误信息。

```
CREATE TRIGGER Tri_Course1
ON Course FOR DELETE
AS
IF @@Rowcount > 1
    BEGIN
        PRINT '要求每次删除 1 条，你一次删除了多条。'
        ROLLBACK TRANSACTION
    END
RETURN
```

3. UPDATE 触发器

在触发器中如果带有 FOR UPDATE 子句，属于更新类触发器。它在修改数据之后触发，可以对被修改的数据进行检查。

【例 6.18】建立触发器 Tri_Sc，检查所修改的数据，如果改后分数比原来低，则恢复原来数据。

由于更新操作包括两个部分：先将需更新的内容从表中删除掉，然后插入新值。因此，更新型触发器同时涉及删除表，将产生删除表 Deteted，其中将保存删除前的数据值。可以根据更新后表中数据与 Deteted 中保存的数据进行比较，判别改后 Grade 是否比原来低，并设法恢复原来数值。要注意，判别时根据表中的关键字（本例中是 Sno、Cno）建立联系。

```
CREATE TRIGGER Tri_Sc
ON SC FOR UPDATE
AS
UPDATE SC SET SC.Grade=Deleted.Grade
```

```
FROM SC,Deleted
    WHERE  SC.Sno=Deleted.Sno  AND  SC.Cno=Deleted.Cno  AND  SC. Grade
<Deleted.Grade
```

4. 嵌套触发器

当某一触发器执行的同时触发另外一个触发器称之为触发器嵌套，例如，在执行某修改数据的过程中，让一个触发器修改某个已经有其他触发器的表时就可能会有触发器嵌套问题。如果不需要嵌套触发器，可以通过 Sp_configure 选项来进行设置。在 SQL Server 中触发器能够嵌套至 32 层。

可使用嵌套触发器执行如保存前一触发器所影响记录的一个备份等这一类工作。

【例 6.19】在 Commodity 上另建一个触发器 Commodityupdate1，保存由 Commodityupdate 触发器所删除的 Commodity 的记录的备份。将被删除的数据保存到另一个单独创建的名为 Del_Save 表中。

创建空 Del_Save 表：
```
SELECT * INTO Del_Save FROM SC WHERE Sno<'0'
```
建立嵌套的触发器 Tri_Sc1：
```
CREATE TRIGGER Tri_Sc1
ON SC FOR UPDATE
AS
INSERT Del_Save SELECT * FROM Deleted
```
之后，如果修改 SC 表中的成绩且减少分数值时，就会自动恢复原来的数据，同时在表 Del_Save 中存入两条记录，一条是改前记录，一条是改后期望的数据值。

5. 递归触发器

在触发器的应用中，常会遇到这种情况，即被触发的触发器试图更新与其相关联的原始的目标表，从而使触发器被无限循环地触发。对于该种情况，不同的数据库产品提供了不同的解决方案。有些 DBMS 对一个触发器的执行过程采取的动作强加了限制；有些 DBMS 提供了内嵌功能，允许一个触发器主体触发内嵌的触发器；另一些 DBMS 提供了一种系统设置，控制是否允许串联的触发器处理；还有一些 DBMS 对可能触发的嵌套触发器级别的数目进行限制。在 SQL Server 中，这种能触发自身的触发器被称为递归触发器。对它的控制是通过限制可能触发的嵌套触发器级别的数目进行限制的，另外，通过是否允许触发嵌套触发器也能实现对它的控制。

触发器不会以递归方式自行调用，除非设置了 Recursive_Triggers 数据库选项。有两种不同的递归方式：

（1）直接递归。

触发器激发并执行一个操作，而该操作又使同一个触发器再次激发。例如，一应用程序更新了表 T3，从而引发触发器 Trig3。Trig3 再次更新表 T3，使触发器 Trig3 再次被引发。

（2）间接递归。

触发器激发并执行一个操作，而该操作又使另一个表中的某个触发器激发。第二个触发器使原始表得到更新，从而再次引发第一个触发器。例如，一应用程序更新了表 T1，并引发触发器 Trig1。Trig1 更新表 T2，从而使触发器 Trig2 被引发。Trig2 转而更新表 T1，从而使 Trig1 再次被引发。

当将 Recursive_Triggers 数据库选项设置为 OFF 时，仅防止直接递归。若要禁用间接递归，需将 Nested Triggers 服务器选项设置为 0。

本章小结

本章对 Transact-SQL 程序设计进行了介绍，主要包括：

（1）介绍 T-SQL 语言程序设计语言元素。

Transact-SQL 基于标准 SQL 语言，同时又为了应用需求而扩展了 SQL 语言。学习 Transact-SQL 可以帮助我们进一步深化对 SQL 语言的学习，同时学习具有一定实用价值的较复杂应用程序设计技术。

（2）SQL Server 中的存储过程和触发器。

存储过程和触发器在数据库开发过程中，在对数据库的维护和管理等任务中以及在维护数据库参照完整性等方面具有不可替代的作用。因此无论对于开发人员，还是对于数据库管理人员来说，熟练地使用存储过程，尤其是系统存储过程，深刻地理解有关存储过程和触发器的各个方面问题是极为必要的。在本章中通过实例，展示了有关存储过程和触发器的各种问题：

1）存储过程与触发器的概念、作用和优点；

2）创建、删除、查看、修改存储过程、触发器的方法；

3）存储过程、触发器的应用；

4）创建、使用存储过程和触发器的过程中应注意的若干问题。

习题六

1. 应用 T-SQL 语言设计求从 1 加到 50 的和。

2. 编写求解当前系统日期年份、月份、日期、星期、小时数据的语句。

3. 编写将 3 个数字类型变量排序的程序。

4. 编写程序产生两个随机数，求其平方和，之后将计算式包括计算结果显示出来。

5. 已知一个字符串由若干被逗号分隔的十进制数据组成，编程计算这些数据的乘积。

6. 已知有数据表：Table1(A CHAR(6),B INT,C NUMERIC(8,2))，其中存放有 5 条记录，编程用 5 行显示其中全部数据，每行 A、B、C 数据连成一串，各占 10 个字符位。

7. 编程产生一个随机数，将其乘 100 后小数部分存放到上题 Table1 表 A 字段中，注意数字前的零要保留，末尾的零可省去；整数部分存放到 B 字段中，全数存放到 C 字段中。

8. 有表 Table1，其中有字符类型字段 C1，其中存放的字符类型数据的实际长度有长有短，编程显示该字段内容及实际长度，要求按该字段内容的实际长度从长到短顺序显示。

9. 说明存储过程的意义是什么，简述建立存储过程的方法。

10. SQL Server 有哪些触发器，各自意义是什么？

11. 设计一个存储过程，当输入两个 50 到 100 之间不同的数时，输出分数在这两数之间的所有学生的学院、专业、班级、课程名称、分数记录，并计算出按学院、专业、班级、课程名称的分数平均数。

12. 设计一个关于学生成绩表的触发器，当录入记录中学生的学号在学生表中不存在时给出报警，并取消录入。

第 7 章 数据库管理与数据安全

本章学习目标

　　数据安全与保护是数据库管理系统所要求完成的重要任务之一。本章主要从概念和理论上阐述数据库的保护与安全的实现原理和方法。在网络环境中，数据高度共享，常常有多个用户从各个客户机上访问同一个数据，会出现并发操作问题，如果不能有效管理，很容易出现数据不一致的错误，为此，提出事务的概念与并发控制的问题。为了保证数据安全与数据正确性，方便共享数据，经常需要备份与恢复数据、导入与导出数据。通过本章学习，读者主要掌握以下主要内容：

- 数据安全性及实现方式
- 事务的原理及 SQL 语言的实现
- 并发控制的原理与实现方法、锁的分类与使用
- 数据的备份与恢复机制、日志的作用
- SQL Server 数据导入与导出

7.1　数据库的安全性实施方法

　　数据库的安全性是防止未经授权非法使用数据，防止数据的泄露、篡改或破坏。关于数据库安全性的控制常可采用访问控制、定义视图和设计触发器程序等方法。

　　访问控制（Access Control）是对用户访问数据库各种资源（包括基本表、视图、各种目录以及实用程序等）的权限（包括创建、撤销、查询、增加、删除、修改、执行等）的控制，这是数据库安全的基本手段。

7.1.1　应用 SQL Server 语句建立登录名、架构与用户

　　数据库用户的权限可分为具有 DBA 特权的数据库用户和一般数据库用户。其中，具有 DBA 特权的数据库用户拥有对数据库最大的权限，可以支配整个数据库资源。而一般数据库用户是由 DBA 特权用户创建的，并由 DBA 用户授予其访问数据库的权限，可以在允许的权限范围内对数据库进行操作。当数据库系统安装之后，DBA 对所有数据库资源就拥有所有权限。在 DBA 建立一个新用户时，必须授予这个用户一定的权限，否则新用户仍然无法使用数据库。

　　管理与使用数据库必须是数据库系统用户，先要建立登录名，才有可能登录数据库管理系统，成为数据库系统的用户，获得使用数据库提供的资源。拥有登录名并不能进入数据库系统，需要成为某个数据库的用户并且拥有权限。在一个数据库中一个登录名只能建一个用户名。

还要取得管理与操作数据库的权限，在 SQL Server 数据库中，要建立拥有对数据库操作权限的架构，再建立新用户并加入到某个或某些架构之中，之后获得操作数据库的权限。

1. 建立登录名

如果是 Windows 身份验证方式，申请数据库系统登录名先要在 Windows 系统中建立用户名，采用 Windows 或 sa（超级管理员）身份登录本地服务器上数据库，用可视化方式或语句建立登录名。可视化方式是展开"安全性"，右击"登录名"，新建登录名。

建立登录名语句基本结构：

如果是 Windows 身份验证方式：

`CREATE LOGIN [<域\登录名>] FROM WINDOWS WITH Default_Database = <数据库名>`

如果是 SQL Server 身份验证方式：

`CREATE LOGIN [<域\登录名>] WITH PASSWORD = N'<密码>',Default_Database =<数据库名>,Default_Language =<默认语言>`

2. 定义架构

从 SQL Server 2008 起架构管理与用户管理分开。多个用户可以拥有同一个架构，每个数据库角色都有一个属于自己的架构，每个架构拥有对多个数据表、视图不同的操作权限。在创建数据库用户时，可以指定该用户账号所属的默认架构，就具有了对该架构所属表与视图的操作权限。

建立架构语句结构：

`CREATE SCHEMA <架构名> [ <Schema_Element> [ ...n ] ]`

其中<Schema_Element> ::= {<创建表语句> | <创建视图语句> | <授权语句> | <撤销权限语句> | <拒绝授权语句>。

3. 建立新用户

可以应用可视化方式也可以执行语句建立新用户。

建立用户语句基本结构：

`CREATE USER <用户名> FOR LOGIN <登录名> [ WITH Default_Schema = <架构名> ]`

4. 定义角色

为简化权限管理的操作，可以将多个用户定义为SQL Server数据库角色，可以根据角色，也可以根据用户名规定权限。一个用户可以同时参与多个角色，一个数据库角色存在于一个数据库中，不能跨多个数据库。

角色分为数据库角色与应用系统角色，建立角色语句基本结构：

`CREATE ROLE <角色名> AUTHORIZATION <用户名>`

7.1.2 SQL 语言访问权限控制

SQL 语言通过权限授予和检验实现安全性控制，在进入系统时用户必须通过用户名和口令的检验。进入系统后，系统根据用户名及事先对该用户授权记载提供数据。在默认状态下，只有数据库管理员才有权利执行数据控制语句。

1. 授权语句

GRANT 语句是授权语句，应用该语句可以把对某种对象操作的权限授予给用户和角色。

（1）授予用户管理权限的语句。

语句格式：GRANT {ALL | <语句>} TO <用户名>

说明:"语句"包括 CREATE DATABASE、CREATE DEFAULT、CREATE FUNCTION、CREATE PROCEDURE、CREATE RULE、CREATE TABLE、CREATE VIEW、BACKUP DATABASE、BACKUP LOG。

(2) 授予对象权限的语句。

授予对象权限的语句用于授予用户或角色对某一对象的某种操作权限。

语句格式: GRANT { ALL [PRIVILEGES] | <对象权限>} {[(<列名>) ON {<表名> | <视图名>} | ON {<表名> | <视图名>} [(<列名>)] | ON { <存储过程> | <扩展程序>} | ON { <用户定义函数>}] TO <用户名> [WITH GRANT OPTION] [AS {<组> | <角色>}]

说明:

1)"对象权限"是当前授予的对象权限。当在表、表值函数或视图上授予对象权限时,权限列表可以包括这些权限中的一个或多个:

- SELECT,查询权限。
- INSERT,插入新记录权限。
- DELETE,删除记录权限。
- UPDATE(属性名[, 属性名]...),对有关列修改权限。
- ALTER,修改表结构权限。
- INDEX,建立索引权限。
- ALL,以上所有权限。

"列"列表可以与 SELECT 和 UPDATE 权限一起提供。如果"列"列表未与 SELECT 和 UPDATE 权限一起提供,那么该权限应用于表、视图或表值函数中的所有列。在存储过程上授予的对象权限只可以包括 EXECUTE。

例如,把查询 Student 所有字段和修改学生学号的权限授给用户 User1:

```
GRANT UPDATE(Sno),SELECT ON TABLE Student TO User1
```

2) WITH GRANT OPTION 表示给予用户将指定的对象权限授予其他安全账户的能力。

3) AS {<组> | <角色>}指当前数据库中有执行 GRANT 语句权力的安全账户的可选名。当对象上的权限被授予一个组或角色时使用 AS,对象权限需要进一步授予不是组或角色的成员的用户。因为只有用户(而不是组或角色)可执行 GRANT 语句,组或角色的特定成员授予组或角色权力之下的对象的权限。

如果系统中有部门表、学生表、成绩表,通过以下示例授予不同权限。

【例 7.1】允许所有用户查询部门表的情况。

```
GRANT SELECT ON 部门表 TO PUBLIC
```

【例 7.2】允许用户 User1 查询学生表产生的视图 V1。

```
GRANT SELECT ON V1 TO User1
```

【例 7.3】允许用户 User2 在部门表中插入或删除数据。

```
GRANT INSERT,DELETE ON 部门表 TO User2
```

【例 7.4】允许用户 User1 和 User3 修改部门表的结构。

```
GRANT ALTER ON 部门表 TO User1, User3
```

【例 7.5】授予用户 Teacher 查询成绩表的权限,并允许他把查询的权限授予他人。

```
GRANT SELECT ON 成绩 TO Teacher WITH GRANT OPTION
```

2. 拒绝授权语句

DENY 语句用于拒绝给当前数据库内的用户或者角色授予权限，并防止用户或角色通过其组或角色成员继承权限。

（1）否定用户权限的语句。

语句格式：DENY {ALL | <语句>} TO <用户名>

（2）否定对象权限的语句。

语句格式 1：DENY { ALL [PRIVILEGES] | <对象权限>} { [(<列名>)] ON {<表名> | <视图名>} | ON {<表名> | <视图名>} [(<列名>)] | ON { <存储过程> | <扩展程序>} | ON {<用户定义函数>} } TO <用户名> [CASCADE]

语句格式 2：GRANT { ALL [PRIVILEGES] | <对象权限>}{[(<列名>) ON {<表名> | <视图名>} | ON {<表名> | <视图名>} [(<列名>)] | ON { <存储过程> | <扩展程序>} | ON { <用户定义函数>}] TO <用户名> [WITH GRANT OPTION] [AS {<组> | <角色>}]

3. 撤销授权语句

REVOKE 语句是与 GRANT 语句相反的语句，它能够将以前在当前数据库内的用户或者角色上授予或拒绝的权限删除，但是该语句并不影响用户或者角色从其他角色中作为成员继承过来的权限。

（1）收回语句权限的语句。

语句格式：REVOKE {ALL | <语句> } FROM <用户名>

（2）收回对象权限的语句。

语句格式：REVOKE [GRANT OPTION FOR] { ALL [PRIVILEGES] | <对象权限>} { [(<列名>)] } ON {<表名> | <视图名>} | ON {<表名> | <视图名>} [(<列名>)] | ON {<存储过程> | <扩展程序>} | ON { <用户定义函数>} } { TO | FROM }<用户名> [CASCADE] [AS {<组> | <角色>}]

【例 7.6】将用户 User2 修改学生号的权力收回。

```
REVOKE UPDATE (学生号) ON 学生 FROM User2
```

除了显式地授予用户的权限之外，资源的创建者对其资源拥有一切权限，而且既可以授予用户权限，也可以撤销用户的权限。用户的权限一旦被撤销，它所转授他人的权限也将同时被撤销。撤销权限 REVOKE 语句的语法格式是：

```
REVOKE .<系统权限列表> ON TABLE <表名>|ON VIEW<视图名>FROM <用户名列表>|PUBLIC;
```

例如，授予用户 A 查询和修改工资表的权限，同时允许用户 A 具有转授权。假设用户 A 将查询和修改工资表的权限又转授给用户 B，当用户 A 的权限被撤销时，用户 B 通过用户 A 所获得的权限也同时被撤销。

用下列 SQL 语句实现 DBA 授予用户 A 查询和修改工资表的权限，同时允许用户 A 具有转授权：

```
GRANT SELECT, UPDATE ON TABLE 工资 TO Usera WITH GRANT OPTION;
```

用户 A 将所获得的权限又转授给用户 B：

```
GRANT SELECT, UPDATE ON TABLE 工资 TO Userb;
```

DBA 撤销用户 A 对工资表查询和修改的权限，用户 B 所获得的权限也同时被撤销。

```
REVOKE SELECT, UPDATE ON TABLE 工资 FROM Usera;
```

说明：不同的 DBMS 系统所提供的 GRANT 和 REVOKE 语句格式有所区别，但原理是一样的。

为了实现权限审定方案，合理地分配用户与数据库的操作权限，数据库设计者必须维护一个授权矩阵，它包含被授权者、权限施加对象和授予的权限等三要素。授权矩阵是 DBA 的主要任务之一。对于大型的数据库来说，数据表越多，管理起来也就越困难，既要确保用户能够访问到他们所需要的数据但又不能使其获得超出他们权限的数据。因此，在一般的编组工作中，将相同数据上有相同权限的用户放入一个组中进行管理，这些用户被称为某一角色，系统根据登录者的角色控制使用数据，这样可以大大降低权限设置的工作量。

上面安全性控制一般限制在表、域的级别上，但有一些系统要求在记录一级实施控制。例如文件管理，一般建一个"文件"表，每一份文件对应一条记录。不同用户对不同文件有不同权限，或对不同文件记录不同字段有不同权限。有些还要求时间限制，只在一定时间内有权操作。我们一般需建立一个权限表，然后根据该表设计程序，当用户欲打开表或修改、删除表中内容时，根据授权情况进行控制。

7.2　事务处理

7.2.1　事务的基本概念

事务反映现实世界中所需要按完整单位提交的一项工作，它一般是一个数据库应用中执行一个逻辑功能的操作集。对于一个事务，要求它要么完整地执行，要么都不执行。例如，在财务对发票报销的过程中，首先将报销单据交给报销人员，然后，财务人员必须将与报销数额相等的资金付给报销人员，此时报销工作才真正完成。这两个操作必须完整地执行，或者全不执行，不允许出现中间状态，如果只收单据而不付款，退了款但未冲销单据，都将是错误的。

事务具有原子性、永久性、串行性和隔离性等四种基本特性。

（1）原子性：事务的所有操作必须全部完成，否则事务被撤销。也即：事务是不可分割的最小工作单位，是一个整体，它的所有操作要么全部执行，要么一个也不执行。

（2）永久性：指数据库必须保持一致性的状态，当一个事务完成后，数据库必须达到一个新的一致性的状态。

（3）串行性：串行性是指多个事务并发处理的过程。多个并发事务可以同时执行，表面上看处理是并行的，实际上是串行有序地进行的。

（4）隔离性：指当一个事务执行期间所使用的数据不能被其他的事务再使用，此事务对当前操作的数据具有独占性，直到此事务结束为止。这种事务的隔离性对多用户的数据库环境是很有帮助的，它可以保证多个用户同时操作一个数据库时能保持数据库的一致性和正确性。

在多用户的数据库管理系统中，多个事务并发操作是一个非常重要的问题，为了实现在多用户环境下数据库的一致性和完整性，DBMS 必须能够实现对事务的串行性和隔离性的控制和管理。例如，假设两个用户同时存取同一个数据，当前一个事务结束之前，第二个事务需要更新数据库，这就违反了事务的隔离性，会导致数据库的不一致性，或产生不可预期的错误。

7.2.2　事务处理过程分析

【例 7.7】假定用户 User1 要查看表 Account 中账号为 0027-654321 的账面的资金情况，则可以通过 SQL 语句来实现，语句如下：

```
SELECT 账号,姓名,可用资金 FROM Account WHERE (账号='0027-654321');
```

这个语句没有对账户表作修改，但它取用了其中的数据，所以，它也是一个事务。如果这个事务在存取数据之前，数据库处于一致性的状态，那么数据库在执行此事务之后也将保持这种一致性的状态。

【例 7.8】假设账号为 0027-654321 的客户购买 10 件商品代码为 K01 的商品，设这 10 件商品的总价为 200.00 元。根据业务规则，在执行购买事务时，应当完成如下的操作过程：

```
UPDATE 库存表 SET 库存量=库存量－10 WHERE 商品代码='K01'
UPDATE 进账表 SET 金额=金额＋200.00 WHERE 账号='0027-654321' ;
```

通过实际销售业务规则可知，必须完整地执行上述两个 SQL 语句之后，这笔交易才算完成。如果这两个 SQL 语句仅仅执行了其中的一个语句，则必然导致数据库的不一致性。例如如果程序在执行期间，执行了前一句，更新了商品 K01 的数量，但此时计算机突然掉电或脱网，则后一个 SQL 语句未被执行，库存表更新了，但进账表中的金额却没有被修改，这样会产生数据库的不一致性。如果发生这种情况，DBMS 系统应将数据库恢复到没有更新 K01 数据之前的一致性状态，当故障排除后，数据库的数据状态是一致的，可以通过再次提交事务来完成"购买"这个事务。

因此，事务的作用是当计算机系统防碍了一个事务的正常执行时，事务管理能将数据库复原到原来的一致性的状态，我们称之为回滚。事务是由用户或者程序员根据具体的业务规程进行定义的。

7.2.3　SQL 的事务管理

SQL 语言进行事务管理的手段主要通过三个命令来实现，事务开始的一个命令：BEGIN TRANSACTION；事务结束的两个命令：事务提交 COMMIT 和事务撤销 ROLLBACK（回滚）。

事务提交 COMMIT 是将该事务对数据库的所有更新写入到磁盘的物理数据库中，事务正常结束。事务撤销 ROLLBACK 是指系统将该事务对数据库的所有已完成的更新操作全部撤销，恢复到事务开始前的一致的状态。在程序设计时，当一事务所有操作都正常进行并结束后，应当有事务提交语句；如果发现一事务有关程序已不再运行，但未发现事务提交操作，表明事务为不正常结束，应当回滚到事务初始状态。

在 SQL 语言对数据库的操作中，一般都是按照用户或应用程序所规定的事务流程顺序执行，直到遇到下列情况之一为止：

（1）执行 COMMIT 语句，说明对数据库的所有操作都已存入数据库中。COMMIT 语句自动结束 SQL 的事务，并开始新的事务。

（2）执行 ROLLBACK 语句，说明要撤销对事务开始后的所有对数据库的操作，并且使数据库回滚到事务开始之前的一致性的状态。

（3）程序正常结束，这种情况说明对数据库的所有修改已存入数据库中。

（4）程序被非常终止，说明对数据库的所有改变被撤销，数据库回滚到原来一致性状态。

SQL 没有规定一个事务开始的标识方法，默认的是一次提交后接下来的第一个 SQL 语句就是新的事务的开始，也有一些开发环境中使用特殊方法设定事务的开始处，一般的语法是：

```
BEGIN TRANSACTION
```

因此，在执行一个完整的事务处理时，应该设定事务的管理子句，如对上例的购买事务，应为：

```
UPDATE 库存表 SET 库存量=库存量-10 WHERE 商品代码='K01'
UPDATE 进账表 SET 金额=金额＋200.00 WHERE 账号='0027-654321'
COMMIT;
```

在实际的开发系统中，要根据 SQL 操作返回的状态决定事务是提交还是撤销，这往往与具体的数据库开发系统有关。

当系统非正常结束时（如掉电、软件故障），系统在重新恢复后会自动执行 ROLLBACK 命令。SQL 还提供了自动提交事务的工作方式，其命令为：

```
SET AUTOCOMMIT ON
```

与之相反的人工工作方式为：

```
SET AUTOCOMMIT OFF
```

一旦规定了自动提交事务方式，则系统将每条 SQL 命令视为一个事务，并在命令成功执行完成时自动地完成事务的提交。

7.3 并发控制

现在一般的数据系统都是多用户系统，即支持多个不同的程序或多个用户独立执行同一个程序同时存取数据库中相同的数据。在多用户的数据库系统中，多个事务交迭地执行，称为并发处理。并发处理可能会导致数据完整性与一致性方面的问题，如丢失更新、读出的是未提交的数据、非一致检索的问题等。为此，DBMS 系统必须对这种并发操作提供一定的控制以防止它们彼此干扰，从而保证数据库的正确性不被破坏，DBMS 所提供的这种处理就是并发控制。

7.3.1 并发处理产生的三种不一致性

完整性检验可以保证当一个事务单独执行时若输入的数据库状态是正确的，则其输出的数据库状态也是正确的。但是当多个事务交错执行时，可能出现不一致性的问题，也称为并发控制问题，典型的并发处理产生的错误结果有如下三种。

1. 丢失数据

以一个库存进出的实例进行分析。假设当前某商品 S1 的在库数量是 200，现在有两个并发事务 T1 和 T2 都将更新库存中的数量，T1 是采购入库事务，T2 是卖出出库事务，如表 7.1 所示。

表 7.2 给出了在正常情况下这些事务的执行顺序和正确的结果，正确的最后执行结果应该是 520。

表 7.1　库存同时发生的采购与卖出事务实例

事务	事务完成后的计算结果
T1：入库 400	库存数量=库存数量+400
T2：出库 80	库存数量=库存数量-80

表 7.2　两个事务正常执行的过程

执行顺序	事务	步骤	数据库中结果
1	T1	读出库存数量	200
2	T1	库存数量=库存数量+400	
3	T1	将结果写回数据库	600
4	T2	读库存数量	600
5	T2	库存数量=库存数量-80	80
6	T2	将结果写回数据库	520

　　由于事务的处理是并发执行的，它们执行的过程流可能是交替的，如表 7.3 所示的执行过程，在这种执行顺序中会产生丢失更新，表中当第二个事务 T2 执行时，T1 还未提交。

表 7.3　发生数据丢失更新的过程

执行顺序	事务	步骤	数据库中结果
1	T1	读出库存数量	200
2	T2	读出库存数量	200
3	T1	库存数量=库存数量+400	
4	T2	库存数量=库存数量-80	
5	T1	将结果写回数据库	600（将被丢失）
6	T2	将结果写回数据库	120

　　在表 7.3 中，由于事务 T1 和 T2 是交替执行的，在将更新的结果写回数据库时，T1 写入后马上由 T2 写入它所计算出的值，此时最后数据库中的结果是 120，与表 7.2 中所得出的结果是完全不同的，因此，如果对数据库更新时的并发事务不加以控制，将会出现大量的不可预期的错误结果。

　　2. 读未提交数据

　　当两个事务 T1 和 T2 并发执行时，在 T1 对数据库更新的结果没有提交之前，T2 使用了 T1 的结果，如果在 T2 读取数据之后 T1 又撤销事务，就可能引起错误。读未提交数据产生的根源是违反了事务的隔离性。我们仍以上述实例来讨论。假定事务 T1 在增加了 400 个商品后，在没有提交之前撤销了这个操作，此时事务 T2 将从原来的库存数量 200 中减去 80，得到的结果应该是 120，其操作顺序和结果如表 7.4 所示。

　　但当 T1 和 T2 的交替执行步骤（如表 7.5 所示）时，T2 使用了 T1 未提交的数据，从而产生了错误数据 520。我们把读出的这种未提交的数据称为废数据或者脏数据。

表 7.4　两个事务正常的执行顺序

执行顺序	事务	步骤	数据库中结果
1	T1	读出库存数量	200
2	T1	库存数量=库存数量+400	600
3	T1	将结果写回数据库	600
4	T1	**ROLLBACK**	200
5	T2	读出库存数量	200
6	T2	库存数量=库存数量-80	
7	T2	将结果写回数据库	120

表 7.5　T2 使用 T1 未提交数据后产生的错误

执行顺序	事务	步骤	数据库中结果
1	T1	读出库存数量	200
2	T1	库存数量=库存数量+400	600
3	T1	将结果写回数据库	600
4	T2	读出库存数量	600
5	T2	库存数量=库存数量-80	520
6	T1	**ROLLBACK**	200
7	T2	将结果写回数据库	520

3．不一致性检索

为了保险起见，一个事务可能对同一个数据连续读两次，然而事务的并发执行可能导致在两次读之间插入了另一个更新事务，这样会使前一个事务两次读出的同一个数据值不一致，这就是不一致检索问题。由于事务很可能读某些变化之前或变化之后的数据，就可能产生不一致性的结果。

总之，在 DBMS 系统中，如果 DBMS 没有并发控制的功能，就有可能引起上述的数据不一致性的问题。一个数据库事务中可能包含多个输入/输出操作，最终结果将使数据库从一个一致性的状态变成另一个一致性的状态，即在事务执行之前或之后数据库处于一致性的状态。然而，在事务的执行期间，数据库可能暂时处于一个不一致性的状态。若在数据库不一致性状态时读取数据，就有可能产生一些问题。解决这类问题的常用方法是对所修改的对象进行封锁，实现事务的隔离性。

7.3.2　封锁

封锁是最常用的并发控制技术，它的基本思想是，在事务需要对特定数据对象进行操作时，事务通过向系统请求对它所希望的数据对象加锁，以确保它不被非预期地改变。利用封锁技术能够有效地防止其他事务读不一致性的数据。目前大多数的 DBMS 系统都具有自动和强制加锁的功能。

1. 封锁的类型

一个锁实质上就是允许或阻止一个事务对一个数据对象的存取权限。一个事务对一个对象加锁的结果是将别的事务"封锁"在该对象之外，特别是防止了其他事务对该对象的变更，而加锁的事务则可执行它所希望的处理并维持该对象的正确状态。

基本的封锁类型有两种，即共享锁（Shared Lock，SL）和排它锁（Exclusive Lock，XL）。一般情况下，读操作要求 SL，而写操作用 XL。

共享锁又称为读锁。如果事务 T 对数据对象 X 加上了共享锁，则其他事务只能对 X 再加共享锁，不能加排它锁，从而保证了其他事务可以读 X，但在 T 释放 X 上的锁之前不能对 X 作任何修改。

排它锁又称为写锁。如果事务 T 对数据对象 X 加上了排它锁，则只允许事务 T 独占数据项 X，其他任何事务都不能对 X 施加任何类型的锁，直到事务 T 释放 X 上的锁为止。通过排它锁可以有效地避免其他事务读取不一致的数据。

对于两种锁的请求封锁控制规程可用表 7.6 所示的相容矩阵来表示。Y 表示可以继续加锁，N 表示不能加锁。

表 7.6　锁的相容矩阵

已加锁 ＼ 请求锁	SL	XL	—
SL	Y	N	Y
XL	N	N	Y
—	Y	Y	Y

事务执行对数据库的操作请求时，要请求相应的锁，对读操作请求共享锁 SL，对更新操作（插入、删除、修改）请求排它锁 XL。事务一直占有此锁直到执行 COMMIT 或 ABORT 等时释放。

2. 锁的粒度

我们以粒度来描述封锁的数据单元大小。封锁的单元可以是逻辑单元，也可以是物理单元。在关系数据库中，封锁的对象可以是数据库、表、记录以及字段等逻辑单元，也可以是页、块等物理单元。封锁对象的大小称为封锁的粒度。

数据库管理系统可以决定不同粒度的锁，由最低层的数据元素到最高层的整个数据库，粒度越细，并发性就越大，但软件复杂性和系统开销也越大。锁住整个数据库，DBMS 的管理与控制最简单，只需设置和测试一个锁，故系统开销也最小。然而对于数据的存取则只能顺序进行，因而系统的总体性能大大下降。所以，大多数数据库系统都选择折中的锁粒度，既保证粒度，同时又保证 DBMS 的执行与管理效率。

3. 活锁与死锁

封锁带来的另一个重要问题是可能引起"活锁"与"死锁"。在并发事务处理过程中，由于锁会使一事务处于等待状态而调度其他事务处理，因此该事务可能会因优先级低而永远等待下去，这种现象称为"活锁"。活锁问题的解决与调度算法有关，一种最简单的办法是"先来先服务"，这种算法在操作系统中已普遍讨论，在此不再赘述。

两个以上事务循环等待被同组中另一事务锁住的数据单元的情形称为死锁。事务 T1 等待被 T2 锁住的数据单元 D1，事务 T2 等待被 T3 锁住的数据单元 D2，T3 又等待被 T1 锁住的 D3 而形成死锁。在任何一个多道程序设计系统中，死锁总是潜在的，所以在这种环境下 DBMS 需要提供死锁预防、死锁检测和死锁发生后的处理技术与方法。预防死锁的办法在操作系统和并行处理的文献中已普遍讨论，其中主要有下述几种：

（1）一次性锁请求：每一事务在处理时一次提出所有的锁请求，仅当这些请求全部满足时事务处理才进行，否则让其等待，将不会出现死锁情况。这种方法实现简单，但因系统的并行性降低，事务处理的等待时间加长，所以系统性能将下降。

（2）锁请求排序：将每个数据单元标以线性顺序，然后要求每一事务都按此顺序提出锁请求。这种方法也能防止死锁发生，但同样会降低系统的并行性。

（3）序列化处理：通过应用设计为每一数据单元建立一个"主人"程序，对给定数据单元的所有请求都发送给主人，而"主人"以单道的形式运行。这样系统可以是多道运行，由于任何两道都不请求相同的数据单元，因而可避免死锁发生，但系统性能、数据的流行性与完整性可能受到影响。

（4）资源剥夺：即每当事务因锁请求不能满足而受阻时，强行令两个冲突的事务中的一个 ABORT 释放所有的锁，以后重新运行。使用这个方法必须注意防止活锁发生。

对待死锁的另一种办法是不去防止，而让其发生并随时进行检测，一旦检测到系统已发生了死锁再进行解除处理。死锁检测可以用图论的方法实现，并以正在执行的事务为节点。此时，若事务 Ti 释放已占有的资源，则自 Ti 到 Tj 有一有向边，这样构成的有向图叫等待状态图。于是，检测死锁则成为在有向图中求圈的问题。

现在的问题是如何确定检测时机，有两种基本选择：①在锁请求引起等待时检测。②定期进行检测。前一种选择能及时发现死锁，但系统的开销较大。后一种系统的开销较小，但意味着死锁可能被推迟发现。而且，时间间隔的大小也有很大的关系，间隔越大，检测出死锁的可能性就越大，系统的无效开销就越小，但死锁发现的推迟就越长。所以，要选择一个合适的检测时间间隔以便使系统获得最佳效益。

死锁的解除是一个很复杂的任务，原则上说就是在构成死锁的事务集中选择一个"牺牲者"，令其 ABORT，即停止其执行，清除（UNDO）其对数据库所作的更改，释放所有被它占有的资源（不仅仅是数据）。按照这一原则，死锁的解除首先涉及牺牲者的选择标准与实现，然后执行 ABORT 过程，这需要故障恢复重启机制，还需要操作系统、数据通信子系统及操作员等共同协作配合。

7.4　数据库的备份与恢复

数据库的备份与恢复是数据库系统的可靠性和实用性的基本保证，任何一个数据库系统都难免由于不可预期的原因而发生故障。因此，不仅要能够检测和控制故障的发生，而且还要能够在不可避免的故障发生后恢复正常。在数据库系统中主要采取数据库备份与恢复技术来实现。

7.4.1　故障的类型

数据库系统运行时可能发生的各种故障类型，一般有如下分类。

1. 事务故障

所谓事务故障是由程序执行错误而引起事务的非预计的、异常的终止。它发生在单个事务的局部范围内，实际上就是程序故障，主要包括：

（1）违反完整性限制的无效的输入数据。

（2）逻辑上的错误，如运算溢出、死循环、非法操作、地址越界等。

（3）违反安全性控制的存取权限。

（4）资源限定。

（5）用户的控制台命令。

2. 系统故障

系统故障指系统停止或错误运行，从而要重新启动系统，主要包括：

（1）CPU 等硬件故障。

（2）操作系统出错。

（3）电源故障。

（4）操作员误操作产生错误。

3. 介质故障

介质故障是指外存设备故障，主要包括：

（1）扇区损坏。

（2）磁场干扰而引起的数据错误。

（3）数据传输部件错误。

（4）磁盘控制器错误。

7.4.2 事务日志

DBMS 系统通过事务日志保存所有的更新数据库事务的操作过程。因此可以利用事务日志保存的信息来恢复由程序非法中止或者由硬件系统故障等所造成的数据丢失。

日志文件可以是磁带或磁盘数据集。事务记录包含了对数据库处理的事务的基本信息，如日期、时间、输入与输出事务的路径、事务的标识符、事务处理的开始与结束时间、相应的程序状态标志等。

当 DBMS 执行更新数据库的操作事务时，它要同时更新事务日志。尽管事务日志要增加 DBMS 处理的开销，但对于数据库的恢复是非常重要的。如果系统发生故障，DBMS 将检查事务日志所有未提交或未完成的事务，根据事务日志中的信息执行回滚 ROLLBACK 操作。当恢复处理完毕，DBMS 将日志中的所有已提交的事务写入数据库。由于事务具有永久性的特点，DBMS 只恢复那些未提交的事务，也就是说已提交的事务不能执行回滚操作。

事务日志本身也是一个数据库，DBMS 完全可以像管理其他数据库一样管理事务日志。事务日志也像数据库一样容易受到破坏。由于事务日志保存的是 DBMS 的某些重要的数据，所以有些系统的实用程序支持在几个不同磁盘上建立事务日志，以减少系统失败的风险。

写日志的系统开销是比较大的，在多个事务对数据库进行并发更新时，情况会更复杂。写入日志中的信息越多，系统开销也会越大，对系统性能的影响也会越大，然而记录的信息越全面，对系统故障后的恢复越有利。因此要在两者之间取得平衡。

7.4.3　恢复

恢复是使数据库从一种状态恢复到原来一致性状态。数据库系统的恢复包括事务恢复、数据库状态恢复和系统服务恢复。数据库恢复操作的依据是后备副本和事务日志文件。当系统运行过程中发生故障时，可以重装数据库的后备副本，再根据事务日志将数据库恢复到故障发生前的一致的状态。

1. 事务恢复

事务恢复是指事务未运行至正常终止点前被撤销，此时应对该事务做撤销处理。具体做法是：

（1）每当一个事务被提交（COMMIT）时，将对数据库所做的改变物理地写入数据库，使之成为永久的，从而避免因后来故障而丢失。

（2）当发生事务故障时：

1）执行一个撤销（ABORT）并清除（UNDO）它对数据库的任何改变，即进行下面所述的"向后恢复"数据库。

2）清除它对其他事务的影响，即撤销那些读了它的"废数据"的事务。这又可能进一步引起事务的撤销，称为串联撤销过程。

（3）清除所有被撤销的事务对数据库所作的任何改变。

2. 数据库恢复

数据库恢复要使数据库复原到故障之前的状态。主要的方式有重运行恢复、向前恢复和向后恢复三种方式。

（1）重运行恢复。这种恢复过程要求由最近的后备副本复原数据库，再重新运行自最近一次后备以来所有的程序或事务。这种恢复方法的一个优点是简单，DBMS 不需要建立数据库改变的日志，只需要记录事务的日志。但它的缺点主要有两个，一个是花费的时间比较长，对事务处理负担重的大系统是很难接受的。另一个缺点是重新运行事务的顺序与原来执行的顺序可能会不同，这样可能导致完全不同的结果。为此，还需要提供更复杂的恢复方法。

（2）向前恢复。向前恢复就是用后备副本复制原数据库，再用数据库改变日志的后映像恢复自建立后备副本以来所作的改变。向前恢复比重运行恢复省时间，因为它只恢复对数据库已作改变的数据。显然，这种恢复是假定了对数据库已作的变更都是正确的，所以它适用于受系统故障和介质故障影响的自上次后备以来的正常结束事务对数据库的更新。

（3）向后恢复。向后恢复的思想与向前恢复的思想是一样的，所不同的是在于使用前映像而不是后映像，以便排除对数据库所作的无效改变。

7.4.4　数据的转储

转储是指系统管理员将整个数据库复制到另外的介质上的保存过程。这些备份的数据文件称为后备副本。一旦数据库发生故障就可以将后备副本重新装入，恢复数据库中的数据。

备份与恢复是 DBMS 的一个非常重要的组成部分。一旦发生致命的错误，应该确保数据库能恢复到正常状态。

转储是数据库恢复中采用的最基本的技术。一旦数据库系统中出现致命的错误，利用后备副本便可将数据库恢复到故障前的一致性的状态。但重装后备副本只能将数据库恢复到转储时的状态，要想恢复到故障前的状态，还必须重新运行自转储以来的所有更新的事务。

转储的方式有海量转储和增量转储两种。每次转储整个数据库，称为海量转储。只转储上次转储之后变化的数据，称为增量转储。从恢复的角度来看，使用海量转储得到的后备副本进行恢复比较简单；但如果数据库很大，事务的处理也比较频繁，需要的存储介质容量也较大，则应采用增量转储的方式。

数据库的后备副本必须保存在安全的地方，通常不应放于一个地方。要防御盗窃、火灾、洪水以及其他的意外事故的发生。

7.5　SQL Server 中的数据导入和导出

当我们建立一个数据库，且想将分散在各处的不同类型的数据库分类汇总在这个新建的数据库中；或者想进行数据检验、净化和转换时，需要从其他数据库采集数据转录到当前数据库中，称为数据导入。将现有数据库中的数据以其他数据库或应用程序能接受的形式输出出来，称为数据导出。导入、导出是在不同系统间建立联系并实现数据更大规模共享与建立更大规模应用系统的十分重要的功能。SQL Server 为我们提供了强大、丰富的数据导入、导出功能，在导入、导出的同时还可以对数据进行灵活的处理。

7.5.1　使用 T-SQL 进行数据导入、导出

Transact-SQL 通过语句可实现相同或不同类型的数据库中的数据互相导入、导出。如果是在不同的 SQL Server 数据库之间进行数据导入、导出，可使用 SELECT INTO FROM 和 INSERT INTO 语句，前者将查询结果在 SQL Server 当前数据库或另一个数据库中生成一个新表，实现导出；后者实现导入。

使用 SELECT INTO FROM 语句为：SELECT * INTO <新表名> FROM <源表名>

由该语句生成的新表的结构和源数据表的结构相同。新表在生成前不能存在。如果是 SQL Server 中不同数据库中的新表名，表名前要加：<数据库名>.<架构名>.。

INSERT INTO 语句格式为：INSERT INTO <目的表名> SELECT * FROM <源表名>

要求基于源数据表的查询语句输出格式和目的数据表的结构相同。该语句将查询结果添加到目的表原来数据的后面，可以实现二表数据的合并。如果是 SQL Server 中不同数据库中的目的表，表名前要加：<数据库名>.<架构名>.。

如果要在异构数据库之间进行数据导入、导出，首先要解决的是如何打开非 SQL Server 数据库的问题。

在 SQL Server 中提供了两个函数可以根据各种类型数据库的 OLE DB Provider 打开并操作这些数据库，这两个函数是 OPENDATASOURCE 和 OPENROWSET。

1. 使用 OPENDATASOURCE

语句结构：

```
OPENDATASOURCE (<OLE DB Provider>,<连接字符串>)
```

例如在 SQL Server 中通过 OPENDATASOURCE 查询 Access 数据库 Abc.Mdb 中的 Table1 表中的数据：

```
SELECT * FROM OPENDATASOURCE('Microsoft.Jet.OLEDB.4.0',
```

```
'Provider=Microsoft.Jet.OLEDB.4.0;
Data Source=Abc.Mdb;
Persist Security Info=False')...Table1
```

这段程序要求在 C:\WINNT\SYSTEM32\中存在数据库文件 Abc.Mdb，且其中存在数据表 Table1。

2. 使用 OPENROWSET

函数 OPENROWSET 相当于一个记录集，可以将它直接当成一个表或视图使用。

例如在 SQL Server 中通过 OPENROWSETE 查询 Access 数据库 Abc.Mdb 中的 Table1 表：

```
SELECT * FROM OPENROWSET('Microsoft.Jet.OLEDB.4.0',
 'Abc.Mdb';'Admin';'','SELECT * FROM Table1')
```

OPENDATASOURCE 只能打开相应数据库中的表或视图，如果需要过滤的话，只能在 SQL Server 中进行处理。而 OPENROWSET 可以在打开数据库的同时对其进行过滤，如上面的例子，在 OPENROWSET 中可以使用 SELECT * FROM table1 对 Abc.Mdb 中的数据表进行查询，而 OPENDATASOURCE 只能引用 Table1，而无法查询 Table1。因此，OPENROWSET 比较 OPENDATASOURCE 更加灵活。

7.5.2　使用 SQL Server 2014 数据导入、导出向导

SQL Server 2014 提供导入导出服务，可以实现不同类型的数据库系统的数据转换、数据库系统的数据与文件保存的数据转换。系统提供了导入导出向导，提供了一种从源向目标复制数据的方法，可以在多种常用数据格式之间转换数据，还可以创建目标数据库和插入表。在当前数据库中生成新表，并将源数据传入，称为导入；将当前数据库中数据表中数据传入其他表或文件，包括其他服务器、其他数据库或当前数据库的其他表，称为导出。

基本操作：

（1）单击"开始"→"所有程序"，展开 SQL Server 2014 系统企业管理器目录，选择"SQL Server 2014 导入和导出数据（64 位）"（如图 7.1 所示）。

图 7.1　选择"SQL Server 2014 导入和导出数据（64 位）"

（2）选择数据源驱动程序。可用数据源驱动程序包括 .NET Framework 数据访问接口、OLE DB 访问接口、SQL Server Native Client 提供程序、ADO.NET 提供程序、Microsoft Office Excel、Microsoft Office Access 和平面文件源。根据源的不同，需要设置身份验证模式、服务器名称、数据库名称和文件格式之类的选项。

如果数据源驱动程序是 SQL Server 系统数据表，选择"Microsoft OLE DB Provider FOR SQL Server"或"SQL Native Client 11.0"。

（3）进一步确定数据源，输入服务器名，选择身份验证方式，选择数据库名，如图 7.2 所示。

选择数据源
选择要从中复制数据的源。

数据源(D)：	Microsoft OLE DB Provider for SQL Server
服务器名称(S)：	CXX-PC\MSSQLSERVER1

身份验证
⦿ 使用 Windows 身份验证(W)
○ 使用 SQL Server 身份验证(Q)
　用户名(U)：
　密码(P)：

数据库(T)：
CKGL
master
model
msdb
ReportServer$MSSQLSERVER1
ReportServer$MSSQLSERVER1TempDB
tempdb

刷新(R)

图 7.2　确定具体数据源

（4）可以从表复制，也可以选视图，从视图的基表复制，还可以编写 SQL 查询语句，以其输出作为数据源，如图 7.3 所示。

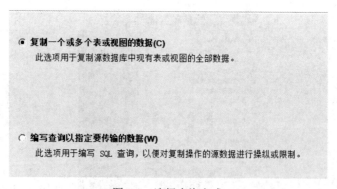

指定表复制或查询
指定是从数据源复制一个或多个表和视图，还是从数据源复制查询结果。

⦿ **复制一个或多个表或视图的数据(C)**
　此选项用于复制源数据库中现有表或视图的全部数据。

○ **编写查询以指定要传输的数据(W)**
　此选项用于编写 SQL 查询，以便对复制操作的源数据进行操纵或限制。

图 7.3　选择查询方式

（5）选择目标，包括确定数据源类型；如果是数据库，确定服务器名称、身份验证方式、数据库名称，如图 7.4 所示。

（6）如果导出到数据表中，确定具体的源和目标的名字。如图 7.5 所示，找到源表名字，在左边复选框中打勾。在右边目的表目录中选择目的表名字，如果是新表，手工输入表名。

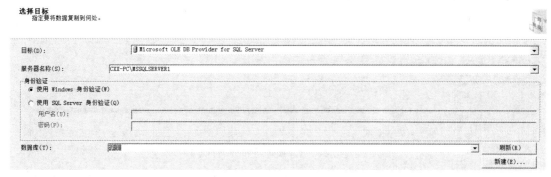

图 7.4 选择目标数据库

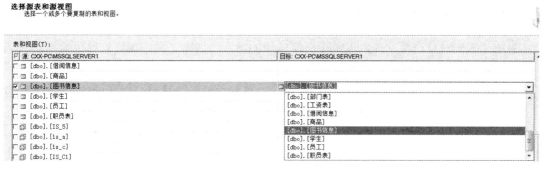

图 7.5 确定具体的源和目标的名字

（7）运行，直到完成，显示导入、导出各步骤是否成功的信息。如果存在错误，需要查看其后消息，分析错误原因，解决之后重新操作。

（8）如果在步骤（2）中选择平面文件源为数据源驱动程序，意味进行的操作是从文件导入数据。首先确定源文件名称、区域与文字；格式可选择带分隔符、固定宽度或右边末对齐，如图 7.6 所示。

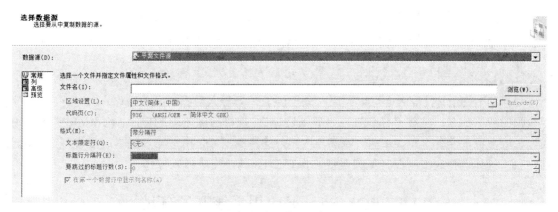

图 7.6 从文件导入数据

（9）从 TXT 文件导入需确定换行符，如果上一步选择有分隔符，需确定具体分隔符（如图 7.7）。

（10）如果从文件将数据导入到数据表中，重复第（5）、（6）步。

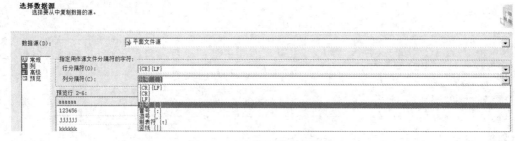

图 7.7   确定换行符和分隔符

（11）如果第（6）步欲导出到文件中，选择平面文件源为目标类型，之后确定文件名，确定行、列分隔符，完成导入、导出。

7.5.3   利用对象资源管理器导入、导出

SQL Server 对象资源管理器提供更灵活应用的导入、导出工具。如果欲导出数据到 Excel 文件中，可以应用对象资源管理器导出数据。导出操作步骤是：在对象资源管理器中右击源数据库名，选择"任务"中的"导出数据"，在数据源下拉列表框中选择驱动程序"SQL Native Client 11.0"，确定服务器名，在"数据库"下拉列表框中选择源数据库名。在"目标"数据源驱动程序下拉列表框中选择"Microsoft Excel"，在"文件名"栏中输入 Excel 文件名（如果有同名文件，需要先删除），确定 Excel 版本号。确定源表，在其名字左边复选框中打勾，保存右边目标中默认内容。单击"下一步"，直到最终完成。

【例 7.9】将"学生"数据库中的表 Course 的内容导出到 Excel 表中。

利用对象资源管理器操作如下：

（1）右击"数据库"文件夹，选择"任务"中的"导出数据"。

（2）在数据源下拉列表框中选择"SQL Native Client 11.0"，确定服务器名，在"数据库"下拉列表框中选择"学生"。

（3）单击"下一步"，在"目标"下拉列表框中选择"Microsoft Excel"，在"文件名"栏中输入 Excel 文件名（如果有同名文件，需要先删除），确定 Excel 版本号。

（4）单击"下一步"，确定源表，在 dbo.Course 左边复选框中打勾，保存右边目标中默认内容。

（5）单击"下一步"，直到最终完成。

如果从 Excel 文件导入，可以应用对象资源管理器导入数据。导入操作步骤是：右击欲接受数据的数据库名，选择"任务"→"导入数据"，选择数据源驱动程序 Microsoft Excel，输入导入源数据的文件名称，单击"刷新"按钮，选择数据库，指定导入的是表或视图或复制查询结果，具体选择表或视图，如果需要，保存 DTS 包，完成导入操作。

7.6   SQL Server 应用系统开发环境

7.6.1   SQL Server 应用系统的两种系统结构

SQL Server 应用系统一般要利用另外的开发语言建立，系统结构大体有 Client/Server 即

客户机/服务器模式（C/S）与 Browse/Server 即浏览器/服务器模式（B/S）两种。管理信息系统最早采用集中管理和使用模式，20 世纪 90 年代后多基于 C/S 模式开发，目前普遍转向 B/S 模式或 C/S 模式结合 B/S 模式开发。

B/S 模式用户工作界面通过 WWW 浏览器来实现，极少部分事务逻辑在前端（Browser）实现，主要事务逻辑都在服务器端（Server）实现，形成所谓三层（3-tier）结构。这样就大大简化了客户端电脑载荷，减轻了系统维护与升级的成本和工作量，降低了用户的总体成本（TCO）。以目前的技术看，局域网建立B/S结构的网络应用，并基于 Internet/Intranet模式开发数据库应用，相对易于把握，成本也较低。它是一次性到位的开发，能实现不同的人员，从不同的地点，以不同的接入方式（比如 LAN、WAN、Internet/Intranet 等）访问和操作共同的数据库；它能有效地保护数据平台和管理访问权限，服务器数据库也很安全。目前用得比较普遍的 B/S 模式系统开发语言有 JSP、ASP（ASP.NET）、PHP、HTML 等。

C/S 模式将多机共享数据集中保存在一个中央计算机中，用户可在本地机中建立自己的客户端软件及客户端数据库系统。这个数据库系统包括对共享数据的复制品，包括以视图形式提供的对远程数据操作的全局数据库模式的子集，用户通过本地的客户端软件通过网络访问位于服务器上的数据库，对数据进行处理，同时还要对最终的输出进行控制。数据处理在客户机与服务器双方进行，客户端应用程序建立对远程数据的连接，在本地建立虚表(以远程视图形式)，也可建立部分实表，查询并从远程取出数据传送到客户方，在客户机中处理完毕再写回并修改远程服务器中数据。这种方式客户机分担了程序服务器的部分工作，减轻了远程服务器的压力，但网络通信量较大，客户端完成的功能较为复杂。数据库服务器负责数据的存储及管理；客户机向服务器请求数据服务，再做必要的处理，并以图形界面呈现数据，用户在客户端进行录入、修改、删除、查询、计算、打印等操作。在 C/S 结构中，数据库服务器应能发挥积极主动的作用，例如在查询时，当客户端将查询指令通过网络传送至数据库服务器时，后者并不把全表数据传至客户端机中，而是先行对数据进行过滤查询处理，再将查询结果传到前端，因而降低了网络的负荷。目前用得比较普遍的 C/S 模式系统开发语言有 C++、Java、PB、VB 等。

从以上描述可以看到，客户端应用程序需要通过网络与后端联系，其间网络连接十分重要。为了满足各种不同的需要，目前有多种连接客户和服务器的标准接口和软件。

7.6.2　ODBC

ODBC（Open Database Connectivity）是微软定义的一种开放式的数据库连接技术，为异种数据库的访问提供了统一的接口。它基于 SQL（Structured Query Language），并把它作为访问数据库的标准，它为应用程序提供了一套数据库调用接口函数和基于动态链接库的运行支持环境，使开发数据库应用程序时，可以使用标准的 ODBC 函数和 SQL 语句，提供了最大限度的相互可操作性：一个应用程序可以通过一组通用的代码访问不同的数据库管理系统，可以为不同的数据库提供相应的驱动程序，提供统一接口，使得应用程序具有极良好的适应性与可移植性，是一种公认的关系数据源的接口界面。

ODBC 体系结构分为应用程序、驱动管理程序、驱动程序与数据源四层。

ODBC 应用程序不能直接存取数据库，它必须通过 Windows 环境下的一个应用程序“ODBC Drive Manager”调用相应的 ODBC 驱动程序，由 ODBC 驱动程序实现对数据源的操作。操作结果也要通过 ODBC 驱动程序返回给应用程序。ODBC 驱动程序是由所有支持 ODBC

的数据库各自配置的，不同数据库的 ODBC 驱动程序不相同，它们连接各自数据库系统中代表目标数据库的"数据源"，再操纵目标数据库。由于以上的机制，就使得各种不同语言能通过 ODBC 访问不同数据库。

ODBC 应用程序的任务包括：

（1）连接数据源。

（2）向数据源发送 SQL 语句。

（3）为 SQL 语句执行结果分配存储空间。

（4）读取结果。

（5）提交处理结果。

（6）请求提交和回滚事务。

（7）处理出错。

（8）在处理完毕后断开与数据源的连接。

应用 ODBC 开发应用系统首先要建立数据源，之后建立程序与数据源的联系。

1. 建立数据源

为了使用的方便，并不要求用户知道 ODBC 驱动程序及数据库的细节，在使用 ODBC 之前，要求先创建一个"数据源（Data Source Name）"，将它作为用户访问数据库的桥梁。

以 Windows 7 为例，创建数据源的步骤为：

（1）打开控制面板，选择"管理工具"，双击"数据源（ODBC）"，将可见到 ODBC 数据源管理器。其中数据源分为三种：用户数据源、系统数据源和文件数据源。选择"用户 DSN"选项卡。单击"添加"按钮，新建数据源。

（2）选择用户 DSN，选择 ODBC 驱动程序，选择"SQL Server"，单击"完成"按钮。

（3）在"建立新的数据源到 SQL Server"对话框中，输入将来引用该数据源的名字，选择需要连接的服务器。再选择需要连接的数据库。

（4）单击"完成"按钮后，新的数据源建立。

2. 基于数据源访问数据库的程序设计

一般程序访问数据库的步骤至少有如下三步：

（1）产生连接句柄（连接字串）。

（2）建立对数据源的连接。

（3）远程执行 SQL 语句，对服务器中数据库进行操作。

7.6.3　JDBC

为了屏蔽不同系统接口的差异，SUN 公司提出一个与数据库连接的 API 标准——JDBC，和 ODBC 不同的是，它只是单一地和 Java 语言的数据库接口。

JDBC 由一组用 Java 语言编写的类和接口组成，是从 Java 应用程序连接 DBMS 的标准方式。JDBC 既是 Java 编程人员的 API，也是实现数据库连接的服务提供者的接口模型。作为 API，JDBC 提供 Java 应用程序与各种数据库交互的标准接口；作为服务提供者的接口模型，JDBC 提供了数据库厂家和第三方中间件厂家实现数据库交互的标准接口方式，JDBC 利用现有的 SQL 标准，可以和 ODBC 之类其他数据库连接标准相互桥接。其使用接口简单，支持高性能实现，它在 Web 和 Internet 应用程序中的作用和 ODBC 在 Windows 系列平台中的作用类似。

　　由于 ODBC 使用 C 语言接口，不适于直接在 Java 中使用。Java 要使用 ODBC，需要在 JDBC 的帮助下以 JDBC-ODBC 桥的形式使用。先要建立数据源，再使用 JDBC。

　　JDBC 的任务是完成同一个数据库的连接；向数据库发送 SQL 语句；返回数据库处理结果。应用程序通过 JDBC 驱动管理器驱动 JDBC-ODBC 桥（再经 ODBC）或者驱动供应商提供的 JDBC 驱动程序，实现对数据库的访问。为使用 JDBC，Java 提供了一系列重要的类：

　　（1）DriverManager：加载驱动程序，管理应用程序和驱动程序的连接。

　　（2）Connection：应用程序和数据库之间的连接。

　　（3）Driver：将 API 的调用隐射到对数据库的操作。

　　（4）Statement：执行查询和更新。

　　（5）Metadata：返回有关数据、数据库和驱动程序的信息。

　　（6）ResultSet：执行查询结果后的结果集。

如果使用 Java 语言开发，步骤：

　　（1）将 JDBC 化为 ODBC 驱动，利用 JDBC-ODBC 桥和 ODBC 驱动访问数据库。

　　（2）连接数据库驱动程序。

　　（3）建立执行数据库操作的接口

　　（4）执行 SQL 语句，产生执行结果集。

　　（5）运行 Java 语言程序对结果集进行处理。

　　例如欲对学生数据库中表 Student 操作，查询全表数据，再显示出来。假如已经建立指向数据库"学生"的 ODBC 数据源名称为 sql1，则可用如下语句实现：

```
try{
    Connection con=DriverManager.getConnection("jdbc:odbc:sql1");
            //利用 JDBC-ODBC 桥和 ODBC 驱动访问数据库
    Class.forName("sun.jdbc.odbc.JdbcOdbcDriver");//接 sql server 的 jdbc 驱动
    Statement stat = con.createStatement(ResultSet.Type_java.sql.
        Scroll_Insensitive, ResultSet.Concur_Updatable);
                                            //建立执行数据库操作的接口
    String SQL 语句="SELECT * FROM Student";     //以字符串形式定义 SQL 语句
    ResultSet rs= stat.executeQuery(SQL 语句);   //执行 SQL 语句，产生执行结果集
    ResultSetMetaData rsmd = rs.getMetaData();   //读取表结构
    int 列数=rsmd.getColumnCount();
    rs.last();                                   //指向最后一条记录
    int 记录条数=rs.getRow();                     //读记录号
    int 行号=0,列号=0;
    while(行号<记录条数) {
        rs.absolute(行号+1);                       //指向第　行号+1 行记录
        while(列号<列数){
            System.out.print(rs.getString(列号+1)+"  ");  //显示一个字段的数据
            列号++;
        }
    System.out.println();    //回车换行
    行号++;
    列号=0;
    }
```

```
        rs.close();                    //关闭查询结果集
        stat.close();                  //关闭连接
        }
    catch(SQLException e)              //处理异常
    {JOptionPane.showMessageDialog( null, "连接数据库出错！");}
        }
    }
```

本章小结

本章主要讲述了数据库设计中关于数据的安全性如何实施、事务的处理（包括并发控制和恢复控制）以及数据的转储，所有这些都是为了保护数据库中的数据是正确的、可用的。

数据库的安全性是防止未经授权非法使用数据，防止数据的泄露、篡改或破坏。关于数据库安全性的控制常可采用权限控制、定义视图和设计触发器程序等方法。本章主要介绍定义视图和设置访问权限的方法。

事务是一个程序执行单元，它具有原子性、永久性、串行性和隔离性。事务处理监控事务的执行过程保证事务具有上述重要性质。事务以 BEGIN TRANSACTION 开始，以 COMMIT 或 ROLLBACK 结束。COMMIT 建立了事务的一个提交点，使更新完成。ROLLBACK 将数据库回滚到上一个提交点，更新操作被撤销。

当多个事务在数据库中并发执行时，数据的一致性可能被破坏，因此要加入并发控制机制。解决并发时产生的不一致性最广泛的技术就是加锁。锁的基本类型有两种，即共享锁（S锁）和排它锁（X锁）。但是加锁技术可能产生死锁，本章介绍防止死锁采用的几种措施。

数据的备份、恢复和转储技术是为了保证数据库系统可靠应用的重要措施。数据的备份采用了事务日志的方法。数据的恢复主要有重运行恢复、向前恢复和向后恢复三种方式。数据的转储主要有海量转储和增量转储两种方式。

数据导入导出是实现多系统协调工作的要素，SQL Server 提供了多种数据导入导出手段，本章介绍应用语句实现在数据库内进行的数据导入导出、利用系统导入导出向导在数据库与纯文本间实现数据的导入导出、利用对象资源管理器的导入导出工具在数据库与 Excel 文件间实现数据的导入导出。

SQL 语言，包括 T-SQL 语言功能很强，容易学习，但毕竟是非过程语言，如果要用于实际管理，在界面、功能、性能等方面都离实际应用需要相差很远，需要应用高级语言编程来满足应用的需要，为此，设计了 ODBC 和 JDBC 等接口方式，使能将数据库中数据传送到高级语言程序中去处理，也能将程序中处理的数据传送到数据库中存储。本章介绍了 ODBC 和 JDBC 的基本方法。

习题七

1. 什么是数据的安全性？什么是数据库的完整性？两者有什么区别和联系？

2. 假如有关系：职工(职工号,姓名,性别,部门号,职务)和工资表(职工号,部门号,基本工资,职务工资,扣款)，求利用定义视图或 SQL 的授权语句完成以下操作。

（1）定义一个有关职工基本信息的视图，使所有用户只能看到职工号和姓名字段。

（2）允许用户王明对两个表有 INSERT 和 DELETE 权力。

（3）限制每个用户只对自己的记录有 SELECT 权力。

（4）限制用户李丽对职工表有 SELECT 权利，对工资字段有更新权力。

（5）给予用户周平对两个表的所有增、删、改及查询的权力，并具有给其他用户转授权的权力。

3．什么是事务？事务有何特性？

4．举例说明 SQL 实现事务管理的方法。

5．试述并发操作可能产生的问题。

6．解释下列术语：共享锁，排它锁，数据的恢复，事务日志，数据的转储。

7．为什么会发生死锁？如何解决死锁现象？

8．说明 SQL Server 系统中事务和锁的特点。

9．在一个实际应用系统中数据库的恢复、备份和转储应如何联系起来使用以实现数据的可靠性？

10．SQL Serve 的安全级别分为哪两个层次，各通过哪些设置实施？

11．角色的用途是什么？服务器角色与数据库角色有何不同？

12．要求用 SQL 语句实现：

（1）为用户 Wang 创建一个登录账户，默认数据库为 Student。

（2）将 Wang 的密码由 wang 改为 1a2b3c。

（3）删除一个使用 SQL Server 身份验证的登录账户 Ling。

13．怎样用 T-SQL 命令进行备份与恢复？

14．什么是 ODBC 与 JDBC？说明数据源的意义及建立步骤。

第8章 数据库应用系统设计

本章学习目标

学习数据库是为了更好地使用数据库，需要让操作者能更容易、更简单、更高效地管理数据与使用数据，需要应用高级语言编写程序、设计应用系统，使得用户在使用数据时，能用最简单、最容易的操作完成工作任务。本章介绍数据库应用系统的设计过程和内容。通过本章学习，读者应该掌握以下内容：

- 数据库应用系统设计的步骤
- 应用程序的结构设计

8.1 概述

管理信息系统是提供管理信息，辅助人们对环境进行控制和决策的系统。数据库应用系统是其核心和基础。数据是信息的载体，大量管理信息存在于大量数据之中，必须将这些数据按一定规范和标准组织起来，人们才能灵活地使用这些数据为管理决策服务，真正发挥管理信息的作用。只有对数据库系统进行合理的逻辑设计和有效的物理设计，才有可能实现管理信息系统的预期功能和达到预期的性能。

数据库应用系统的设计是一项庞大的系统工程，其设计过程必须遵循软件工程的理论和方法，包括数据库结构设计、应用系统功能与性能设计、应用程序设计等内容。一般包括以下几个方面：

（1）根据给定的应用环境构造最优的数据库模式，建立数据库，使之能够有效地存储数据；满足用户各种应用需求，充分而又及时地向用户提供各种所需信息。为此必须研究数据的分布，数据之间的联系，数据库的逻辑结构与物理结构。

（2）根据用户应用的需求，设计应用程序，提供存储、维护、检索数据的功能，使用户可以方便、快捷、准确地取得所需信息，向用户提供最为友好的人机界面。

（3）研究如何使系统具有尽可能优良的性能，尽可能多地实现人工系统所不能达到的功能，尽可能提高数据的安全性，保证数据的完整性，提高数据共享度，提高工作效率，提高决策准确性，最大限度地创造信息效益。

数据库结构对性能的影响很大，在设计全过程中，必须注意它们之间的相互制约，使结构设计和行为设计密切结合。

数据库应用系统设计通常在一些通用的 DBMS 支持下进行，涉及硬件、软件、人员各方面因素。设计人员必须深入实际，深入了解应用环境及应用领域专业知识。了解原有系统的功能和应用中的矛盾问题，才有可能设计出符合要求的高性能数据库应用系统。

8.2　数据库结构设计

8.2.1　数据库结构设计步骤

一般可将数据库结构设计分为四个阶段，即需求分析、概念结构设计、逻辑结构设计和物理设计。

下面各节分别介绍各阶段设计内容和具体方法。

8.2.2　需求分析

需求分析的任务是具体了解应用环境，了解与分析用户对数据和数据处理的需求，对应用系统的性能的要求提出新系统的目标，为第二阶段、第三阶段的设计奠定基础。一般需求分析的操作步骤如下所述。

1.　了解组织、人员的构成

子系统的划分常常以现有组织系统为基础，再进行整合，而新系统首先必须达到的目的是尽可能地完成当前系统中有关信息方面的工作，在原有系统中，信息处理总是由具体人来实施的。我们要了解组织结构情况、相互之间信息沟通关系、数据（包括各种报告、报表、凭证、单据）往来联系情况。

具体弄清各个数据的名称，产生的时间与传递所需时间与周期，数据量的大小，所涉及（传送）的范围，使用数据的权限要求，数据处理过程中容易发生的问题及其影响，各个部门所希望获得的数据的情况等。然后了解每个人对每一具体数据处理的过程，基本数据元素来源地获取的途径、处理的要求、数据的用途，进而弄清数据的构成、数据元素的类型、性质、算法、取值范围、相互关系。

在上述调查基础上，首先画出组织机构及工作职能图。下面以一个学校的管理为例来简要说明。学校的组织机构及工作职能如图 8.1 所示。

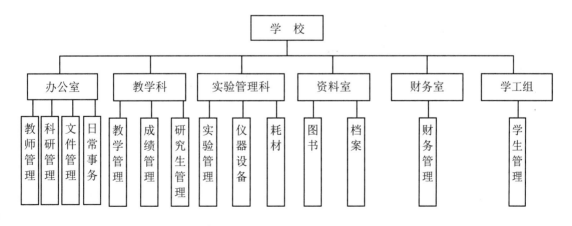

图 8.1　学校管理系统结构图

作为管理层经常需要的信息和工作有：

（1）查询老师个人基本情况及打印相应内容。

（2）查询与统计科研项目情况及相关报表。

（3）查询与统计论文著作情况及相关报表。

（4）上级部门及其他部门来文管理与查询（要求能全文检索）。

（5）学校办公室发文管理。

（6）任务下达、检查及管理。

（7）信件、通知的收发及管理。

（8）日程安排调度及管理。

（9）设备仪器计划及管理。

（10）设备入库与库存情况管理与查询。

（11）设备借还、领用管理及相应报表。

（12）耗材计划与领发管理及相应统计报表。

（13）图书管理及借还情况查询。

（14）学生毕业设计文档管理。

（15）专业与班组编制与查询。

（16）教学文档管理及查询（安排与检查，包括课表、考试日程安排、监考安排等）。

（17）学生成绩管理与查询和统计。

（18）教师、学生、实验室课表管理及查询。

（19）学生基本情况管理与查询（包括社会活动、奖惩、家庭情况及学校校友管理）。

（20）实验安排与管理。

（21）实验成绩管理及查询与统计。

（22）奖金计算与发放。

（23）收支情况管理及统计与查询。

以设备仪器管理为例，现有设备表格有七种，名字及数据栏目如下：

（1）入库单（代码，院内编号，名称，型号，规格，单价，数量，金额，生产厂，购入单位，采购员，管理员，入库日期，经费来源，批准人，计划号）。

（2）领用单（代码，院内编号，名称，型号，规格，单价，数量，领用人，批准人，领用单位，管理员，领用日期）。

（3）报废单（代码，院内编号，名称，型号，规格，单价，数量，报废原因，批准人，管理员，报废日期）。

（4）借条（代码，院内编号，名称，型号，规格，单价，数量，借用日期，拟还时间，借用人，批准人，管理员，设备状况）。

（5）请购计划（名称，型号，规格，估计单价，请购数量，计划员，计划时间，批准人，批准时间，设备用途，计划号）。

（6）设备明细账（代码，院内编号，名称，型号，规格，单价，生产厂，购入单位，采购员，入库时间，设备类别，当前状况）。

（7）设备统计表（名称，型号，规格，单价，数据，金额，备注）。

其中入库单由采购员填写，经批准交管理员输入办理入库手续，管理员签收并形成入库凭证下转财务室。领用单由领用人填写，经批准交管理员办理领用手续，当报废或归还时应办报废手续或归还手续。借条由借用人填写，经批准交管理员办理借用手续，当归还时应归还借条并办归还手续。设备明细账、设备统计表均由设备管理员填写。报废单要经批准报学校再报上级主管部门。其他账表要供上级主管部门及学校主管检查、查询。请购计划由计划员填写经批准交采购员实施，要能供查证。

各表格、各栏目数据之名称、数据类型等特性应专门说明并记载入数据字典中。

2. 数据字典

数据字典（Data Dictionary，DD）用于记载系统定义的或中间生成的各种数据、数据元素，以及常量、变量、数组及其他数据单位，说明它们的名字、性质、意义及各类约束条件，是系统开发与维护中不可缺少的重要文件。数据与数据元素分别用数据表、数据元素表记载。数据表、数据元素表的格式如表 8.1 和表 8.2 所示。

表 8.1 数据表格式

数据号	数据名	主人	用户	生成时间	数据用途	数据量	保存时间	数据源	关联数据	别名

表 8.2 数据元素表格式

数据号	数据元素号	物理名称	用户数据名说明	逻辑名称	类型	长度	来源或算法	完整性	安全性	小数位

其中，数据号是设计人员给定的顺序编号，用于分类清查与整理，并且与数据元素代码相关联。数据名是原有表格或凭证的名称，如成绩单、人事卡片、档案……其他各项的意义如下：

主人：生成该数据的单位与个人代表。数据有一个主要生成者、多个使用者，使用者即用户是使用生成的数据或其复制的单位或个人（包括仅使用该表部分数据元素的单位和个人）。

生成时间：计算、打印或显示本数据的时间，有些数据只生成一次，例如一些突如其来的查询或统计操作的结果；有些每年生成一次，例如年报；还有依半年、季、月、半月、旬、周、日、时生成的，此处记载每次生成的大体时间。例如年报记录每年何月（何日）生成，月报记每月何日生成等。

数据量：一条记录最大长度（不考虑备注与通用字段实际长度）。数据用途记录该数据在系统中的作用或使用意义，例如设备统计表，是当前所存仪器设备的统计表，提供决策依据。

保存时间：有些数据是系统的基本数据，长期保存，如教师卡片、设备账本。有些数据生成后只需再保存一段时间，以供其他应用使用，例如学生基本情况表、成绩表，在学生进校至毕业期间保存，用于学生构成和成绩分析，在学生毕业后为查询需要往往要保持多年，其中关于院系、专业、课程等成绩统计数据供分析使用。

数据源：本表某些数据元素是来自另一个表或文件，应在此处及数据元素表中同时标明，以便将来某些数据结构修改时分析其附带影响，保证数据一致性和完整性。

关联数据：本表中有些数据将被用作另一些数据的源，需要列出这"另一些"数据的名字，以便将来对本表结构修改时考虑对其他数据的影响。

别名：该数据表的其他取名。

其中，数据号是本数据元素所属数据的代号，要与数据表中编号对应。数据元素号是在该数据中的各数据元素的顺序编号。物理名称是实际数据中使用的名称。逻辑名称是指将来在系统数据结构中采用的名称。来源或算法指数据元素有些直接从另一些数据中提取，有些按一定方法或公式求取，在此应注明来源或计算方法。完整性指是否为关键字，是否允许重复值，是否允许空值，取值范围限制等。安全性指对该数据元素查询、显示、使用及录入、修改、删除等操作权限是否有要求及什么样的要求。用户数据名指本数据元素可能用到哪些表的名称。

数据字典还将包含今后开发中涉及的其他数据，例如在程序中使用的常量、变量、数组、集合、函数……要在开发过程中不断补充。即使是上述数据、数据元素，许多最终将被认定为数据库中的字段或系统中其他数据，要再作说明，也有些将不再出现。有些元素的性质、意义会有所改变，都将在开发过程中不断修改和补充。

在需求分析最后阶段，要进一步描述数据处理的流程，并写出需求分析说明书。

3. 需求分析说明书

需求分析说明书是对需求分析过程的记载与总结，也是将来开发的依据和标准，将作为开发方和最终用户间交接的依据，是一个纲领性的文件。要使用尽可能精炼、通俗易懂、准确无二义性的语言表达对系统功能、性能的要求。需求分析说明书一般包括下述内容：

（1）数据库系统应用范围与环境条件。

（2）工作流程图。

（3）数据流程图。

（4）数据字典（包括数据表与数据元素表）。

（5）IPO 图与加工说明。

（6）数据库性能要求。

（7）对操作界面的要求。

（8）各类约束条件。

（9）开发目标与方法。

（10）组织机构。

（11）系统当前状况分析。

（12）数据库系统功能设计目标。

（13）对系统结构的初步规划。

（14）日程进度。

（15）验收标准。

其中关于当前系统状况分析应提交前述数据字典及全部原始材料，并进一步分析当前系统的工作、数据处理情况、存在问题并提出解决方案。关于系统当前工作，数据处理情况的分析是新系统功能、性能设计的依据。

我们常常首先以工作流程图描述当前各部门、各主要业务人员的工作过程。一个工作流程图实例如图 8.2 所示。根据有关部门、工作人员对自己工作的描述，可画出工作流程图形象地表示组织与个人工作情况，其主要部分是涉及数据和信息工作的情况。在主要图例中用矩形表示部门或组织，用椭圆表示工作人员，用双横线表示文件、数据库，用箭头线表示数据及其流向。在箭头线上标注数据名称。例如入库工作我们可用图 8.2 表示。

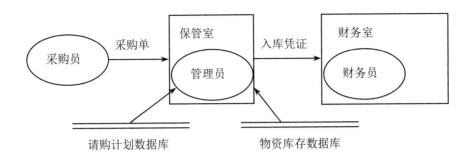

图 8.2　入库工作流程图

从工作流程图，我们看不清数据处理情况，可再进一步抽象：将工作流程图中可以由计算机处理的部分抽象出来，画成数据流程图，得到系统的逻辑模型。数据流程图图例中以圆圈表示操作者或外部实体，矩形表示数据处理，箭头线表示数据，线上标注数据名称，双横线表示文件或数据库。入库过程的数据流程图可如图 8.3 所示。

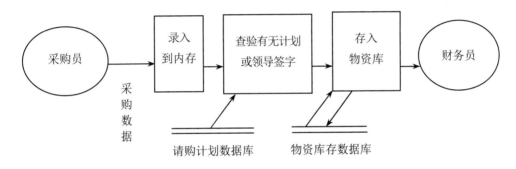

图 8.3　入库过程数据流程图

这个图对于处理逻辑仍表现不充分，我们可用输入－处理－输出图（IPO 图）进一步表示清楚。IPO 图由三个矩形框组成，它们分别描述输入（I）、处理（P）和输出（O），用箭头线表示数据的传入传出，线旁标注处理条件或备注内容。上述入库过程用 IPO 图的描述，如图 8.4 所示。

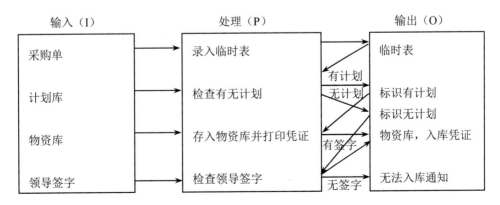

图 8.4　用 IPO 图描述系统处理过程

如果处理过程比较复杂，图示仍不清楚，我们可附加加工说明，用文字详细说明每一步的处理过程和处理逻辑。

例如，关于"检查计划"的说明：

如果采购单上无领导签字

  输入采购单上计划号

  打开计划库

  查找上述计划号

  如果查到

    读出计划数

    打开库存表

    查同一计划号物品已入库数量

    如果小于等于计划数-采购数

      办理入库

    否则

      说明计划额度已使用，退出

    结束

  否则

    说明无此计划，不能入库

  结束

结束

加工说明是用文字语言表述处理逻辑，尽量接近程序语言，又要通俗易懂，使得一方面能和业务人员展开讨论，进一步了解清楚业务人员的要求，另一方面又能较容易地转为实际程序。

在需求分析说明书中，还应具体写明有关处理安全性、时间性、可靠性、适应性等方面的要求，整理形成文档，经批准之后生效。

8.2.3 概念结构设计

概念结构设计是在需求分析的基础上对所有数据要求按一定方法进行抽象与综合处理，设计出不依赖于任何 DBMS 的满足用户应用需求的信息结构。这种信息结构我们称为概念模型。

最常用的概念结构设计方法有实体分析法、面向对象设计方法、属性综合法和规范化关系方法。我们此处主要讨论实体分析法。这是一种自上而下抽象的方法。

这种方法要求根据前面数据的需求分析，确定系统范围，确定实体及其属性，画出系统的实体-联系模型（E-R 图）。

第一步是划分系统范围。一般数据库应用系统的管理对象不外乎人、财、物、事几个方面。

与"人"有关的对象包括组织机构、职工或其他人员（以下以职工为代表）的基本情况、职工或其他人员各类活动。其中组织机构如单位、部门、机构，它们的主要属性是地址、联系人、单位性质、单位概况……职工基本情况包括个人情况、简历、爱人情况、家庭情况、社会关系情况等几大块，而简历又包括调动史、进修与学习、奖惩、工作史（科研、著作、教学、参军史、从政史及其他业务）、组织与社团历史、对外交往或社会活动等。在以往，简历往往以一个文本进行记载,而如今管理逐渐细化，要求能对人员活动和各方面情况作多种查询统计,使用文本已无法满足应用要求。另外"人"在管理中也分为不同的群体，例如学校中教师、职工、学生就各具有自己特殊的属性，教师、职工有工资、福利、教学等内容，学生有学习课程等内容，各自管理重点也不相同，应划分为不同的分系统。

"财"一般涉及各种账目、凭证、合同、协议计划、分析数据等。主要是人与物之间某些关系的数字体现，是一般管理系统管理的重要对象，在处理中有些被视为实体存储（如流水账）。有些是数学处理的结果（如统计数据、报表等），这些数据有些无需保存，有些则为了决策分析使用而需要保存。

"物"如设备、材料、产品、房产、车辆、能源、原料、物品、图书、行政用品等。

我们常常依据上述各方面，确定局部信息范围。基本准则是功能相对独立，和其他局部信息范围相互影响较小，且实体个数尽量在 10 个以内。许多管理部门都是围绕上述一个方面或彼此有较多关联的几个方面开展工作的，我们也往往依据一些局部范围划分分系统或子系统。进行实体分析也按一个个局部范围展开。在展开时注意，每一局部范围有自己管理的主要内容，在其他局部范围中也可能涉及这些内容，要尽量不重复设置实体以防冗余。

第二步是选择实体。开始我们总是依据所获系统的各种数据（单据、凭证、表格等）作为信息单位，并作为选择实体的依据，如上所述我们制定的人、财、物、事等是典型的内容，根据具体环境还应进一步具体分析。依据实体定义，确定实体的关键是善于找到具有共同属性的群体。例如，在设备管理中，数据有入库单、领用单、报废单、借条、领条、计划单、账本、统计表等，我们对其属性进行分析，可见有一个中心内容——设备及其自身的属性，另外还涉及一些人如采购员、管理员、负责人、使用人等，一些单位和部门如生产厂、销售部门、管理部门、使用部门等，涉及和财务有关的内容如单价、数量、金额等。

其中有些内容如管理部门、使用部门是单位管理分系统中管理的主要对象。管理人员、采购人员、使用人员等是职工人事管理分系统中管理的主要对象，它们对于设备管理分系统只是外部实体。在这一分系统中要注意：使用这些数据的名字、属性时要与其他两个分系统保持一致。

还有一些内容如生产厂、销售单位的情况可能只要求作为查询使用，不关心这些单位进一步的属性和细节，那么在做 E-R 图时可只指定它们作为属性，而不作为实体。不过如果我们要存储这些联系单位的数据，以为将来发展业务打基础，例如还希望存储关于他们的产品情况、质量情况、资金情况等数据，就要单列实体。

有些数据看上去是属于同一对象，但它们涉及的范围、信息内容并不相同，应区分为两个实体。例如，在设备管理中，设备计划虽也属设备管理，但它是对尚未购进的设备的计划，与已有设备在管理重点上不同，管理的内容也不同，有一些属性也有区别，关键字也可能互不相同，因而应列为两类实体。

第三步是确定联系。通过进一步对它们之间关系的确定，可以得到设备管理的 E-R 图，如图 8.5 所示。

第四步是确定实体的属性，可以依据需求分析中的数据元素整合得到。在分析时注意以下几点：

（1）每个实体至少有一个关键字，这是唯一标识一条记录的属性。其他属性的值必须由它唯一确定，否则就不是该实体的属性。

（2）找出所有同名属性，如满足上一条，则可合并为该实体的一个属性。有些同名，但实际代表意义不同，则应作为该实体不同属性，并给以不同命名。例如在文件管理中，随着文件传递将有多个"经手人"——收文经手人、阅文经手人、执行（办文）经手人等，实际上他们代表的是不同的人在管理中扮演的不同角色，因而应以收文人、传阅人、办文人等不同的命名加以区分。

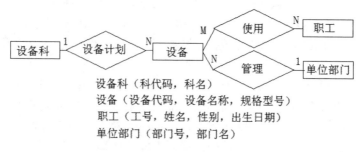

图 8.5　设备管理 E-R 图

对于不同实体的同名属性，如果意义不相同，最好也以不同名字命名。例如设备仪器的名称和图书名称，原来都设置为"名称"，不如分开称为仪器名、书名。

（3）对于一些计算数据（派生数据），例如"金额=单价×数量"可不作为属性列入。

（4）有些名字相同，意义也相同，但在不同范围内特性不相同，如精度、长度、取值范围等存在不同。这些属性在统一标准后可合并为一个属性，在未来不同范围的软件中加以区分，要求最终存储时数据能包容、满足各种需求。

（5）有些名字不同，但意义相同的属性，应统一名字，合并为一个属性。例如购买仪器时的商品名可能和实验室使用时名称不相同，不应当设置为两个不同字段，可以统一采用使用仪器时的名称，或另外设计相同的统一的代码表，通过代码联系名字时可任其名字不同。对所有属性，在 E-R 图中以前述对照表的形式标识。

最后一步是分析和确定全局信息结构。从开始就划分了范围及各个范围的主要实体，一个范围在涉及另一个范围的主要实体时，也强调了主从关系并强调了保持一致性，防止冲突或重复。但由于是分系统研究的，因而冲突与重复仍然可能发生，完成各分系统 E-R 图之后，有必要进行一次全盘的检验，一方面对所有同名实体检查与其主系统中该实体属性是否在名字、性质、精度、范围等方面一致，尤其关键字是否相同，防止冲突。另外，对非主系统的同名实体做出标志，将来在转化为关系模型时，只转换其中主要的一个。

8.2.4　逻辑结构设计

1. 关系数据模型

逻辑结构设计的任务是把概念模型，例如 E-R 图转换成所选用的具体的 DBMS 所支持的数据模型。此处主要介绍将 E-R 图转换为关系数据模型的方法，以及设计视图（子模式）的方法。在一些应用中，利用视图实现表与表的连接，将可简化程序设计。逻辑结构的设计与算法密切相关，在设计逻辑结构的同时，还要考虑应用程序的设计。一般说来，两个实体间如是一对一联系，在转化为关系模型时，可直接将两实体数据合为一表，属性为原两个实体的全部属性组合。例如单位与单位的法人之间是一对一关系，可以用一个表描述，属性包括原来"单位"实体的全部属性和"法人"实体的全部属性。其优点是涉及单位与法人间相互关系的查询时无须联接，既简单，便于维护，运行效率也高。

对于一对多联系的两个实体，分别建立两个表，在多方表中增加一方表中的关键字属性，作为其外码，按照参照完整性要求，外码要么为空值，要么必须是一方主码中的一个值。

对于多对多联系的两个实体要建立联系实体，其属性由互相联系的各实体的关键字组成。例如学生和课程间的联系定为多对多联系，因而应建立联系表"成绩"，其属性包括学生和课程两表中的关键字"学号""课程号"，此外包括"成绩"自身的属性"分数"。一般讲每建立一个表，在应用系统中都需要建立相应的维护程序，设计复杂度加大，工作量加大。因此在一些特殊情况下，我们总设法减少"表"的数量，采用特殊处理方法。例如设备和部门之间是多对多关系，一台设备和保管部门、使用部门、所属部门等多部门相关，而一个部门也总是和许多设备相关。双方如果建立多对多联系表，其属性应包括设备号、单位代码及关系类型（保管、使用、所属等）。应用程序如涉及显示每台设备由谁维护，由谁使用，属于谁等问题，增加这样一个表反而造成编程的困难。不如考虑另一种处理方式：在设备表中同时设三个属性：保管部门名、使用部门名、所属部门名，就将设备和单位的联系变成三个一对多联系，减少了一个表，程序设计反而更加方便。

又例如，教师和科研项目之间是多对多联系，在应用中常常要回答一个老师参与了哪些科研项目，是哪些项目的项目负责人，又要回答每个项目有哪些老师参加。在处理时，可以在科研项目中设置两个属性：课题负责人、课题组成员。在数据录入课题组成员时，人名之间以","分隔，其中允许一栏填多人。这种做法不符合关系的基本要求，但是可少建一个表，在回答前一个问题时，采用包含查询运算就能查到结果，在回答第二个问题时，则直接取"课题组成员"的值。这样设计既能满足要求，还使程序大大简化。

从以上分析可见，我们进行逻辑转换时常遵循一般规律，但也常常根据应用问题实际需要做一些特殊设计使问题简化，并不一定要追求高规范化，问题简化将使程序设计效率提高、正确率提高，更方便用户使用。

2. 代码设计

在设计关系模型时，为了将来查询统计的需要，也有些是为了标准化的需要，对于某些属性要采用代码。例如，关于政治面貌的输入，对于是"党员"的情况就可能有不同的输入方法："党员""中共党员""共产党员"等。而如果不统一，将来统计党员人数时，如判断条件是政治面貌="党员"，那么在政治面貌栏中，后两种填法的记录都将不被统计进入，而形成数据错误。为此常建立代码表，在数据表中以代码存放该属性的值，将保证无二义性。也可直接按汉字内容存储，但在录入界面中，要求显示代码表，并只允许用户从中选值录入，这样既可保证该数据准确可靠，同时还方便了用户录入操作。

又例如设备，在应用中要求有按年份、按使用部门、按经费来源、按使用方向等不同要求分组统计设备的台数、金额等数据，为此可以设计一个代码，分别由表示年份、使用部门、经费来源及使用类型的代码加上顺序号连接成 12 位长度的字符串，将来可以利用取子串一类函数从中取不同部分的字符串作为分组依据进行查询统计。这样的代码可以是关键字，也可以是为查询或统计应用需要而设计的属性。

关于应用程序结构设计，我们将在 8.3 节讨论。

8.2.5　数据库物理设计

对一个给定的逻辑数据模型求与应用需要相适应的物理结构的过程称为数据库物理设

计。这种物理结构主要指数据库在物理设备上的存储结构和存取方法。对于关系数据库系统，数据的存储结构与存取方法由 DBMS 决定并自动实现，物理设计主要考虑的是在网络环境下数据库的分布及索引结构。

在现代网络环境支持下，数据库共享范围已超越地域，一个管理系统中的数据库将可能有多个，且不一定存在于一台服务器或一台主机中，在设计时需要考虑数据怎样分布才能最好地满足应用需求，要考虑怎样提高工作效率，防止冲突及保证数据安全。

1. 两层 C/S 结构

由服务器、客户机构成一个内部网络系统，数据库设置在服务器中，客户机中可存放其备份或临时表，服务器与客户机协同完成数据处理任务，就构成所谓两层 C/S 结构。在 C/S 结构系统中，服务器一般承担数据存取与控制、接受与响应客户机请求、对数据作全局性处理等任务，其程序往往被称为后台程序；客户机承担如数据采集、报告请求、对数据专门的处理等操作，其程序被称为前台程序。其系统硬件结构如图 8.6 所示。

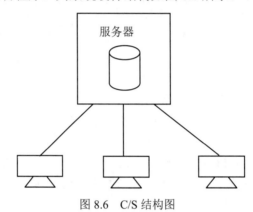

图 8.6　C/S 结构图

服务器中数据被众多客户机程序所共享，它们可以同时读或写服务器中的数据，如有多台客户机中程序对同一数据做读写操作，就可能发生冲突。这一问题称为并发操作问题，在设计时，对数据可能有如下不同处理形式。

（1）在处理时，客户机先向服务器索取数据，然后释放数据库，在客户机端处理数据，最后将结果送回服务器。这种处理方式对服务器、通信线路利用效率较高，但要注意防止并发操作错误。

（2）在处理时，客户机接受用户要求，并发给服务器，在服务器端处理，最后将结果传回客户机显示或打印。这种处理方式网络通信量较小，能防止并发操作错误，但服务器的 CPU 特别繁忙，反应速度较低，且容易出现死锁。

2. B/S 结构

在 Internet 支持下，系统规模扩大，出现了 Browser/Server 模式，其拓扑结构如图 8.7 所示。

这种结构使系统从封闭的集中式主机向开放的与平台无关的环境过渡，服务器端可以不只一台主机，可采用云技术构成，客户端程序极大简化。在客户端借助 Web 浏览器可以处理简单的客户端处理请求，显示用户界面及服务器端运行结果，Web 服务器负责接收远程或本地的数据查询请求，然后运行服务器脚本，借助于中间件把数据通过 ODBC 发送到数据库服务器上以获取相关数据，再把结果数据传回客户的 Browser。数据库服务器端负责管理数据库，处理数据更新及完成查询要求，运行存储过程。这种方式使系统应用面极大扩展，而安全问题也变得更加令人重视。

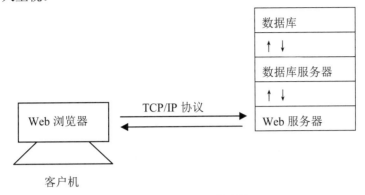

图 8.7　B/S 网络结构

应根据实际问题的需要选择合适的存储方式。例如在系管理系统中，教师基本情况中的某些内容及科研情况、设备情况、日程表等部分数据，只允许少数具有特权的人查询和修改，一般不提供给其他人，可以将它们放在系内局域网服务器上，部分内容甚至放在单机上。对于教师教学进度计划、学生成绩信息、教学大纲等主要供查询的数据，存放在 Internet 数据库服务器上，各客户机通过 Web 实现对服务器的访问。学生选课及需要交互的资料与数据，也存放在 Internet 数据库服务器上，允许学生远程访问。由部分客户机与服务器构成内部网，工作于 C/S 模式，负责数量加工、处理、打印统计报表等操作。这样将形成 C/S 与 B/S 相结合的系统，使发挥各自的优势。实际应用系统如果采取这样的体系结构将具有理想的性能。

为了提高存取效率，关系数据库都提供索引结构，索引使查询及与查询有关的修改、删除等操作效率提高。

8.3　应用程序结构设计

管理信息系统均采用模块化设计方法设计。模块指具有对数据维护、查询、统计计算等功能的可以执行的应用程序，多个模块组合成树状结构，用户可以利用各种控制结构（如图 8.8 所示）选择某个模块并执行。

树状结构是分层的，处于枝节点的模块一般负责数据通信、选择控制等操作，叶级模块具体进行数据维护、数据处理等操作。例如"系管理系统"第一级的模块有教师管理子系统、学生管理子系统、设备管理子系统、系办公系统、教学管理子系统、课程管理子系统、图书管理子系统等子系统级控制模块，还有系统管理、编辑、帮助、退出等栏目。系统管理包括初始化程序、某些表的清空程序、代码表更新程序、导入程序（数据从其他文件导入到本系统中的程序）、用户表维护程序（添加新用户名、口令更新等）。编辑栏执行 Windows 系统编辑的功能，如剪切、粘贴、复制等，使用户操作更方便。帮助栏提供用户使用说明、系统说明等内容。

1. 登录

整个系统常有一个登录程序模块，负责环境设置、系统初始化、引导登录与转入主控制模块，其结构如图 8.9 所示。

| 系统管理 | 教师管理 | 教学管理 | 设备管理 | 课程管理 | 实验管理 | 办公与文件 | 学生管理 | 图书管理 | 试题库管理 | 编辑 | 退出 |

基本情况录入
科研项目管理
论文著作管理
修改基本情况
单项查询
组合查询
科研立项过程
教学质量管理
考核数据管理

图 8.8　水平下拉菜单控制结构

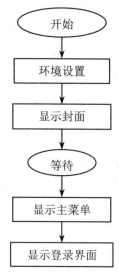

图 8.9　MAIN.PRG 主程序结构流程图

登录程序的作用是提示用户输入用户名和密码。程序应能检查操作者输入的用户名与密码是否正确，只有正确的才被确认为有权操作的用户，才允许程序继续往下运行，保证只有被授权的用户才能进入系统。在登录模块中将记录用户名和其他用户信息，供程序查验权限时使用。

登录操作通常基于一个专门的用户注册表，其字段主要是姓名或用户名及密码，用户输入的密码不显示在屏幕上，只随用户敲入的每一个字符在控件中显示一个 "*" 号或其他符号，表示接收到了字符。

为进一步提高安全性，不希望操作者一次次失败还无休止地试验密码数值，设计时可设计门禁，用一个变量计数，用户每输入一次密码就执行一次加一，到该变量为 3 或其他某有限值时无效退出。对于一些安全性要求较高的系统，注意对用户名和密码要进一步加密，使安全程度更高一些。

2. 水平下拉菜单程序的设计

数据库系统相对文件系统的一大优势是可以针对应用需要量身定做应用系统，其一大特点是可以对每一应用针对性地建立处理模块与引导程序，用户无需学习，只用鼠标做最少次数的点击就能进入处理程序的界面。实现这一功能的程序是系统控制程序，其典型构成是水平下拉菜单、目录树菜单及图标式按钮组。

水平下拉菜单如图 8.8 所示，由水平菜单与下拉菜单两部分组成，下拉菜单还可以进一步产生一到多级弹出式菜单。水平菜单是系统第一级菜单，由多个菜单项组成，通常是系统总纲，对应子系统或模块集合。当用户用鼠标单击某一个菜单项时，其下展开并弹出向下延伸的下一级菜单。如果其菜单项仍然处于枝干处，单击它将弹出并再进入下一级菜单。直到叶一级菜单项，单击将调用一个具体的处理程序并执行。

每一个菜单项都对应一个操作，包括定义将来显示在屏幕上的标识，对下一级菜单调用的命令或调用一个具体数据处理程序的命令，有些还要求定义程序所需要的环境参数与变量的初始值。

为了方便使用，对一些常用菜单项应当设置快捷键，允许用户除了用鼠标还可以用键盘完成操作。快捷键一般由 Ctrl 或 Alt 加字母键构成。

为了使系统既具有广泛共享性，又能实施安全性控制，要允许某些菜单项不被激活，当某用户登录后，某些菜单项颜色为灰色，用鼠标点击不出现反应（俗称灰掉）；另外一些该用户有权操作的菜单项被激活，处于可使用状态。这一功能通常利用菜单设计语句中的条件控制语句实现，程序员需要在用户注册文件或数据表或特定的文件中与用户注册名对应建立标识性数据项，使用时根据用户名、角色、具体工作内容等自动或人工地填入标识性数据，当用户登录时记下其用户名、角色情况，当系统运行时根据所记数据（有的要考虑当前具体操作所涉及的工作内容）按一定的规则决定菜单项是否被灰掉。

3. 目录树菜单程序的设计

水平下拉菜单简单易制，控制方便，但灵活性不够，而且这类菜单由于所含信息量较少，多数为静态生成（在系统设计期间作为系统总控模块生成），而不是在系统运行过程中生成，因此人们在使用时也就只能被动地去查找自己的目标，再调用程序，工作效率不高。

有许多系统采用类似于 Windows 资源管理器的目录树菜单作为应用系统的控制器。这类菜单程序既可以在系统设计过程中建立，也可以在用户登录之后，根据他所报用户名或角色信息、应用要求、数据库中当前数据状况自动生成。具有信息量大、控制灵活、效率高等优点。

例如办公室日常事务子系统中的控制，由于办公事务工作常常需要多人协同完成，往往有一定的工作流程。每个人在不同时间需要完成的工作任务不相同，即需要做的操作不相同。如果用水平菜单控制，就必须先按需要查到菜单项再转入操作，十分麻烦。因此许多办公自动化系统采取了这样的设计方案：先建立一个工作流表，当工作任务下达后，由具体责任人安排工作任务，包括具体工作、相关人员、时间要求等，记录到工作流表中，称为拟办。当某一个用户登录后，程序自动根据工作流表核实该用户在当前工作时间需要进行的工作内容与涉及的程序模块，再自动生成目录树菜单（如图 8.10 所示），菜单上列出了该用户当前急需进行的工作。他只要按目录逐项操作，就能依次调用相关程序完成他当日工作任务，具有效率高、防遗漏、安全性高等优点。

4. 建立可执行文件

完整的应用系统应打包成一个可执行的程序提供给用户操作。例如 Java 系统中需要建立.jar 打包文件或.exe 程序文件。.jar 文件可利用 eclipse 向导制作，也可手工生成。

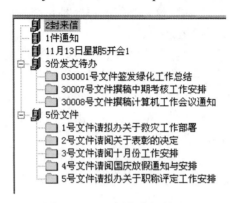

图 8.10　目录树菜单控制界面

本章小结

　　数据库应用系统的设计包括数据库结构设计、应用程序功能和结构设计等方面的内容。数据库结构设计包括根据实际应用进行需求分析，根据需求分析的结果设计数据库的概念结构和逻辑结构，最后进行数据库（基本数据表）的物理设计。

　　在设计好数据库后，就要根据用户应用的需求进行应用系统的设计，应用系统应提供基本的数据存储、维护和检索的功能，并能提供友好的人机界面，最后应根据需要尽可能完成用户所要求的其他功能。本章以一个实际的系管理系统介绍了应用程序的结构设计概貌。应用程序主文件中主要包括以下内容：环境设置、封面的显示、登录主界面以及调用系统控制程序。常用的系统控制程序有水平下拉菜单、目录树菜单、图标式按钮等，本章重点介绍了水平下拉菜单、目录树菜单的结构与设计要求。

习题八

　　1．数据库应用系统包括哪些内容？

　　2．一个图书馆管理系统涉及管理者人员、读者、图书，日常事务包括图书借、还，图书采购、入库。已知管理者人员属性有：工号、姓名、性别、职务、职称、身份证号、学历、学位、专业；读者属性有：借书证号、姓名、性别、单位、电话、身份证号、学历、学位、专业、邮箱；图书属性有：书号、书名、图书编码、出版社、出版日期、类别、单价、入库日期；图书借还要记录借书日期、还书日期、借书证号、书号、备注。根据你的了解给出一份需求分析报告。

　　3．为上述图书馆管理系统提出功能要求。

　　4．为上述图书馆管理系统设计水平下拉菜单结构。

　　5．如果需要分析不同类型书籍借阅次数、借阅总天数、当前在借书占借书发生数比例，试设计代码表（借书发生数等于当前在借书和本年度借出且已还图书的总数）。

　　6．说明利用实体分析法进行数据库概念结构设计的步骤。

7．在网络环境中数据库的物理结构设计要考虑什么问题？

8．设有如下实体：

教研室：教研室代码、教研室名、负责人、电话；

教师：教师号、姓名、性别、职务、职称、身份证号、部门号；

科研项目：项目编号、项目名、项目来源、项目负责人、经费、立项日期、完成日期、完成情况；

项目纪要：项目编号、日期、进度概要。

课程：课程号、课程名、学时、实验学时、学分、开课单位、课程大纲。

上述实体中存在如下联系：

（1）一个老师要教多门课程，有的课程要由多个教师教。

（2）一个教师可参加多个项目，一个项目有多位教师参加。

（3）一个教研室可有多个教师，一个教师只能属于一个教研室。

试分别画出教师教学、教师参加项目两个局部信息结构的 E-R 图，再将它们合并成一个全局 E-R 图，然后将该全局 E-R 图转换为等价的关系模型表示的数据库逻辑结构。

第 9 章　数据库新技术介绍

本章学习目标

本章介绍目前数据库的一些新技术，包括数据挖掘技术、数据仓库技术和分布式数据库技术。通过本章学习，读者应该掌握以下内容：

- 了解数据挖掘和数据仓库的概念
- 了解关于公式发现、关联规则、数据分类、数据聚类等数据挖掘方法
- 了解和区分联机事务处理（OLTP）和联机分析（OLAP）技术
- 了解分布式数据库系统与集中式数据库系统的不同
- 了解分布式数据库数据处理过程中要注意的问题

9.1　数据挖掘

随着数据库技术的迅速发展以及数据库管理系统的广泛应用，人们积累的数据越来越多，进入了大数据时代。在这些大数据背后隐藏着许多重要的信息，人们希望能够对其进行更高层次的分析，以便更好地利用这些数据。目前的数据库系统虽然可以高效地实现数据的录入、查询、统计等功能，但无法发现数据中存在的关系和规则，无法根据现有的数据预测未来的发展趋势。如何从这些数据中发现具有决策意义的信息是数据挖掘技术的目标。由于硬件技术的迅速发展和数据挖掘算法的成熟，使得数据挖掘技术已经在商业上得到了初步的应用。

9.1.1　数据挖掘技术概述

数据挖掘是一门综合性的技术，涉及很多学科，如数据库、人工智能和数理统计等。目前其主要研究内容包括基础理论、发现算法、数据仓库、可视化技术、定性定量互换模型、知识表示方法、发现知识的维护和再利用、半结构化和非结构化数据中的知识发现以及网上数据挖掘等。

1. 数据挖掘的提出

有一个关于数据挖掘的经典故事：一个叫萨姆·沃尔顿的人使用了一种"购物篮分析"的软件，对海量的顾客消费行为进行分析，发现跟尿布一起购买得最多的商品是啤酒。经分析发现，在国外买尿布的常是 25～35 岁的年轻父亲，他们在买尿布同时有 30%～40% 的人会为自己买几瓶啤酒。于是，将卖场内妇婴用品与酒类用品的卖场拉近，使上述形式的购买更加方便。结果这一举措使啤酒与尿布的销量双双大增。该"购物篮分析"的软件实际实现的是关联分析的算法。

2. 数据挖掘的定义

数据挖掘（Data Mining）就是从大量的、有噪声的、不完整的、不一致的、模糊的、随机的实际应用数据中，提取隐含在其中的人们事先不知道的，但又是潜在有用的信息和知识的

过程。也可以把数据挖掘描述为"探测型的数据分析",它的目标是从数据中找到感兴趣的模式,用这些模式来决定商业策略或发现不正常的情况。数据挖掘工具在海量数据上应用了统计技术来查找这些模式。

有噪声的数据指数据中包含错误数值或偏离期待值的异常值等,其产生的原因可能是数据收集设备发生故障;也可能在数据输入时人或计算机发生错误;也可能是数据在传输过程中产生错误;还有可能是技术的局限性造成,例如在协调数据同步传输时受缓冲区容量的局限而产生错误。

不完整的数据指缺乏参数值或某些感兴趣的参数,或者仅有汇总数据的情况。其产生有如下原因:感兴趣的参数不是总可以得到,如销售数据中缺乏客户的信息;由于在数据输入时认为不重要而没有输入;由于不理解或设备没有正常工作使相关的数据没能被记录;同其他记录不一致的数据可能被删除;历史记录或对数据的修改被忽略等等。

不一致的数据也可能由于所使用的命名约定和数据编码方面的不一致所造成,如部门的编码不统一。

模糊的数据是指非量化的、面向语义的数据,具有不确定性、不清晰的特点。例如"青年"这个概念,它的内涵我们是清楚的,但是它的外延,即什么样的年龄阶段内的人算是青年,则无统一的规则。

随机的数据是指数据的来源或产生时间具有不确定性或不连续性,例如抽样得到的数据。

与数据挖掘相近的同义词还有数据融合、数据分析和决策支持等。以上定义包括好几层含义:数据源必须是真实的、大量的、含噪声的;发现的是用户感兴趣的知识;发现的知识要可接受、可理解、可运用;并不要求知识绝对准确,仅支持特定的发现问题。

3. 数据挖掘的过程模型及常用技术

在实施数据挖掘之前,要先决定采取什么样的步骤,每一步都做什么,应该达到什么样的目标。基本数据挖掘步骤包括:定义商业问题、建立数据挖掘模型、分析数据、准备数据、建立模型、评价模型和实施。

数据挖掘常用技术有:

(1)人工神经网络,即仿照生理神经网络结构的非线型预测模型,通过学习进行模式识别。

(2)聚类分析与决策树,它代表着决策集的树形结构。

(3)遗传算法,基于进化理论,并采用遗传结合、遗传变异以及自然选择等设计方法的优化技术。

(4)近邻算法,将数据集合中每一个记录进行分类的方法。

(5)公式发现、规则推导,从统计意义上对数据中的"如果—那么"规则进行寻找和推导。

(6)关联规则,根据大量数据寻找属性彼此之间的联系。

(7)分类算法。将数据分成不同的类。

采用上述技术的某些专门的分析工具已经有十多年的历史,现在已经被直接集成到许多大型的工业标准的数据仓库和联机分析系统中。下面介绍几种基本方法的概念与原理。

9.1.2　公式发现

1. 数据拟合的概念

随着计算机的出现,发展了数据拟合技术。它是数值计算的重要分支,利用科学试验中得出的大量测量数据，去求得自变量和因变量的一个近似表达式。

数据拟合任务：从科学试验中得到的大量测试数据（例如 N 个(xi,yi)），去求得自变量 x 和因变量 y 的一个近似解析表达式：

$$y=f(x)$$

根据实验数据求取最能让函数式两边相等或最接近相等时它的系数，而得到一个函数关系，这就是数据拟合问题。让公式两边最接近相等是指将所有实验数据代入公式后总误差最小。其中所谓总误差，可以是每次计算误差之和或误差值平方根之和。误差越小，我们就说拟合越好。

如果知道 x，根据拟合得到的函数关系就可以预测 y 的值。拟合越好，预测就越准确。

2. 一元线性回归

知道三个点的坐标，就可以求出一个 2 次多项式（二次函数）来过这三个点，这个叫插值，但是如果要求用一条直线（一元一次方程式）来过任意三个点是不可能的，我们只希望找到一个与这三个点最接近的直线。

一元线性回归指用一元一次方程进行的拟合。

任务：假设 y 与 x 的关系为 y=a*x+b，已知 y 和 x 的实验数据，求取系数 a 和 b，使得所得到的方程能最好地拟合实验数据。

假设实验共得到 N 组数据：$x_1,y_1;x_2,y_2;...x_n,y_n;$

计算方法为：

$\sum x_i = x_1 + x_2 + ... + x_n$

$\sum y_i = y_1 + y_2 + ... + y_n$

$\sum(x_i \times y_i) = x_1 y_1 + x_2 y_2 + ... + x_n y_n$

$\sum(x_i \times x_i) = x_1 x_1 + y_1 y_1 + ... + x_n y_n$

设 $L_{xx} = \sum(x_i \times x_i) - \sum x_i \times \sum x_i / N$

设 $L_{xy} = \sum(x_i \times y_i) - \sum x_i \times \sum y_i / N$

可得到回归方程：$Y = \sum y_i / N - L_{xy} \times \sum x_i / N / L_{xx} + (L_{xy}/L_{xx}) \times x$

例如有三个点的数据：N=3

x	y
1	5
2	7
5	13

x 和=8.0

y 和=25.0

xy 和=84.0

x 平方和=30.0

x 平均=2.6666667

y 平均=8.333333

L_{xx}=x 平方和-x 和×x 和/记录条数=8.666666

L_{xy}=xy 和-x 和×y 和/记录条数=17.333336

可得到回归方程：

$$Y=(y_{平均}-L_{xy}\times x_{平均}/L_{xx})+(L_{xy}/L_{xx})\times x$$
$$=2.9999986+2.0000005\times x$$

如果求 x=10 时 y=?

将 x=10 代入回归方程 y=2x+3，可得到预测值：y=23。

又例如：经试验得到某些实验数据如图 9.1 所示，欲分析当含碳量为某值时合金的抗拉强度。

名称	含碳量	抗拉强度	延深率	日期
合金钢	0.03	40.5	40	2000-04-04
合金钢	0.04	41.5	34.5	2000-04-05
合金钢	0.04	38	43.5	2000-04-05
合金钢	0.05	42.5	41.5	2000-04-06
合金钢	0.05	40	41	2000-04-06
合金钢	0.05	41	40	2000-04-06
合金钢	0.06	40	37	2000-04-07
合金钢	0.06	43	37.5	2000-04-07
合金钢	0.07	43	40	2000-04-08
合金钢	0.07	39	36	2000-04-08
合金钢	0.07	43	41	2000-04-08
合金钢	0.08	42.5	38.5	2000-04-09
合金钢	0.08	42	40	2000-04-09
合金钢	0.08	42	35.5	2000-04-09
合金钢	0.08	41.5	42	2000-04-09
合金钢	0.08	42	38.5	2000-04-09
合金钢	0.08	41.5	39.5	2000-04-09
合金钢	0.08	42	32.5	2000-04-09
合金钢	0.09	42.5	36.5	2000-04-10
合金钢	0.09	39.5	34.5	2000-04-10
合金钢	0.09	43.5	38	2000-04-10

图 9.1　由实验得到的含碳量与合金的抗拉强度间关系数据

可以在二维坐标系中将有关实验数据及拟合曲线绘制出来，能很直观地看到两个量之间的关系与拟合直线的情况，如图 9.2 所示。图中左下角是根据图 9.1 所示的数据得到的拟合公式。

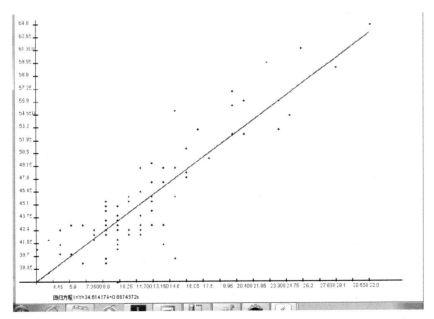

图 9.2　一元线性回归曲线与拟合函数式

3. 曲线拟合

实际应用中能用直线拟合的并不多，大多是用曲线、曲面或更复杂的关系拟合。如果实验数据和某个一元函数式相近，可以将实验数据标在二维坐标图上，根据图形大致像什么函数的曲线，例如抛物线、指数曲线、对数曲线、三角函数曲线等，再假设拟合公式，求取系数，得到拟合关系式。

如果公式形式为 y=a₀+a₁*φ₁(x)+a₂*φ₂(x)+...+a_k*φ_k(x)，要选择 a_0、a_1、a_2...a_k 使误差平方和最小，可以用数学分析中求极值方法，即函数 $\varphi(a_0,\ a_1,\ a_2...,\ a_k)$ 对 a_0、a_1、a_2...a_k 求偏微商，再使偏微商等于零，得到 a_0、a_1、a_2...a_k 应满足的方程：

$$\begin{cases} \partial\varphi/\partial a_0 = -2\sum_{i=1}^{N}(y_i - a_0 - a_1\varphi_1(x_i) - \cdots - a_k\varphi_k(x_i)) = 0 \\[2mm] \partial\varphi/\partial a_1 = -2\sum_{i=1}^{N}(y_i - a_0 - a_1\varphi_1(x_i) - \cdots - a_k\varphi_k(x_i))\cdot\varphi_1(x_i) = 0 \\[2mm] \partial\varphi/\partial a_k = -2\sum_{i=1}^{N}(y_i - a_0 - a_1\varphi_1(x_i) - \cdots - a_k\varphi_k(x_i))\cdot\varphi_k(x_i) = 0 \end{cases}$$

例如：化学反应中浓度随时间变化数据如表 9-1 所示。

表 9-1 浓度随时间变化数值

时间（分）	浓度($y\times10^4$)	时间（分）	浓度($y\times10^4$)
5	1.27	30	4.15
10	2.16	35	4.37
15	2.86	40	4.51
20	3.44	45	4.6

用 5 次正交多项式逼近：

Y=3.26P0(x)-2.15P1(x)-0.19P2(x)-0.16P3(x)-0.02P4(x)-0.01P5(x)

其中：

P0(x)=1

P1(x)=1-2x/n

P2(x)=1-6x/n+6x(x-1)/n(n-1)

P3(x)=1-12x/n+30x(x-1)/n(n-1)-20x(x-1)(x-2)/n(n-1)(n-2)

P4(x)=1-20x/n+90x(x-1)/n(n-1)-140x(x-1)(x-2)/n(n-1)(n-2)+70x (x-1)(x-2)(x-3)/n(n-1)(n-2)(n-3)

P5(x)=1-30x/n+210x(x-1)/n(n-1)-560x(x-1)(x-2)/n(n-1)(n-2)+630x(x-1)(x-2)(x-3)/n(n-1)(n-2)(n-3)-252x (x-1)(x-2)(x-3)(x-4)/n(n-1)(n-2)(n-3)(n-4)

数据拟合方法能较快解决一些实际问题，但是它把寻找公式的范围限制在多项式形式之内。而如勒让德多项式这样的正交多项式一般表示都很复杂，这对使用者来说很不直观，建立不起各个变量之间的直观概念。

回归分析一般适用于连续变化的数据，除了一元回归以外，还有多元线性回归、Logistic 回归、Probit 回归、加权估计等，它们实际是统计分析中的重要内容。

9.1.3　关联规则

1. 关联规则提出

关联规则是数据挖掘中最活跃的研究方法之一，最早由 R.Agrawal 等人提出，目的是为了发现超市交易数据库中不同商品之间的关联关系。

它一般适用于离散类型数据，其基本方法是分析多个字段的数据大小，求取其间的形式关系。

典型的关联规则应用例子来自超市的销售关系分析。超市存储每一笔交易的记录，包括时间、商品、数量、价格、货柜、顾客情况等信息，希望发现用户的购买行为模式或消费倾向，从而改进商品摆放、库存管理、价格决策、促销活动。

假定某超市销售的商品包括面包、啤酒、蛋糕、奶油、牛奶和茶，所记录交易情况如表 9.2 所示，从中发现关联关系。

表 9.2　某超市销售记录

交易号 TID	顾客购买商品内容
T1	面包、奶油、牛奶、茶
T2	面包、奶油、牛奶
T3	蛋糕、牛奶
T4	牛奶、茶
T5	面包、蛋糕、牛奶
T6	面包、茶
T7	啤酒、牛奶、茶
T8	面包、茶
T9	面包、奶油、牛奶、茶
T10	面包、牛奶、茶

经关联规则分析得到的结论是：70%购买了奶油的顾客同时购买面包。

2. 基本概念

（1）项目与项集。

设 $I=\{i_1,i_2,\ldots,i_m\}$ 是 m 个不同项目的集合，每个 $i_k(k=1,2,\ldots,m)$ 称为一个项目。

项目的集合 I 称为项目集合，简称为项集。其元素个数称为项集的长度，长度为 k 的项集称为 k-项集。

表 9.2 中，每个商品是一个项目，共有 6 个项目，项集是 I={面包,啤酒,蛋糕,奶油,牛奶,茶}，为 6-项集。

（2）交易。

每笔交易 T 是项集 I 上的一个子集，即 $T\subseteq I$，但通常 $T\subset I$。

对应每一个交易有一个唯一的标识：交易号，记作 TID。

交易的全体构成了交易数据库 D，或称交易记录集 D，简称交易集 D。

交易集 D 中包含交易的个数记为|D|。

表 9.2 中样本个数为 10，|D|=10 。其中 TID=T1 时 T1={面包,奶油,牛奶,茶}；
TID=T2 时 T2={面包,奶油,牛奶}；……

（3）项集出现的概率。

对于项集 X，X⊂I，设定 count(X⊆T)为交易集 D 中包含 X 的交易数量，项集 X 出现的概率：

$$support(X) = \frac{count(X \subseteq T)}{|D|}$$

例如 2-项集{面包,牛奶}出现在 T1、T2、T5、T9、T10 中，即 count(X)=count(T1,T2,T5,T9,T10)=5，则此项集出现的概率为：

$$support(X) = \frac{count(X)}{|D|} = \frac{5}{10} = 1/2$$

（4）最小概率与频繁集。

发现关联规则要求项集必须满足一个最小概率，它表示用户关心的关联规则必须满足的最低重要性。

出现的概率大于或等于这个最小概率的项集称为频繁项集，简称频繁集，反之则称为非频繁集。通常 k-项集的频繁集记作 Lk。

在表 9.2 中，如果将最小概率设为 0.5，则 2-项集 X1={面包,牛奶}可称为 2-频繁集：X1⊂L2。

但 2-项集 X2={蛋糕,牛奶}的 support(X2)=2/10，X2 不算 2-频繁集。

如果用户将最小概率设定为 0.2，则 X1、X2 都是 2-频繁集。

3．关联规则

关联规则可以表示为一个蕴含式：

$$R:X \Rightarrow Y$$

其中 X⊂I，Y⊂I，并且 X∩Y=φ

$$support(X \Rightarrow Y) = \frac{count(X \cup Y)}{|D|}$$

φ 为 XY 同时出现的概率：如果项集 X 在某一个交易中出现，则会导致项集 Y 按某一概率也会在同一交易中出现。X 称为规则的条件，Y 称为规则的结果。关联规则反映了 Y 中项目随 X 项目出现的规律。

例如，φ 定为 0.5，则规则 R1：{面包}⇒{牛奶}。

4．Apriori 算法

（1）问题的提出。

第 1 个问题：哪些商品可能存在相关关系，即用户倾向于同时购买哪些商品？根据预先规定的最小概率，凡大于等于该值的入选。

第 2 个问题：顾客买某几个商品，动机是先买了哪个再买其他？例如表 9.2 中 T1、T2、T9 同时买了{面包,牛奶,奶油}，即 3/10 的交易中买了{面包,牛奶}的同时买奶油；其他买了{面包,牛奶}的还有 T5、T7、T10 同时买了其他商品，说明凡买了{奶油}的同时买 {面包,牛奶}的是 100%；可得出结论：奶油的销售决定{面包,牛奶}的销售。

这两个问题中第 1 个问题比第 2 个问题重要：当给定一个交易集 D，怎样①找出所有大于或等于用户指定的最小概率的频繁项集；②利用频繁项集生成所需要的关联规则。

（2）Apriori 算法步骤。

Apriori 算法首先产生 1-频繁集 L1，再经连接、修剪产生 2-频繁集 L2……直到无法产生新的频繁集时终止。

例如，面包、啤酒、蛋糕、奶油、牛奶和茶的 1-候选频繁集为：{面包}、{啤酒}、{蛋糕}、{奶油}、{牛奶}和{茶}，各自在交易中出现的次数分别为 7、1、2、3、8、7，交易数为 10，即它们出现概率各为 7/10、1/10、2/10、3/10、8/10、7/10。如果规定最小概率为 0.5，则 1-频繁集 L1 为{面包}、{牛奶}、{茶}。

再对面包、啤酒、蛋糕、奶油、牛奶和茶求 2-候选频繁集为：{面包,啤酒}、{面包,蛋糕}、{面包,奶油}、{面包,牛奶}、{面包,茶}、{蛋糕,奶油}、{蛋糕,牛奶}、{蛋糕,茶}、{奶油,牛奶}、{奶油,茶}、{牛奶,茶}。各自在交易中出现的次数分别为 1、1、3、5、5、0、1、0、3、2、5，交易数为 10，如果规定最小概率还是为 0.5，则 2-频繁集 L2 为{面包,牛奶}、{面包,茶}、{牛奶,茶}。

如果查 3-频繁集 L3，在 2-候选频繁集基础上组合，只连接有共同项的那些 2-候选频繁集，例如{面包,啤酒}、{面包,蛋糕}可连接，有共同的面包，连接得到{面包,啤酒,蛋糕}。而{面包,茶}、{蛋糕,奶油}不可连接，它们没有共同项。

由此可得 3-候选频繁集：{面包,啤酒,蛋糕}、{面包,啤酒,奶油}、{面包,啤酒,牛奶}、{面包,啤酒,茶}、{面包,蛋糕,奶油}、{面包,蛋糕,牛奶}、{面包,蛋糕,茶}、{面包,奶油,牛奶}、{面包,奶油,茶}、{蛋糕,奶油,牛奶}、{蛋糕,奶油,茶}、{蛋糕,牛奶,茶}、{奶油,牛奶,茶}。

根据频繁集的子集一定是频繁的，对每一个 3-候选频繁集分析，看其所有子集是否都在 L2 中，如果在则加入到 3-频繁集中。

另一种办法是只对 2-频繁集进行组合，得到 3-候选频繁集{面包,牛奶,茶}。再找出 3-频繁集，如果规定最小概率还是为 0.5，则不存在 3-频繁集。

另一种算法：在求出 1-频繁集后，如果最小概率预先确定，可只对该频繁集中的项组合，求 2-候选频繁集为：{面包,牛奶}、{面包,茶}、{牛奶,茶}，各自在交易中出现的次数分别为 5、5、5，交易数为 10，即它们出现概率各为 5/10、5/10、5/10。如果规定最小概率还是为 0.5，则 2-频繁集 L2 为{面包,牛奶}、{面包,茶}、{牛奶,茶}。

不存在 3-频繁集 L3 了，运行终止。

5．FP-Growth 算法

（1）概念。

1）频繁模式树 FP-Tree：频繁模式树 FP-Tree 是一个树形结构。包括一个频繁项组成的头表，一个标记为 null 的根节点，它的子节点为一个项前缀子树的集合。

2）频繁项：单个项目的概率超过最小概率则称其为频繁项。

3）频繁项头表：频繁项头表的每个表项由两个域组成：项目名称和指针，指针指向频繁模式树中具有与该表项相同项目名称的第一个节点。

4）项前缀子树：每个项前缀子树的节点有三个域：项目名称、项数、指针。项目名称记录了该节点所代表的项的名字。项数记录了所在路径代表的交易中包含此节点项目的交易个数。指针指向下一个具有同样的项目名称域的节点，要是没有这样一个节点，就为 NULL。

（2）FP 增长算法。

该算法采用完全不同的方法来发现频繁项集。它不同于 Apriori 算法的"产生-测试"范型。而是使用一种称作 FP 树的紧凑数据结构组织数据，并直接从该结构中提取频繁项集。

FP 树是一种输入数据的压缩表示，它通过逐个读入事务，并把每个事务映射到 FP 树中的一条路径来构造。下面通过对某俱乐部参加活动人员情况的分析说明哪些人常参加活动，如表 9.3 所示。

表 9.3　俱乐部活动记录

活动序号	参加活动人员
1	{张,王}
2	{王,陈,李}
3	{张,陈,李,赵}
4	{张,李,赵}
5	{张,王,陈}
6	{张,王,陈,李}
7	{张}
8	{张,王,陈}
9	{张,王,李}
10	{王,陈,赵}

构造 FP 树的算法：

1）扫描一次数据集，确定每个项的概率计数。丢弃非频繁项，而将频繁项按照概率的递减排序。

2）第二次扫描数据集，构建 FP 树。读入第一个事务{张,王}之后，创建标记为张和王的节点。然后形成 NULL→张→王路径，对该事务编码。该路径上的所有节点的频度计数为 1。

3）读入第二个事务{王,陈,李}之后，为王、陈和李创建新的节点集。然后，连接节点 NULL→王→陈→李，形成一条代表该事务的路径。该路径上的每个节点的频度计数也等于 1。尽管前两个事务具有一个共同项：王，但是它们的路径不相交，因为这两个事务没有共同的前缀。

第三个事务{张,陈,李,赵}与第一个事务共享一个共同的前缀项：张，所以第三个事务的路径 NULL→张→陈→李→赵与第一个事务的路径 NULL→张→王部分重叠。因为它们的路径重叠，所以节点张的频度计数增加为 2。

继续该过程，直到每个事务都映射到 FP 树的一条路径。

读入事务 TID=5 后的 FP 树如图 9.3 所示。

读入全部事务后并用虚线联系相同项的 FP 树如图 9.4 所示。

将相同项和项表头联系构造最终 FP 树如图 9.5 所示。

通常，FP 树的大小比未压缩的数据小，因为购物篮数据的事务常常共享一些共同项。如果共同项较少，FP 树对存储空间的压缩效果将不明显。

FP 树的大小也依赖于项如何排序。一般按照概率计数递减排序可以导致较小的 FP 树，但也有一些例外。

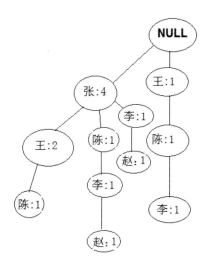

图 9.3　读入事务 TID=5 后的 FP 树

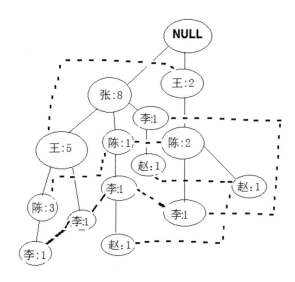

图 9.4　构造生成的 FP 树

FP 树还包含一个连接具有相同项的节点的指针列表。这些指针有助于方便快捷地访问树中的项。

9.1.4　分类与决策树

分类要求把数据样本映射到不同的类中，用基于归纳的学习算法得出分类。例如，当前的市场营销中很重要的一个特点是强调客户细分。采用数据挖掘中的分类技术，可以将客户分成不同的类别，进而对银行贷款进行风险评估。又例如呼叫中心设计时可以分为：呼叫频繁的客户、偶然大量呼叫的客户、稳定呼叫的客户、其他，之后可以根据分类情况选址。其他分类应用还有文献检索和搜索引擎中的自动文本分类技术、安全领域中基于分类技术的入侵检测等等。

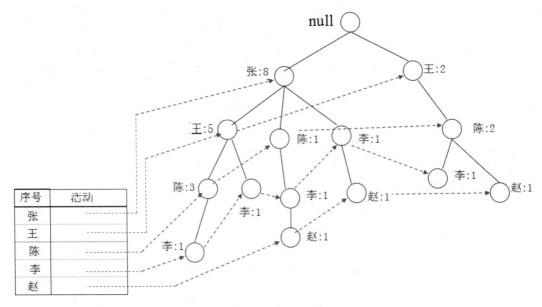

图 9.5　最终 FP 树

分类问题使用的数据分为描述属性和类别属性两种，描述属性可以是一到多个，是样本的特征数据，类别属性一般是一个，是分类欲达到的目标。描述属性可以是连续型属性，也可以是离散型属性；而类别属性必须是离散型属性。连续型属性是指在某一个区间或者无穷区间内该属性的取值是连续的，例如属性"年龄"；而离散型属性是指该属性的取值是不连续的，例如属性"是否""等级""层次"和"类别"。

分类的典型算法是决策树算法。该算法将特征的判别序列形成一颗树，从树根到叶子节点进行每个节点的判断，叶子节点处对应某个类别标号，就是最终的分类结果。决策树分类的关键是树的构造，由每个节点引申每个属性的判别分支。如何选择特征属性的判别顺序？一种方法是利用每个特征对最终分类结果的区分度，主要的决策树算法有 ID3、C4.5、CHAID、CART、Quest 和 C5.0。

下面通过实例介绍 ID3 分类法。假如希望分析不同人群购买电脑的可能性，以便决定广告的倾向性，提高广告的效益。为此，进行了问卷调查，结果如表 9.4 所示。

表 9.4　关于是否购买电脑的问卷调查表

年龄分类	收入层次	是否为学生	信用等级	是否购买电脑
青少年	高	否	一般	否
青少年	高	否	良好	否
中年	高	否	一般	是
老年	中	否	一般	是
老年	低	是	一般	是
老年	低	是	良好	否
中年	低	是	良好	是
青少年	中	否	一般	否

年龄分类	收入层次	是否为学生	信用等级	是否购买电脑
青少年	低	是	一般	是
老年	中	是	一般	是
青少年	中	是	良好	是
中年	中	否	良好	是
中年	高	是	一般	是
老年	中	否	良好	否

如果有多个描述属性，绘制决策树首先需要找到某一个描述属性为根，之后根据该属性的不同取值向下建立分枝。寻找根描述属性的依据是按该描述属性的值分类后分得的结果最清晰。ID3 在选择根节点和各个内部节点上的分枝属性时，采用信息增益作为度量标准，选择具有最高信息增益的描述属性作为分枝属性。

假设数据集样本总数为 Total，类别属性有 m 个取值：$\{c_1,c_2,...c_j...,c_m\}$；某描述属性 A_f 有数据集 X，共有 q 个取值，将 X 划分为 q 个子集$\{X_1,X_2,...,X_s,...X_q\}$；$n_j$ 是数据集 X 中属于类别 c_j 的样本数量，n_{js} 是第 s 个子集中属于类别 c_j 的样本数量，则各类别的先验概率为 $P(c_j)=n_j/Total$，j=1,2,…,m。

X 信息增益 $InfoX=-\sum P(c_j)\times I(n_1,n_2,...,n_m)$ j=1,2,…,m

其中，$I(n_1,n_2,...,n_m)=\sum P_{js} log2(P_{js})$ s=1,2,…,m

其中：$P_{js} =n_{js}/n_j$

依据表 9.4 中数据可以计算各个描述属性的条件熵。本例的类别属性为"是否购买电脑"，分为两个类别：是、否。

有 4 个描述属性：年龄分类、收入层次、是否为学生、信用等级，分别计算每个描述属性的条件熵：

年龄分类有三类：青少年、中年、老年。表 9.4 中记录总数 Total=14 条，其中，青少年有 5 条记录：购买电脑的 3 条，回答否的 2 条；中年有 4 条记录：购买电脑的 4 条，回答否的 0 条；老年有 5 条记录：购买电脑的 4 条，回答否的 1 条。

计算青少年划分年龄分类数据集所得的熵为 3/5×ln(3/5)+2/5×ln(2/5)。

计算中年划分年龄分类数据集所得的熵为 4/4×ln(4/4)+0/4×ln(0/4)。

计算老年划分年龄分类数据集所得的熵为 2/5×ln(2/5)+3/5×ln(3/5))。

年龄条件熵=-5/14×(3/5×ln(3/5)+2/5×ln(2/5))-4/14×(4/4×ln(4/4)+0/4×ln(0/4))-

5/14×(2/5×ln(2/5)+3/5×ln(3/5))

=+5/14×(3/5×0.736965+2/5×1.321928)+4/14×(4/4×-0.0+0/4×9.965784)

+5/14×(2/5×1.321928+3/5×0.736965)

=0.6963835058346668

同样可求其他描述属性的条件熵。

收入层次条件熵=-4/14×(3/4×ln(3/4)+1/4×ln(1/4))-6/14×(4/6×ln(4/6)+2/6×ln(2/6))

-4/14×(2/4×ln(2/4)+2/4×ln(2/4))

$$=+4/14\times(3/4\times0.415037+1/4\times2.0)+6/14\times(4/6\times0.584962+2/6\times1.584962)$$
$$+4/14\times(2/4\times1.0+2/4\times1.0)$$
$$=0.9110633930116763$$

学生条件熵$=-7/14\times(6/7\times\ln(6/7)+1/7\times\ln(1/7))-7/14\times(3/7\times\ln(3/7)+4/7\times\ln(4/7))$
$$=+7/14\times(6/7\times0.222392+1/7\times2.807354)+7/14\times(3/7\times1.222392+4/7\times0.807354)$$
$$=0.7884504573082894$$

信用等级条件熵$=-8/14\times(6/8\times\ln(6/8)+2/8\times\ln(2/8))-6/14\times(3/6\times\ln(3/6)+3/6\times\ln(3/6))$
$$=+8/14\times(6/8\times0.415037+2/8\times2.0)+6/14\times(3/6\times1.0+3/6\times1.0)$$
$$=0.8921589282623617$$

比较上述数据，可见年龄的条件熵最小，其值为 0.6963835058346668。选为根，以下分为青少年、中年、老年三个分枝，如图 9.6 所示。

图 9.6　是否购买电脑决策树第一级分枝

将表 9.4 按三个分枝分解为三个子表：

青少年子集

收入层次	是否学生	信用等级	是否购买电脑
高	否	一般	否
高	否	良好	否
中	否	一般	否
低	是	一般	是
中	是	良好	是

中年子集

收入层次	是否学生	信用等级	是否购买电脑
高	否	一般	是
低	是	良好	是
中	否	良好	是
高	是	一般	是

老年子集

收入层次	是否学生	信用等级	是否购买电脑
中	否	一般	是
低	是	一般	是
低	是	良好	否
中	是	一般	是
中	否	良好	否

对青少年子集计算条件熵

收入层次条件熵=-1/5×(1/1×ln(1/1)+0/1×ln(0/1))-2/5×(1/2×ln(1/2)+1/2×ln(1/2))-2/5×

(0/2×ln(0/2)+2/2×ln(2/2))

=+1/5×(1/1×-0.0+0/1×9.965784)+2/5×(1/2×1.0+1/2×1.0)+2/5×

(0/2×9.965784+2/2×-0.0)

=0.40597947057079725

是否学生条件熵=-2/5×(2/2×ln(2/2)+0/2×ln(0/2))-3/5×(0/3×ln(0/3)+3/3×ln(3/3))

=+2/5×(2/2×-0.0+0/2×9.965784)+3/5×(0/3×9.965784+3/3×-0.0)

=0.009965784284662087

信用等级条件熵=-3/5×(1/3×ln(1/3)+2/3×ln(2/3))-2/5×(1/2×ln(1/2)+1/2×ln(1/2))

=+3/5×(1/3×1.584962+2/3×0.584962)+2/5×(1/2×1.0+1/2×1.0)

=0.9509775004326937

比较上述数据，可见是否学生的条件熵最小，其值为 0.009965784284662087。选为下一级的根。

计算中年划分年龄分类数据集所得的熵为 4/4×ln(4/4)+0/4×ln(0/4)，其中一项为 0，实际只是单项，或从中年子集表看到所有记录类属性值均为购买电脑，以下不再分枝。

对老年子集计算条件熵：

收入层次条件熵=-2/5×(1/2×ln(1/2)+1/2×ln(1/2))-3/5×(2/3×ln(2/3)+1/3×ln(1/3))

=+2/5×(1/2×1.0+1/2×1.0)+3/5×(2/3×0.584962+1/3×1.584962)

=0.9509775004326937

是否学生条件熵=-3/5×(2/3×ln(2/3)+1/3×ln(1/3))-2/5×(1/2×ln(1/2)+1/2×ln(1/2))

=+3/5×(2/3×0.584962+1/3×1.584962)+2/5×(1/2×1.0+1/2×1.0)

=0.9509775004326937

信用等级条件熵=-3/5×(3/3×ln(3/3)+0/3×ln(0/3))-2/5×(0/2×ln(0/2)+2/2×ln(2/2))

=+3/5×(3/3×-0.0+0/3×9.965784)+2/5×(0/2×9.965784+2/2×-0.0)

=0.009965784284662087

比较上述数据，可见信用等级的条件熵最小，其值为 0.009965784284662087。选为下一级的根。

决策树第二级分枝情况如图 9.7 所示。

图 9.7 是否购买电脑决策树第二级分枝

在是否学生子集中进一步分为是学生子集和不是学生子集：

是学生子集

收入层次	信用等级	是否购买电脑
低	一般	是
中	良好	是

不是学生子集

收入层次	信用等级	是否购买电脑
高	一般	否
高	良好	否
中	一般	否

从表中数据可见，是学生子集中所有类属性均为是购买电脑，不是学生子集中所有类属性均为不购买电脑，以下不再分枝。

信用等级子集可分为信用一般子集和信用良好子集：

信用一般子集

收入层次	是否学生	是否购买电脑
中	否	是
低	是	是
中	是	是

信用良好子集

收入层次	是否学生	是否购买电脑
低	是	否
中	否	否

从表中数据可见，信用一般子集中所有类属性均为是购买电脑，信用良好子集中所有类属性均为不购买电脑，以下不再分枝。

得到最终决策树如图 9.8 所示。

图 9.8　决策树

有了该决策树，很清楚地可以看到，为电脑销售的广告对象主要要放在青年学生、中年人和信用等级一般的老年人人群上，至于收入层次不是决定性的。

C3 算法适应于描述属性与类别属性均为离散型数据的问题，如果有的数据是连续性数据，需要化为离散性数据再进行分析。例如，如果年龄数据的采样值是具体年龄数据，例如：20、25、19、35……，可以按≤30、≥60、30～60 分为三组再行分类。当然，也可以根据实际问题，按其他标准对年龄分组，实现离散化。

信息增益选择方法有一个很大的缺陷，它总是会倾向于选择属性值多的属性，如果在上面的数据记录中加一个姓名属性，假设 14 条记录中的每个人姓名不同，那么信息增益就会选择姓名作为最佳属性，因为按姓名分裂后，每个组只包含一条记录，而每个记录只属于一类（要么购买电脑要么不购买），因此纯度最高，以姓名作为测试分裂的节点下面有 14 个分支。但是这样的分类没有意义，它没任何泛化能力。

C4.5 算法使用信息增益比来选择分枝属性，克服了 ID3 算法使用信息增益时偏向于取值较多的属性的不足，下面不再展开。

9.1.5　聚类

1. 聚类分析概念

聚类分析是将物理的或者抽象的数据集合划分为多个类别的过程，聚类之后的每个类别中任意两个数据样本之间具有较高的相似度，而不同类别的数据样本之间具有较低的相似度。

例如有一组数据：1、6、5、7、9、4、10、11、12，将其划分为两个聚集。

可以这样求解：

（1）假定第 1 和第 2 两个数为两个聚集中心，对其后数据一一分析，每个数据距离哪个中心距离近，就划到那个聚集中。

例如第 3 个点：5，距离 1 的距离为$((5-1)^2)^{1/2}=4$，距离 6 的距离为$((5-6)^2)^{1/2}=1$，显然距离 6 比较近，因此划到第二个聚集中。如此得到两个聚集：$\{1\}$，$\{6,5,7,9,4,10,11,12\}$。

（2）修改两个聚集中心。$\{1\}$的中心仍为 1 不变。$\{6,5,7,9,4,10,11,12\}$的中心假定为 x，根据$(x-6)+(x-5)+(x-7)+(x-9)+(x-4)+(x-10)+(x-11)+(x-12)=0$，解得 x=8。

（3）对所有数据进行第 2 次迭代，根据每个数据距离新中心 1 和 8 的距离远近确定划归哪个聚集中。第 2 次迭代的结果为：$\{1,4\}$和$\{6,5,7,9,10,11,12\}$。

（4）继续迭代，到第 4 次迭代后，聚集划分不再变化：$\{1,6,5,4\}$和$\{7,9,10,11,12\}$。

2. 数据挖掘技术对聚类分析的要求

（1）可伸缩性。

（2）处理不同类型属性的能力。

（3）发现任意形状聚类的能力。

（4）减小对先验知识和用户自定义参数的依赖性。

（5）处理噪声数据的能力。

（6）可解释性和实用性。

通常聚类算法有：层次聚类方法、基于密度的聚类方法、基于网格的聚类方法、聚类分析中相似度的计算方法等。

3. 连续型属性的相似度计算方法

两个 d 维向量 $a(x_{i1},x_{i2},...,x_{id})$与 $b(x_{j1},x_{j2},...,x_{jd})$间距离 $d(x_i,x_j)$常见的有两种计算方法：

（1）欧氏距离：

$$d(x_i, x_j) = \sqrt{\sum_{k-1}^{d}(x_{ik} - x_{jk})^2}$$

（2）曼哈顿距离

$$d(x_i, x_j) = \sum_{k-1}^{d} |x_{ik} - x_{jk}|$$

4．K-Means 聚类算法

（1）K-Means 聚类算法思想。

1）选定某种距离作为数据样本间的相似性度量。

2）选择评价聚类性能的准则函数。

3）选择某个初始分类，之后用迭代的方法得到聚类结果，使得评价聚类的准则函数取得最优值。

其中距离算法常用的有：

1）欧氏距离：

$$d(x_i, x_j) = \sqrt{\sum_{k-1}^{d}(x_{ik} - x_{jk})^2}$$

2）曼哈顿距离

$$d(x_i, x_j) = \sum_{k-1}^{d} |x_{ik} - x_{jk}|$$

（2）K-Means 聚类算法的操作步骤。

1）输入数据集 $X=\{x_m|m=1,2,...,total\}$，其中的数据样本只包含描述属性，不包含类别属性。

2）输入聚类个数 k。

3）从数据集 X 中随机地选择 k 个数据样本作为聚类的中心点，每个点代表一个聚类。

4）对于 X 中任意一个数据样本 $x_m(1<m<total)$，计算它与 k 个中心点的距离，假定采用欧式距离，采用误差平方和最小的原则将该 x_m 划分到距离最近的初始代表点所表示的类别中。

5）完成所有数据样本的划分后，对于每一个聚类计算其中所有数据样本的均值，并且将该均值点作为该聚类新的中心点。

6）重复步骤 4）、5），直到各聚类不再发生变化为止。

5．SQL Server 中的 K-Means 应用

● 创建 Analysis Services 项目。

● 创建数据源。

● 创建数据源视图。

● 创建 K-Means 挖掘结构。

● 设置 K-Means 挖掘结构的相关参数。

● 建立 K-Means 挖掘模型。

● 查看挖掘结果。

9.2　数据仓库

9.2.1　数据仓库的概念

早期的工资管理系统只是一个电算系统，主要的数据表是工资表，企业中每人一条记录。每个月清除上月的变化数据并输入当月的变化数据如绩效工资、奖金、加班工资、税金、水电费、行政费等，调入常年不变或变化很少的数据如工号、姓名、部门代码、基本工资、公积金、职务工资、各种补贴、各种基本扣款等，计算与打印工资单、工资报表。这样的系统数据量大，数据每月变化，过期数据不再保存。系统的意义只在于提高管理质量，减少差错，提高工作效率。

随着计算机应用的发展与普及，对计算机辅助决策提出了越来越高的要求，例如在企业里，随着人工成本所占比例的不断增加，管理人员越来越重视对人工成本的控制与管理，工资是人工成本的重要组成部分，因此经常需要了解工资的构成情况、变化情况，为此需要将每月发生的工资表数据长期保存，用作分析和辅助决策之用。此时发现，保存每个人每个月的数据除了供某些查询操作的需要外，意义不大。实际需要的是按部门、工种、产品等统计的数据，例如人数数据，关于基本工资、福利、税金、公积金、奖金等等的总值、平均值、最大最小值等。早期的办法是设计各种历史库，将每月产生的统计数据加上时间数据转存到历史数据库中，用于分析与辅助决策。这样一些历史库依然是关系数据库。但是，更进一步的发展发现这样的机制不能满足需要，一方面是随着时间的增加，数据量会越来越大；更主要的是所涉及的数据来源越来越广泛，其结构已不是简单的关系数据库所能提供的。例如，企业中人工成本只是成本中的一部分，成本还包括原料成本、生产成本、经营成本、固定资产与设备折旧等；企业管理更关注的还有产品和经营等。所涉及的数据不只是来源于各个子系统，可能还会涉及外部数据。对数据的使用也不只是统计分析，还涉及数据挖掘、人工智能和其他方面，数据之间关系及对数据的管理越来越复杂。为满足上述需要，数据仓库应运而生。

数据仓库（Data Warehouse，DW）技术是指"面向主题的、集成的、稳定的和随时间变化的数据集合，主要用于决策制定"。数据仓库并不是一个新的平台（它仍然是建立在数据库管理系统基础上，例如 SQL Server、Sybase、Oracle 等都提供了数据仓库功能），而是一个新的概念。

1. 面向主题

与传统的数据库面向应用组织数据的特点相对应，数据仓库中的数据是面向主题进行组织的。主题是一个抽象的概念，是在较高层次上将企业信息系统中的数据综合、归类并进行分析利用，例如一个企业制定生产计划所依赖的数据就包括市场、原料、人工、设备、管理等各个方面的综合数据。面向主题的数据组织方式就是在较高层次上对分析对象的数据的一个完整的、一致的描述，能全面地、统一地刻画各个分析对象所涉及的企业的各项数据及数据之间的联系。所谓较高层次是相对面向应用的数据组织方式而言的，是指比按照主题进行的数据组织方式具有更高的数据抽象级别。

2. 集成性

指数据的集成。数据仓库中的数据是从原有的分散的数据库数据中抽取出来的。由于操作型数据与决策支持分析型数据之间的差别很大，这样就存在一个问题，数据仓库的每一个主题所对应的源数据在原有的各分散数据库中有许多重复和不一致的地方，且来源于不同的系统的数据都和不同的应用逻辑捆绑在一起，并且数据仓库中的综合数据不能从原有的数据系统中直接获得，因此数据集成就意味着要用一些设计方法来建立数据仓库的数据库，并对命名协议、关键字、关系、编码和翻译中的一致性问题特别注意。也就是说数据在进入数据仓库之前，必须要经过统一和综合这两个关键的步骤。

3. 稳定性

指数据的不可更新。数据仓库中的数据主要供决策支持系统使用，所涉及的数据操作主要是数据查询，一般情况下并不进行修改操作。这些数据反映的是一段相对较长时间内的历史数据以及基于它们进行统计综合和重组导出的数据。数据库中进行联机处理的数据经过集成以后输入到数据仓库，一旦数据仓库中存放的数据超过数据仓库的存储期限，这些数据就将从当前的数据仓库中删除。通常业务数据以天、周或月为周期进行更新，而数据仓库中的数据一般不进行实时更新，其更新过程也不是简单的数据复制，而是要经过复杂的提取、概括、聚集和过滤等操作过程才获得，而数据一旦进入数据仓库中就不再允许随便修改。

4. 随时间变化

指数据仓库中数据也随时间不断增加新的内容或删除旧的内容或大量的综合数据随着时间而改变，只不过不是以天、周、月为周期，其时间间隔要长得多且往往不那么有周期性。数据仓库中的稳定是一种相对稳定，主要是针对应用来说的，数据仓库在用户进行分析处理的一个周期里不进行数据更新，但每一个应用处理完成后要将处理结果添加进数据仓库，一些外部事件数据也要尽快录入到数据仓库中，并删去那些对决策已无意义的数据。

9.2.2 联机事务处理

传统的基于数据库的应用软件多数是面向联机事务处理（OLTP）的，以单一的数据资源即数据库作为数据管理的手段。其数据多以原始数据的形式存储，数据的价值仅仅体现在完成一个事务，而数据的体系结构、数据的含义并没有引起人们的足够重视，难以转化为对决策有用的信息，对分析处理的支持不能令人满意。在此基础上由数据库、模型库和知识库为核心的旧的决策支持系统也不能适应新的企业管理要求，灵活性和可用性差。

基于数据库的事务处理环境不适宜决策支持应用的原因主要有以下几个方面。

1. 事务处理和分析处理的性能特性不同

在事务处理环境中，用户对数据的处理特点是对数据的存取操作频率高而每次操作处理的时间短，因此，系统可以允许多个用户按分时方式使用系统资源，同时保持较短的响应时间，OLTP是这种情况下的典型应用。在分析处理环境中，用户的行为模式与此完全不同，一个决策支持系统可能需要连续运行好几个小时，从而消耗大量的系统资源。将具有如此不同处理性能的两种应用放在同一个环境中运行显然是不恰当的。

2. 数据集成不同

决策支持系统需要集成多种数据，全面正确的数据是有效分析和决策的首要前提。因此决策支持系统不仅需要整个企业内部各个部门的相关数据，还需要企业外部和竞争对手等的相关数据。而事务处理的目的在于使业务处理自动化，一般只需要与本部门业务有关的当前数据，而对整个企业范围内的数据集成考虑很少。当前绝大多数企业内的数据处于一种分散的状态，尽管每个单独的事务处理可能是比较高效的，但是这些数据却不能成为一个统一的整体。对于需要集成数据的决策支持系统来说，必须自己在这些繁杂的数据中进行抽取集成。但是数据的抽取集成是很复杂的工作，应交付给应用程序来完成，于是决策支持系统对数据集成的迫切需要有力地促进了数据仓库技术的出现。

3．对历史数据的处理不同

事务处理一般只要当前数据，在数据库中一般也只存储短期的数据，且不同数据的保存期限也不一样。对于决策支持系统来说，历史数据是相当重要的，许多分析方法必须以大量的历史数据为依托，通过对这些历史数据的分析，从而实现对企业发展趋势的预测。

4．数据综合能力不同

事务处理系统中积累了大量的细节数据，一般而言决策支持系统并不对这些细节数据进行分析。这主要是因为，一方面这些数据的量太大，对它们的分析将严重影响系统的性能；另一方面是因为太多的细节数据不利于分析人员抓住主要矛盾。因此，在进行分析之前往往需要对数据进行一定程度的综合，而事务处理系统不具备这种数据综合的能力。数据仓库技术很好地解决了上述问题，使分析型处理与操作型数据及其处理过程分离开来，将分析型数据从事务处理环境中提取出来，按照决策支持系统的需要进行处理，建立单独的分析处理环境。实际上，数据仓库正是为了构建这种新的分析处理环境而出现的一种数据存储和组织技术。

随着计算机技术的迅速发展，以数据仓库技术为基础，以联机分析处理（OLAP）和数据挖掘（Data Mining）工具为手段的决策支持系统日渐成熟。

9.2.3　联机分析技术概述

数据仓库是进行分析决策的基础，要实现决策支持就要有强有力的分析工具。联机分析技术（Online Analysis Process，OLAP）专门用来支持复杂的分析操作，侧重对决策支持人员和高层管理人员的决策支持，可以快速灵活地实现大量数据的复杂查询处理，并且以直观的形式提供给用户。

1．OLTP 和 OLAP 的关系

关系数据库的出现导致了联机事务处理（Online Transaction Process，OLTP）的出现。在 OLTP 中，数据不再是以文件的方式和应用捆绑在一起，而是分离出来以数据表的形式和应用捆绑在一起。但是随着应用的不断发展，数据量也迅速地增长，同时用户的查询处理也越来越复杂，涉及的已不是一张关系表中的一条或几条记录，而是要对多张表中的千万条记录进行分析和信息综合。OLTP 已经不能满足这种要求了，人们认识到操作型数据和分析型应用必须分离。这就引起了数据库应用从 OLTP 到 OLAP 技术的转变。

所谓 OLAP 是针对特定问题的联机数据访问和分析。通过对信息的很多种观察形式进行快速的、稳定的、一致的和交互式的存取，允许决策人员对数据进行深入的观察。

OLAP 是以数据库或者数据仓库为基础的，其最终数据来源与 OLTP 一样都是来自底层的数据库系统，但是由于两者的使用用户不同，在数据的特点和处理方式上也表现出很大的不同，表 9.5 给出了 OLTP 和 OLAP 之间的差别。

2．多维数据库

多维数据库在 OLAP 技术中有着广泛的应用。传统的关系数据库一般采用二维表的形式来表示数据，一个维是行，另一个维是列，行和列的交叉处就是数据元素，通常在关系数据库中称之为字段，传统的关系数据的基础是关系数据模型，并通过标准的 SQL 语言来加以实现。

表 9.5　OLTP 和 OLAP 之间的差别

OLTP	OLAP
原始的、细节的、当前的数据	导出的、综合的、历史的数据
面向操作人员，支持日常操作	面向决策人员，支持管理需要
事务驱动	分析驱动
频繁更新	不可实时修改，定期添加与删除
数据处理量较小	数据处理量较大

多维数据库基于扩展了的关系数据模型，它提出了一个可以包含超过两个维的数据结构，这种数据结构就是多维数据库，多维数据库又称为数据立方体。在维的交叉处可能有不只一个数据元素，在多维数据库中把这种维的交叉处称为度量。

为了驱动多维数据库，微软专门开发了一套多维数据库表达法（MultiDimension Expression，MDX）。关于 MDX 的深入介绍可以查阅 SQL Server 的在线帮助。

3. OLAP 的存储模式

要很好地实现 OLAP 系统，一个关键问题就是要解决好数据的存储问题。根据 OLAP 实现时采用的存储模式的不同，现在主要存在以下三种 OLAP 结构。

（1）基于多维数据库的 OLAP（MOLAP）。

基于多维数据库的 OLAP 是以多维数据库为核心而建设的基于多维数据库的 OLAP。多维数据库可以很直观地表示现实世界中的"一对多"和"多对多"的关系。多维数据库有时不仅在于多维概念的表达清晰，更重要的是它有着高速的综合处理速度。在多维数据库中，数据可以一直按行或按列进行累加，因此统计速度很高。当多维数据库的维数增长时，多维数据库采用一种类似立方体的结构来存储数据。事实上，多维数据库是由许多经过压缩的类似数组的对象构成，每个单元块都按类似于多维数组的结构进行存储，并通过直接计算偏移值进行存取。由于索引只需要较小的树来表示单元块，因此多维数据库的索引较小，可以完全加载到内存中，极大地提高性能，但维结构的修改需要整个数据库进行重新组织。通常在实际应用中，并没有必要把数据仓库中的所有数据都转储到多维数据库中，从多维数据库中提取一个未经过综合的数据的性能与关系数据库差不多，所以一般采用关系数据库保存细节信息，采用多维数据库保存经过综合统计后的数据。

（2）基于关系数据库的 OLAP（ROLAP）。

在基于关系数据库的 OLAP 中，关系数据库将多维数据库中的多维结构划分为事实表和维表来实现和多维数据库类似的功能。其中的事实表用来存储事实的度量信息及各个维的码值；维表保存了维的描述信息、维的层次和成员类别等信息。事实表是通过每一维的值和维表联系在一起的，这种结构就是星型模式。基于关系数据库的 OLAP 的维表和事实表都是使用二维关系表存放的，因而事实的提取需要通过对维表和事实表的连接操作完成，由于对每个维都要进行一次连接操作，所以系统的性能就成了基于关系数据库的 OLAP 的关键问题，特别是当维表和事实表都增加时，必须采用有效的优化技术及索引技术来优化系统的性能。

（3）混合 OLAP（HOLAP）。

混合 OLAP 系统综合了基于多维数据库的 OLAP 系统和基于关系数据库的 OLAP 系统的优点。它把事实表保存在关系数据库中，充分利用了成熟的关系模型所带来的高性能、高可靠性的特点，同时又把聚集信息保存在多维数据库中，很好地满足了联机分析处理的需要。

9.2.4　数据仓库的架构

数据仓库为企业系统化地组织、理解和利用它们的数据来进行战略决策提供了一个体系和工具。企业数据仓库的建设，是以现有企业业务系统和大量业务数据的积累为基础的。数据仓库不是静态的概念，只有把信息及时交给需要这些信息的使用者，供他们做出改善其业务经营的决策，信息才能发挥作用，信息才有意义。而把信息加以整理归纳和重组，并及时提供给相应的管理决策人员，是数据仓库的根本任务。

如同数据库的应用一样，数据仓库的任务实现是通过数据仓库系统体现出来的，在不引起混淆的地方，我们不严格区分数据仓库和数据仓库系统之间的区别。

一般数据仓库系统的架构如图 9.9 所示，包括数据源、数据的存储与管理和查询与分析工具。

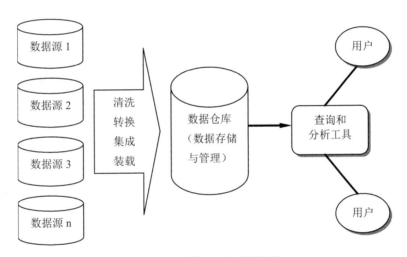

图 9.9　数据仓库的典型架构

（1）数据源，是数据仓库的基础，是整个系统的数据源泉。通常包括企业内部信息和外部信息。内部信息包括存放于 RDBMS 中的各种业务处理数据和各类文档数据。外部信息包括各类法律法规、市场信息和竞争对手的信息等等。

（2）数据的存储与管理，是整个数据仓库的核心。数据仓库的真正关键是数据的存储和管理。数据仓库的组织管理方式决定了它有别于传统数据库，同时也决定了其对外部数据的表现形式。要决定采用什么产品和技术来建立数据仓库的核心，需要从数据仓库的技术特点着手分析。针对现有各业务系统的数据，进行抽取、清理，并有效集成，按照主题进行组织。数据仓库按照数据的覆盖范围可以分为企业级数据仓库和部门级数据仓库（通常称为数据集市）。

（3）查询与分析工具，又称为前端工具，主要包括各种报表工具、查询工具、数据分析工具、数据挖掘工具以及各种基于数据仓库或数据集市的应用开发工具（包括建模工具、清理工具、抽取工具、转换和加载工具、多维化工具等）。其中数据分析工具主要针对 OLAP 服务器，报表工具、数据挖掘工具等主要针对数据仓库。

9.2.5　数据收集

数据仓库的数据收集过程包括数据的抽取、转换和加载。在数据仓库构造过程中要将原有的、不同的、分散的数据库数据和其他数据源的数据根据主题进行集成，形成非遗失性的、具有时间特性的数据仓库。可以将这一过程分为数据抽取、清洗、转换、集成、装载和更新等环节。而清洗、转换、集成又可以归纳为数据的预处理或称为数据变换。

1. 数据抽取

数据仓库的数据来源于许多数据源，如何从众多的数据源中收取适当的数据是建立数据仓库的首要问题。要解决此问题必须根据用户需求进行主题的规划，根据规划进行数据需求的分析，分析现有的数据库和其他数据来源，根据数据仓库的数据模型（或元数据）来确定要抽取的数据，再进行数据的抽取。

在确定数据抽取时，要考虑以下因素：

（1）数据仓库需要收集历史数据。操作型或事务型数据库仅考虑当前的数据，涉及的是工作数据库。而数据仓库中需要收集的是 5～10 年的数据，所以既要涉及管理信息系统中的当前工作数据库，也要涉及其历史数据库或备份存档数据库。

（2）数据仓库的设计者必须同时满足已知需求和未知需求，要包含未知需求的数据收集。为此，数据仓库设计者必须将一些无关的和不明显的数据合并到数据仓库中，来满足已知或潜在需求的要求。

（3）数据仓库既要包括详细数据，也要包含概括数据。

（4）数据仓库还包含外部数据（例如，人口统计学数据、心理学数据等等）。收集大量有效的外部数据可以用来支持多种可预测性的数据分析和数据挖掘活动。

2. 数据变换

由于现实中的数据库的尺寸巨大，不可避免地存在有噪声的、不完整的（缺乏参数值或某些感兴趣的参数、或是仅有汇总数据）和不一致的数据。

在将所选择并抽取的数据装载到数据仓库中前，就必须利用各种数据变换技术对数据进行预处理。数据变换技术包括：数据清洗、数据集成、数据转换和数据约简。

（1）数据清洗（Data Cleaning）。数据清洗的任务包括填补遗失的数据、平滑噪声数据，确定或去掉异常数据，以及解决不一致问题。在数据清洗技术中对于遗失的数值的填补有如下方法：

1）忽略该记录。

2）人工填写遗失的数值。

3）使用全局常数来填补遗失的数值。

4）使用遗失的数值的属性的平均值来填补遗失的数值。

5）使用最可能的数值来填补遗失的数值。

在数据清理技术中对噪声数据的平滑有如下方法：

● 分箱法

● 聚类法

●　回归法

或者通过计算机和人工检查进行修正。

在数据清理技术中对不一致的数据采用如下方法：

1）根据外部的参考数据手工修正。

2）设计专门的程序进行改正。

3）利用数据约束来检测数据的不一致。

（2）数据集成（Data Integration）。数据集成是将来自多个数据源（如数据库和平面文件等）的数据结合成一个一致的数据存储。在数据集成时要考虑许多因素：如实体确认问题，即如何将多个数据源的记录进行匹配；冗余问题，即如何排除非原始数据或导出数据的问题；数据冲突问题，即检测和解决数据值的度量单位不一致问题。

（3）数据转换（Data Transformation）。数据转换是将数据转换或统一成数据仓库所需要的适当形式，涉及如下内容：

1）平滑：利用数据清洗中提及的分箱、聚类和回归技术从数据中移去噪声。

2）聚集：对数据进行汇总和聚集操作。

3）概化：将概念层次中的低层次的数据或基本数据用较高层次的数据取代。

4）标称化：将数据进行比例变换，使其分布在规定的一个小范围内，如-1.0～1.0 或 0.0～1.0。

5）设立新的属性：增加新的属性。

（4）数据约简（Data Reduction）。数据约简是在维护数据完整性的前提下，减少数据的容量的技术。数据约简的策略包括如下几种：

1）数据聚集：在数据模型中进行聚集操作，在不影响分析目的的前提下，将数据进行汇总。

2）维度约简：将不相关的、弱相关的或者冗余的属性或维度进行检测并删除。

3）数据压缩：利用编码机制来减少数据尺寸。

4）数字化减少：利用另外的、较小数据表示方法来取代或代表数据。例如用参数化模型（存储数据的模型参数）来取代实际的数据，或用非参数化方法，如聚类、采样和直方图来代表数据。

5）离散化和概念化：将原始数据用范围较高的概念层次来表示。

3.　数据装载

将经过预处理后的数据，按照一定的要求或规划，导入到数据仓库的过程称为数据装载。数据装载的一般过程是：确定数据仓库数据与源数据之间的对应关系，按照数据仓库的表结构在源数据中产生相应的文本文件,在产生文本文件的过程中通过访问数据抽取对照表来实现各种数据转换、净化和整合。再将数据通过一定的方式输入到服务器端，通过某种工具将数据装载入数据仓库。

4.　数据更新

对于数据仓库内的数据虽然不像运行数据库那样经常需要更新，但数据仓库初期装载完成后，在数据仓库的生命周期内，系统需要通过对源数据的管理，时刻保持数据源与数据仓库之间的映射关系，通过后台抽取程序（包括集成与分割、聚集、转换、映像等），实现源数据的动态抽取，以反映数据的历史变化。

其任务包括：

（1）定期地从其数据源获取新的数据。

（2）根据分析或运行的需要，对不存在的数据进行补充，对不合理的数据进行祛除，对不一致的数据进行调整。

（3）删除存放过久、意义不大的数据。

9.2.6　SQL Server 中的数据仓库组件

SQL Server 2008 以来，SQL Server 大幅度地增加了对数据仓库技术的支持，进一步扩展了数据转换服务、联机分析处理（OLAP）以及数据挖掘（DM）等多种关键技术，提供了以下应用于数据仓库的管理和开发的一些组件。

1. 关系数据库

SQL Server 使用关系数据库作为数据仓库的基础。SQL Server 数据仓库的核心实际上就是 SQL Server 的关系数据库引擎。

2. 数据转移服务（Data Transformation Service，DTS）

数据仓库需要从众多的数据源中获得数据，这些数据源可能是文本文件、电子邮件，也可能是其他数据库系统，整合不同的数据源到一个数据仓库中就显得必不可少。

SQL Server 中的 DTS 服务可以很好地解决数据转移的问题。

3. 联机分析处理（OLAP）

数据仓库的主要目的是对大量的数据进行分析并提供辅助决策支持，因此一个优秀的联机分析处理工具十分重要。SQL Server 中的联机分析处理工具可以有效地组织数据仓库的大量数据并从中寻求有效的信息。

4. 英语查询

基于英语的查询可以有效地缩短用户和计算机之间的技术鸿沟，尤其对于数据仓库来说，它的用户一般都是企业的高级主管，他们可能不具有专业的计算机知识。SQL Server 的 English Query 用于开发基于英语的查询应用，通过它提供的语言分析引擎，程序员可以开发出高性能的采用英语来查询数据库的应用程序，从而提供给决策支持制定人员使用。

5. 元数据服务

数据仓库的基本数据大量是元数据（Meta Data）。SQL Server 中的工具将大量的元数据存放在 MSDB 系统数据库中。SQL Server 提供了对浏览元数据的有效支持，同时开发人员还可以在应用程序中使用这些元数据。

6. 复制工具

SQL Server 的复制工具能够分发数据并协调不同的数据库之间的更新操作，尤其是复制工具能够有效地把中央数据仓库中的数据分发到数据集市中。

9.3　分布式数据库

目前已经进入云技术时代，数据云技术发展很快，许多应用要求数据分布存放在多个地方的多台服务器中，同时要求其中数据有机地组织在一起。随着数据共享、数据整合的出现，对数据可靠性和可用性要求和查询处理速度要求的提高，提出了分布式数据库系统的课题。

在一个分布式数据库中，一个应用可以对其所需的数据进行透明的操作，这些数据在不同的数据库管理系统中分布，由不同的 DBMS 管理，在不同的机器上运行，由不同的操作系统支持，被不同的通信网络支持。所谓"透明"是指从逻辑角度来看，应用程序所操作的数据好像是由运行在一台机器上的单一的 DBMS 管理。现在的某些客户/服务器系统，有时可以看作是分布式系统的简单特例。

9.3.1 分布式数据库系统概述

一个分布式数据库系统是由很多在物理位置上分开的数据库系统通过通信网络连接在一起的，在每一个地方上的数据库系统本身是一个完整的数据库系统，但是不同位置的数据库可以协同工作，用户可以通过分布式系统访问到网络上任何位置的数据库中的数据，就好像是在本机上访问一样。一个客户/服务器应用系统可以看作是分布式数据库系统的特例。

本机上的数据库是一个完整的数据库，有自己的数据库用户、自己的 DBMS 以及自己的事务管理系统（包括自己的封锁机制、事务日志、系统恢复等），因此分布式数据库系统可以看成是每个地方的数据库系统独立的本地 DBMS 与其他位置的数据库系统的 DBMS 之间合作形成的一个系统。这个系统实际上在原来的 DBMS 基础上加入了一个新的软件模块，这个软件模块逻辑上是本地 DBMS 的扩展，由它提供不同数据库 DBMS 之间的合作功能。由此我们可以这样认为，由已经存在的不同的本地 DBMS 和上述新的软件模块一起构成了分布式数据库管理系统。

现在最著名的分布式数据库系统有三个：Ingres/Star、Ingres 的分布式数据库组件；Oracle 的分布式数据库可选组件（Distributed Database Option）；DB2 的分布式数据库支持工具（Distributed Data Facility）。这些系统都提供了建立在关系模型上，基于 SQL 的分布式数据处理的支持。由于关系系统的支持，目前的分布式技术都是基于关系处理的。

无论是哪一种分布式数据库系统，都应该满足一个最基本的要求，就是对用户来说，一个分布式系统应该"看起来"完全像一个非分布式系统。换句话说，也就是用户在使用分布式系统的时候，应该完全感觉不到系统是分布的。分布式数据库系统应该是在内部层次上实现的，而不是在外部或者应用程序层次实现的。从这个角度说，目前的客户/服务器应用系统并不是一个真正的，具有普遍意义的分布式数据库系统，而只是一个能够提供远程数据存取的系统。

由于分布式数据库涉及多个位置上的多个数据库通过通信网络合作组成一个透明的、逻辑上是一个整体的数据库的问题，因此在技术上就会出现一些新的问题，比如分布式数据存储、查询处理、目录表管理、更新传播以及恢复控制和并发控制等。

9.3.2 分布式数据存储

一个描述实际应用系统中某个关系的表，在分布式数据库中的存储可以采用复制、分片以及将复制和分片结合起来这几种方法。

复制就是在一个分布式数据库系统中维护一个关系表的几个完全相同的副本，各个副本可以存储在不同位置的节点上。

分片是指为了应用对数据物理存储的需要，将给定的关系分成几个小块或片段，每个片段是一个逻辑上完整的数据库的一个部分，各个片段存储在不同的节点上。使用分片是出于数据库性能方面的考虑，数据库片段可以在最经常使用到的地方存储，这样对这部分的数据操作就相当于是本地操作，就会大大减少对网络的访问，从而节省访问数据的时间，提高数据处理效率。

在数据库分片存储时对如何划分片段可以采用两种方式，即水平划分片段和垂直划分片段，这两种方式分别对应于关系操作中的选择和投影。比如一个水平分片的定义可以用以下伪语句实现：

```
FRAGMENT TE Teacher as
Tea1 AT Site 'Wuhan' WHERE Department='Computer Science',
Tea2 AT Site 'Beijing' WHERE Department='Art Science';
```

以上语句表示将教师数据库按照教师所在系的不同分布在不同地点的（分布式）数据库中，每个数据库中存放了教师数据库的一个片段。其中位于武汉的数据库中存放了 Tea1 分片，在这个分片中的教师都是属于计算机系的教师，位于北京的数据库中存放了 Tea2 分片，在这个分片中的教师都是属于艺术系的教师。而在实际情况中，采用这种分片的方式的最大可能性就是，所有计算机系的教师在武汉工作，并在武汉数据库系统中进行管理，而所有艺术系的教师都在北京工作，并在北京的数据库系统中进行管理。当要对这两个系的所有教师进行处理时，就要将位于两个位置分布式数据库中的分片合并起来。在分片的基础上对原有完整关系的重构是通过适当的连接和合并操作完成的。比如上例中就要进行合并操作，对于采用垂直方式的分片的重构要使用连接操作完成。

一般来说，一个分片可以由选择操作和投影操作的任意组合来产生。正是因为可以将关系进行分片，同时将分片进行重构来实现完整的关系，所有这些操作都是由关系模型的关系操作来完成，因此，分布式数据库是采用关系模型的。对于分片还要强调一个很重要的问题，即分片要具有独立性，也称之为分片透明性。所谓分片透明性是指在逻辑上，用户或应用程序不必考虑关系的分片，用户看到的是一个数据视图，在这个视图中各个分片通过合适的连接和合并逻辑地重新组合在一起。分片的变化不会影响到用户或应用程序。

复制与分片相结合的方法就是将关系划分为几个片段，系统为每个片段维护几个副本。也就是说，数据复制和数据分片技术可以用于同一个关系，分片可以被复制成几个副本，而分片的副本又可以进一步被分片。

9.3.3　分布式数据的查询处理

在前面的查询优化技术中我们已经讨论了选择查询策略以减少计算（查询）时间的技术。在集中式系统中，衡量某个优化策略的基本准则是磁盘的访问量，而在一个分布式系统中优化策略的考虑更为复杂，也更为重要。因为涉及网络上对多个地点的数据库中数据的访问，所以要考虑数据在网络上传输的代价，在分布式数据库处理中数据的传输是可能占用大量时间的。另外还要考虑若数据是采用分片存储的，则要通过在几个节点上同时分别处理查询的一部分。综上所述，可以看到在分布式查询处理中我们要综合考虑磁盘开销和网络开销问题。

在分布式系统中网络开销是一个新问题，我们重点对它所引起的查询优化问题进行讨论。实际上由于在网络上数据传输的速率相对来说是很慢的，因此在分布式系统的查询处理中原则上应该尽量减少对网络的利用，即尽可能减少要传送的数据信息的数量和大小，尽可能减少利用网络就使得我们在进行查询优化过程时要使查询优化进程本身是分布的，查询执行的进程也是分布式的。整个查询优化过程是由两个步骤完成的，首先是参与查询的各个地点上存在的数据库对于查询要求由一个位置上的数据库做出全局优化策略，然后，参与查询的各个地点上的数据库作本地优化。比如，在位置 X 提出一个查询 Q，假设 Q 涉及一个并操作，合并的对象分别是位于 Y 上的一个拥有一百个元组的关系 Ry 与位于 Z 上拥有一百万个元组的关系 Rz。X 上的优化器将选择一个全局策略来执行 Q，显然它应该决定把 Ry 移向 Z 而不是把 Rz 移向 Y，更不会把 Ry 和 Rz 都移向 X。然后，一旦它决定将 Ry 移向 Z，则并操作在 Z 处的实际执行过程取决于 Z 处的本地优化器。在实际分布式数据库系统中，为了提高查询效率，减少数据传输的时间，有些优化策略还允许在两个位置的数据库系统中并行地进行处理。

为了提高查询性能，在分布式系统中可以采用对查询进行转换、进行简单的连接处理和半连接等策略。

9.3.4　分布式数据库系统中的事务处理

分布式数据库的事务处理同样有两个方面，即恢复控制和并发控制。在集中式系统中，对于事务的并发控制是采用封锁机制完成的，基本的封锁类型有排它锁（即 X 锁）和共享锁（即 S 锁）。在分布式系统中也延续了封锁的方法来实现事务的并发控制，并且在这个基础上进行了一些改进，最重要的是给事务加上一个唯一的时间戳。在集中式系统中，恢复控制采用转储和日志恢复的方式。而在分布式数据库环境中，一个事务会涉及多个地点数据库中数据的操作，因此事务的执行是分布的，这样就要对原来的恢复控制方法进行扩展。为了说明事务的分布性，引入一个术语——代理。所谓代理，是指在一个分布式系统中，一个单独的事务可以涉及多个位于不同位置的节点上的代码的执行，事务甚至可以对多个节点中的数据同时进行修改。因此在这里每个事务都可以看作是由多个代理组成的，代理即是指在每一个节点上代表一个事务执行的进程，很显然，系统需要知道哪些代理是属于同一个事务的。为了保证一个给定的事务（在分布式环境中，它是由不同节点上的代理组成的）在分布式环境中具有原子性，系统必须保证这个事务的所有代理要么全部一起提交，要么全部一起回滚，这在目前的系统中是采用两阶段提交协议（Two Phase Commitment Protocol，2PC）来实现的。

1．并发控制

（1）封锁协议。

大多数分布式系统中的并发控制都是基于封锁的。在一个分布式系统中，设置、释放封锁的请求基本上是由网络上传送的消息完成的，而消息就意味着网络上的传输开销。比如一个事务 T 要修改一个数据对象，而这个对象在 n 个节点都存有副本。如果每个节点都负责对存储在该节点上的对象进行封锁，则最直接的实现方式至少需要 5n 条消息：n 条封锁请求、n 条封锁授权、n 条修改消息、n 条确认消息和 n 条解锁请求，由此可见网络上的信息量将大大增加。一个解决办法就是采用主副本策略。对一个给定的数据对象，拥有它的节点将处理所有有关该对象的封锁操作。这样针对封锁而言，一个对象的所有副本的集合可以看作是一个单一的对象，而消息的总数也将从 5n 减少到 2n+3（一条封锁请求、一条封锁授权、n 条修改消息、n 条确认消息和一条解锁请求）。但是这种方案也会带来一个问题，就是如果其中一个主副本不能被使用，一个事务就会失败，即使事务是只读的而且有一个本地副本可用。

另外在分布式环境中的锁管理器的管理机制也有改变。锁管理器的管理方式有五种：单一锁管理器方式、多协调器、多数协议、有偏协议和主副本方式。

单一锁管理器方式是指每个系统选定一个节点（设为 Si），只在这个节点上维护一个单一的锁管理器。所有封锁和解锁的请求都在节点 Si 处理。当事务需要给某个数据项上锁时，就向 Si 发封锁请求。锁管理器决定锁是否能发送给该事务。如果锁能被授予，锁管理器就向发出封锁请求的节点发一条可以上锁的消息。否则，发出延迟上锁的信息。在读方式下，上锁后事务可以从该数据项的副本所在的任何一个节点上读取该数据项。在写方式下，所有存在该数据项的副本的节点都必须进行写操作。这种方式的优点是实现简单，对于死锁的处理也比较简单。缺点是节点 Si 容易成为瓶颈，另外若 Si 出现故障，则并发控制将不能实现。

为了避免上述缺点，可以采用多协调器的方式。在这种方式下，可以在多个节点上设置锁管理器。每个锁管理器管理数据项封锁和解锁请求的一个子集，每个锁管理器位于不同的节点上。这种方式可以避免瓶颈问题，但死锁的处理变得复杂。

在多数协议中，每个节点维护自己的锁管理器，这时的锁管理器负责管理存储在该节点上的数据项的封锁和解锁请求。如果数据项在多个节点中存有副本，则封锁请求必须送到存储有该数据项副本的所有节点中。这种方式以一种分散的方式处理数据的副本，可以避免集中控制的缺点。但是对于死锁的处理更加复杂，尤为突出的一个问题是即使只有一个数据项被封锁时也可能发生死锁。比如有一个四个节点和完整副本的系统。假设事务 T1 和 T2 希望以排它方式封锁一个数据项，这时事务 T1 可能在节点 S1 和 S3 封锁成功，事务 T2 可能在节点 S2 和 S4 封锁成功。下一步是两个事务都必须等待第三个锁，于是发生死锁。一般来说在这种情况下，可以对所有节点按照相同的预定顺序请求数据项副本上的封锁，这样可以避免死锁。

有偏协议类似多数协议。不同之处在于，共享锁请求比排它锁请求的实现要方便一些。系统同样在每个节点上维护一个锁管理器，锁管理器管理存储在该节点上的所有数据项上的锁。锁管理器对于共享锁和排它锁的处理是不同的。当事务对数据项采用共享锁封锁时，只需要向包含该数据项副本的一个节点上的锁管理器请求封锁。而当事务对数据项采用排它锁封锁时，需要向包含该数据项副本的所有节点上的锁管理器请求封锁。

主副本方式是选择一个副本作为主副本，对每个数据项而言它的主副本位于一个节点上，这个节点称之为主节点。事务要对一个数据项封锁时，只需在该数据项所在的主节点上请求封锁即可。但是当主节点发生故障时，即使包含数据项的其他接点的副本是可用的，该数据项也将不能被访问。

（2）时间戳。

分布式系统采用给每个事务一个唯一的时间戳的方式实现事务的可串行化。在分布式系统中，产生唯一时间戳的方法有两种，一种是集中式的，即由一个节点来分发时间戳，这个节点可以利用一个逻辑计数器或自己本地的时钟来达到这个目的。另一种是分布式的，每个节点利用逻辑计数器或本地时钟产生唯一的局部时间戳，通过将唯一的局部时间戳和唯一的节点标识符结合起来产生一个唯一的全局时间戳。

（3）死锁处理。

由于在分布式系统中事务的执行是分布的，封锁的方法会引起全局死锁的问题，全局死锁涉及两个或两个以上节点的死锁。比如进行一组如下说明的系列操作：

1）事务 T2 在节点 X 上的代理正在等待事务 T1 在节点 X 上的代理释放一个锁。

2）事务 T1 在节点 X 上的代理正在等待事务 T1 在节点 Y 上的代理完成操作。

3）事务 T1 在节点 Y 上的代理正在等待事务 T2 在节点 Y 上的代理释放一个锁。

4）事务 T2 在节点 Y 上的代理正在等待事务 T2 在节点 X 上的代理完成操作。

由上述操作很显然会发生死锁，并且由于涉及两个节点，所以是一个全局死锁。对于全局死锁，采用任何一个节点的内部信息来进行死锁检测都无法检测出来。在实际分布式系统中，采用了其他的死锁检测方法，比如超时机制，在这种机制中假设在预定时间内不工作的事务发生了死锁。

2. 恢复控制

在分布式数据库系统中，采用两阶段提交协议完成恢复控制。两阶段提交是提交/回滚概念的一个重要内容。当一个事务与几个独立的 DBMS（每个 DBMS 可以看作是一个"资源管理器"，每个"资源管理器"管理自己的可恢复资源集合，并维护自己的恢复日志）相互作用时，两阶段提交尤为重要。如果一个事务的代理对一个节点的 Oracle 数据库中的数据项进行更新，同时该事务的代理对另一个节点的 Sybase 数据库中的数据项进行更新。如果该事务成功完成，它对 Oracle 和 Sybase 数据库中的数据的所有更新操作都必须被提交，如果失败，所有更新操作必须回滚。也就是说不可能出现对 Oracle 数据的更新操作被提交，而对 Sybase 的数据更新操作被回滚的情况。由此可见对于一个事务，系统要求对不同的独立分布的 DBMS 中的数据处理要么执行提交（COMMIT），要么执行回滚（ROLLBACK），对一个 DBMS 执行提交而对另一个 DBMS 执行回滚是没有意义的。因此，事务需要发出一个全局范围内的提交或回滚。该全局范围内的提交或回滚由一个称作协调者的系统部件控制，协调者保证参与事务的资源管理器（也称作参与者）对它们各自的更新操作所做的提交或回滚是一致的，两阶段提交协议使协调者提供了这样的保证。

假设事务已完成数据处理过程，它将发出系统范围内的提交请求，对于两阶段提交协议，协调者在收到提交请求后将进入两个阶段进行处理。

首先，协调者要求所有的参与者做好准备，即每个参与者必须将事务对本地资源的所有操作的日志登记选项强制写入物理日志中。若成功写入物理日志中，参与者将向协调者发出"准备好"的响应，否则发出"未准备好"的响应。

然后，当协调者收到来自所有参与者的响应时，它将在自己的日志中登记其关于事务的决定，并将该记录项强制写入物理日志。如果所有的响应都是"准备好"，其决定就是"提交"该事务；如果其中有一个响应是"未准备好"，其决定就是"回滚"该事务。接着协调者将向所有的参与者发出它的决定信息，每个参与者根据该决定对事务的本地代理进行本地的提交或回滚，每个参与者必须在第二阶段完成协调者的提交或回滚的决定，而协调者日志中的记录的事务登记项指出了从阶段一到阶段二的转变。当参与者为本地代理完成提交或回滚操作后，还要向协调者发回一条"确认"消息，表示事务执行完毕。当协调者收到了所有的确认信息后，整个两阶段提交的过程结束。

如果系统在处理过程中出现了故障，重新启动系统后将在协调者的日志中查找事务决定的记录项。如果找到该记录，两阶段提交过程将从其被中止的那一点继续执行；如果没有找到，系统将假设事务回滚，并完成相应的回滚操作。实际系统的处理还要考虑节点和网络故障的情况。

实际的分布式数据库系统对上述协议进行了一些改进。比如为了减少网络消息的数量，采用了一种两阶段提交协议的变形模式，我们称之为假想提交和假想回滚。假想提交的优点在于，当事务成功提交后可以减少所需的消息数量。而在假想回滚模式中，则可以在当事务不成功进行回滚时减少所需的消息数量。在讨论这两种方式之前，先强调一下两阶段提交协议中的几个过程，当协调者收到参与者的"准备好（未准备好）"消息后，它会做出一个事务提交或回滚的决定，并记录下这个决定直到收到最后的"确认消息"。之所以记录这个决定是当发生故障时事务可以从中止的位置继续执行。但是，这些信息并不一定是需要的，在实际系统中可以采用一些方法减少消息的数量。假想提交和假想回滚就是基于这个思想的。

在假想提交模式下，要求参与者只确认"回滚"（即事务不执行）消息，而不需要确认"提交"（成功执行事务）消息。而且如果协调者的决定是"提交"，则协调者可以通过广播的方式通知有该事务本地代理的各个节点，并不需要记录该决定到日志中。如果系统发生故障，则在重启系统后，参与者将会询问协调者它的决定，这时如果协调者有存储记录，则决定是回滚，因为提交的决定是不记录到日志中的；没有有关这个事务的记录，则肯定是提交。由此可见，在成功提交的情况下，可以减少确认消息和将决定发送给协调者的日志的消息。

在假想回滚模式下，情形正好相反，要求参与者只响应"提交"（成功执行事务）消息，而不需要响应"回滚"（即事务不执行）消息。而且如果协调者的决定是"回滚"，则协调者可以通过广播的方式通知有该事务本地代理的各个节点，并不需要记录该决定到日志中。如果系统发生故障，则在重启系统后，参与者将会询问协调者它的决定，这时如果协调者有存储记录，也就是说协调者还等待参与者的确认消息，则决定提交，因为回滚的决定是不记录到日志中的；没有有关这个事务的记录，则回滚。

假设协调者在第一个阶段出现故障，即在它对事务进行处理决定之前，在协调者重新启动的时候，事务将回滚，因为事务根本没有执行。然后某一个参与者询问协调者关于这个事务的决定，这时在协调者的日志中根本没有关于这个事务的记录，按照假想提交的模式，参与者就会假定是"提交"，这显然是错误的。为了避免这种错误提交，在假想提交的模式下，协调者必须在开始第一个阶段向它的物理日志中强制写入一条记录，该记录给出了事务的所有参与者，当协调者在第一个阶段就发生故障时，在重新启动后它将根据这条记录向所有的参与者发出一个回滚的广播消息。因为每次都要进行协调者向物理日志中写入一条记录的操作，所以假想提交模式在目前的系统中没有使用。而假想回滚模式已经成为现有系统上的一个事实上的标准。

9.3.5　数据对象的命名方式与目录表的管理

一个数据库系统必须保证它其中的数据对象有一个唯一的名字，在集中式数据库中很容易实现，但在分布式数据库中我们必须保证不同的节点上不会使用同一名字代表不同的数据对象。目前的数据对象命名方式在分布式系统中都会有一个很明显的问题，那就是很有可能在两个不同节点上有一个同样名字的数据对象，比如说该数据对象是一个基本表，有相同的名字。要区分这样一个数据对象，可以通过节点的名字来加以限定，比如 Wuhan.Teacher 和 Beijing.Teacher。但是采用这种方法，就会将节点的位置告诉用户，这在分布式数据库系统中是不允许的，因为用户认为他使用的是一个逻辑上完整的数据库，对于这个数据库位于哪一个节点，由什么 DBMS 管理，由什么操作系统支持等等都不用知道，这些信息对于用户是透明的，若采用上述方法命名，则很明显节点对于用户是不透明的。因此需要一种方法把用户所知道的名称映射成系统所知道的名称。下面以 R*系统为例讨论这种命名方法。

在 R*系统中给一个数据对象一个外部名和一个系统名。其中外部名是用户使用该对象时给出的名字，比如在 SQL 的 SELECT 语句中给出的数据表名就是该数据表的外部名。而系统名是指数据对象的全局唯一内部标识。系统名由四个部分组成：数据对象的创建者的标识、数据对象创建者所在节点的标识、数据对象的本地名、生成数据对象的节点的标识（即数据对象最初存储的节点的标识）。比如：

```
MARY @Wuhan.Teacher @Beijing
```

在这个定义中，数据对象（假设是一个数据表）的本地名为 Teacher，它是由 Wuhan 节点上的用户 Mary 创建的，并且最初存储在 Beijing 节点中。可见这个名字是永远不会改变的。

用户一般通过数据对象的外部名来引用它们，外部名可以有两种形式，一种是本地名，一种是本地名的同义词。本地名的同义词是通过 R*系统中特定的 SQL 语句 CREATE SYNONYM 来定义的。比如：

```
CREATE SYNONYM Tea1 FOR Mary @ Wuhan.teacher @Beijing
```

这时，用户使用该数据对象时就可以用两种外部名来实现：

```
SELECT * from teacher 或 SELECT * from tea1
```

在第一种情况下通过本地名引用，这时系统假设使用所有的默认值来推断系统名。也就是，数据对象是由正在使用的用户创建的，是在这个用户所在的节点上创建的，最初也是存储在这个节点上。

在第二种情况下通过同义词引用，系统询问相关的同义词表来决定系统名。同义词表可以认为是系统目录表的一个组成部分。在分布式数据库系统中，系统目录表包括基本表、视图、权限等目录数据和一些控制信息。在分布式数据库系统的每一个节点都要为这个节点上的每个用户维护一个系统目录表，包括同义词表。在系统目录表需要维护的信息包括每个在该节点产生的数据对象的一个目录表的表项，以及每个现在存储在该节点的数据对象的一个目录表的表项。这样就涉及到目录表的管理。在分布式系统中，对目录表是分布存放的，即每一个节点都存在系统目录表，用户给出了数据对象名后，通过系统目录表给出的信息来访问相关的数据对象信息。这种目录表管理是完全基于分布式模式的。下面举一个例子来进一步理解以上概念。

假设现在用户发出一个请求：

```
SELECT * from Tea1
```

由于 Tea1 是一个同义词，所以系统首先在本地节点的同义词表中查找到对应的系统名。如果根据系统名知道了数据对象的最初存储节点在北京，用户就会询问位于北京节点上的系统目录表，根据每个在该节点产生的数据对象的一个目录表的表项的信息就可以找到该数据对象。如果该数据对象已经被迁移到上海，则应在位于北京节点上的系统目录表的相关目录表的表项中记录下这个信息。再次查找时，根据这个信息就知道要到上海节点的系统目录表中去找，又因为每一个节点的系统目录表中包含每个现在存储在该节点的数据对象的一个目录表表项，所以就可以在该节点中根据相关目录表表项的信息找到所需要的数据对象。

进一步，若数据对象再次迁移，则要做以下工作：首先在新地点的数据库节点的系统目录表中插入一个表项；然后将上海节点中的相关目录表项删除；最后修改武汉节点将相关目录表表项指向新的节点。因此，采用这种管理方法后对任何一个数据对象的查找都只需要两次远程访问就可以实现。

9.3.6　更新传播

在分布式数据库系统中是支持数据复制的，这样应用程序就可以在本地的数据副本上进行操作，而避免了远程通信带来的一些问题。但是复制存在的最大问题就在于当一个复制对象被修改后，这个对象的所有副本都必须进行修改，这就是更新传播问题。

数据复制要解决的一个基本问题就是对于一个给定数据对象的修改必须传播到该对象的所有存储副本中去，主副本方法可以解决该问题，其具体处理有以下几个要点：

（1）被复制对象的一个副本被指定为主副本，剩下的都是从属副本。

（2）不同数据对象的主副本存储在不同的节点中。

一旦完成了对主副本的修改，修改操作就逻辑地完成。拥有主副本的节点负责马上把更新传播到所有的从属副本上。原则上，为了保证更新事务的原子性，这些操作在事务提交之前都要完成。

但在实际系统中，这种复制方式是不可能实现的，所以采用了一种延迟传播的方法，也就是说主副本对其他副本的修改可以延迟执行，甚至可以在用户指定的某个时候再修改。但这种方法的问题在于数据库无法保证数据在任何时候都是一致的，甚至用户在使用不同的副本时所操作的数据的值都是不同的。因此我们还要进一步考虑更好的策略来完成更新传播。

本章小结

本章介绍数据库技术的几个新的发展方向或扩展性问题，包括数据仓库技术、数据挖掘技术、分布式数据库。

数据仓库技术和数据挖掘技术是数据库技术在现实决策支持系统中的应用。数据挖掘是一种探测型的数据分析技术，目标是找到对决策有意义的数据。首先要对历史数据组织与集成，解决噪声、缺失、不一致的数据、模糊的数据、随机的数据等诸多问题。之后是方法、技术与模型问题，介绍公式发现、关联规则、分类与决策树、聚类等几种典型技术与方法。数据仓库技术是面向主题的数据集合，对数据挖掘提供物理支持。讨论了 OLTP 和 OLAP 及它们之间的关系。多维数据库在 OLAP 技术中有着广泛的应用，可以包含超过两个维的数据结构，又称为数据立方体。要很好地实现 OLAP 系统，就要解决好数据的存储问题，讨论了 MOLAP、ROLAP、HOLAP 等三种存储结构。讨论了数据仓库架构、数据的存储与管理、数据收集、数据装载、数据更新等问题，简单介绍 SQL Server 中的数据仓库组件。分布式数据库系统是由很多在物理位置上分开的数据库系统通过通信网络连接在一起的"看起来"完全像一个非分布式的系统。介绍复制、分片以及将复制和分片结合起来几种方法和分布式数据存储、分布式数据的查询处理、事务处理、更新传播等问题，对于我们研究广域网上应用系统开发问题具有借鉴意义。

习题九

1．解释下列术语：

数据集市，数据立方体，对象标识，ODL，OML，数据分片，两阶段提交，时间戳

2. 什么是数据仓库？数据仓库的数据模式有哪几种？

3. OLAP 与 OLTP 的主要区别是什么？各自应用于哪些领域？

4. 什么是数据挖掘？数据挖掘主要应用在哪些方面？

5. 说明聚集与分类的区别，说明决策树的绘制方法。

6. 简述 ODL 设计数据库的思路。

7. 一个汽车租赁公司为其当前车队中的所有车辆维护着一个数据库。对于所有的车辆，数据库中包括的信息有车辆标识号、牌照号、制造商、型号、购买日期以及颜色，对于某些类型的车辆还包括特殊的数据：

卡车：载货容量

跑车：马力，对租用者的年龄限制

巴士：乘客数目

求设计数据库模式，如果欲组织调查对租赁业务（选台时数或租赁费中某一种）具有关键作用的属性，建议调查哪些数据？怎样进行分析？

8. 什么是分布式数据库系统？它与集中式数据库系统的区别是什么？

9. 分布式数据库数据的存储和更新操作要注意哪些问题？

10. 调查一个客户/服务器系统，在该系统中数据是如何分布存储的？它支持事务的两阶段提交吗？它所支持的软件平台（包括操作系统和 DBMS）是什么？

第10章　管理信息系统软部件库与软件生产线

本章学习目标

管理信息系统是各行各业普遍应用于辅助管理的工具，但设计效率低、成本高、维保费用不断增加，有必要研究出更现代化设计与实现方法。本章介绍一个管理信息系统软件生产线和软部件库，管理信息系统软件生产线是用于生成基于局域网的管理信息系统的软件，包括建模软件、软部件库与软件工具。软件生产线是本课程实验工具，可以帮助大家通过实验更好理解与掌握数据库的基本理论与基本方法，了解一般管理信息系统基本组成、界面及功能和性能特点。

通过本章学习，读者应该掌握以下内容：

- 了解管理系统软部件的概念，了解软部件库的构成
- 了解桌面系统的设计思想与使用方法
- 了解管理信息系统的组成、界面及功能和性能特点
- 了解软件生产线的设计思想、主要构成与使用方法
- 了解用例图的基本内容与设计用例图的方法
- 了解数据结构图（元数据图）的基本内容、设计数据结构图的方法与建表操作
- 了解系统结构图（或称数据操作图）的基本内容、设计系统结构图的方法与生成简单的应用系统的操作
- 了解系统组件图的基本内容、设计系统组件图的方法与生成一般应用系统的操作
- 了解工作流程图（时序图）的基本内容、设计工作流程图的方法、工作流的概念及其应用

10.1　管理信息系统软件生产线

管理信息系统软件生产线 3.0 版是为本教材配套设计的用于设计与自动生成基于局域网的管理信息系统的软件，包括建模软件、软部件库与软件工具等。采用 Java 语言（jdk1.6）开发，应用于 Windows 操作系统、SQL Server 数据库。

该系统希望只通过绘制数张应用系统数据模型图、配置参数，就能调用软部件库程序，生成系统控制菜单并生成可执行程序，自动生成基于 Windows 操作系统与 SQL Server 数据库系统的一般管理信息系统。不要求用户了解与掌握任何开发语言，只需要经过初步的需求分析与初步的概要设计，就能在以分钟计的时间里建成系统。

随着软件费用增加，维护工作越来越复杂，人们越来越希望软件开发自动化，降低软件

成本，加快软件开发速度，提高软件质量。软件生产线是一款生产软件的软件，是一种集成化、可扩展、协同化的软件开发环境，它将软件开发过程中涉及的人、工具、软件制品等要素，按照一定的软件开发方法，有序组织起来，并使其相互协作。

软件生产线软件结构设计如图 10.1 所示。

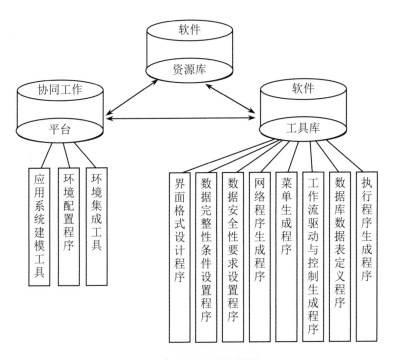

图 10.1　软件生产线结构图

其中软件资源库由具有复用价值的软件制品构成，包括软件需求、软件设计、软件代码、测试案例和文档等。其中最核心的内容是本系统中称之为软部件的可复用程序代码。

软部件是采用"从上而下"的方法设计出来的管理信息系统模块级可复用程序，是具有不同功能与性能的多个类的集合。它针对虚拟的任意数据库设计，每个部件都集成了多个应用系统模块级程序的功能，具有自适应性的界面、有可变换的性能。如果选用不同参数，就能形成有不同界面、不同功能、不同性能的实际应用系统的程序模块而被系统的控制程序所调用。本系统设计的软部件库可以覆盖一般管理信息系统的需求，使得只通过选择不同部件，设置不同参数就能满足实际应用系统的需要，使其能被用于自动生成应用系统。

分析各种管理信息系统，大致有两种结构，如图 10.2 所示系统由菜单等控制程序直接调用，属于无实时驱动的系统，由操作者选择菜单项再利用功能模块程序提供的帮助进行一项具体的工作。例如一般单位、企业内管理信息系统。图 10.3 所示系统是有实时驱动与动作要求的系统，要根据前期工作完成情况再将程序提供给操作者调用，例如办公自动化和 ERP 系统。图中"功能模块程序"是完成一项具体工作的程序模块，就是部件要充当的角色，它们是构建应用系统的核心且关键的内容。软部件要覆盖各种应用需要，必须在整合与集成各种管理信息系统的功能模块基础上设计与实现。

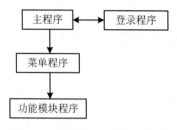

图 10.2　管理信息系统程序结构

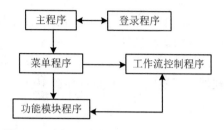

图 10.3　含执行工作流控制的系统程序结构

各种管理信息系统程序尽管功能性能各不相同，界面五花八门，层出不穷，但组成系统的各种人员管理、财务管理、物资管理、办公事务、辅助决策等程序模块不外乎数据的存储、计算、加工、传送、使用，对数据的操作无外乎录入、修改、删除、检索、分发、联系、计算与输出。数据源归根结底是数据库中的数据表及少量数据文件。针对这些工作的应用软件在功能、性能需求上可能有很大不同，但其设计方法及程序语句大同小异。本系统各种部件程序都包括界面的设计与生成、对数据库或数据文件的读与写、对读出数据作不同处理与变换和输出。对数据库的读、写及数据处理与变换通过设计若干控件、在点击控件事件的方法中编写相应程序实现。界面采取自动布局与由用户自定义两种方式生成；每个部件都集成了多种不同控件供用户选择，选择不同控件就可实现不同功能，表现不同性能；设计者只需要提供参数以选定部件、选定数据、选定控件、选定布局类型、设置完整性与安全性要求，就能让一个部件以系统特定模块身份组建到应用系统中实现某种功能。设计者只通过选择参数调用部件程序就能建立应用系统，无需进入任何语言设计窗口，无需知道任何编程语言的基本知识就能设计与自动建造应用系统，建立与使用数据库。

本系统部件库由 100 多个部件程序组成，分为表格式数据维护类、单记录式（或称为表单式）数据维护类、数据查询类、数据处理类、数据导入导出类、数据输出类、管理类等不同类型。

T-SQL 语言尽管功能很强，但是毕竟以非过程语言为主体，如果要求管理人员应用 T-SQL 语言管理应用系统，稍微复杂一点的应用都必须做复杂的操作才能实现，那就要求管理人员都有一定编程能力，要投入大量的时间，且不能保证操作的正确性与可靠性，显然是不行的。另外，在界面、特殊数据类型、复杂的导入导出及许多复杂数据处理等方面，都无法应用 T-SQL 语言实现。为了更好地管理与使用数据库及辅助进行个人信息管理，设计了"数据库桌面系统"程序。操作者只需借助其界面输入必要的参数、调用软部件程序，就能提供方便操作的可视化界面，帮助操作者对数据库进行各种操作。这是对数据库系统提供的各种可视化功能的极大扩充与完善。

软件生产工具是一类用来辅助完成计算机软件开发、运行、维护、管理等活动或任务的软件，是实现软件生产自动化的关键。例如环境配置与定义、数据完整性条件设置、权限设置、界面参数计算与生成、格式文件生成、环境集成、菜单程序文件生成、工作流驱动与控制、XML 或 HTML 程序文件生成、数据库与数据表定义、数据建模与系统建模、应用系统生成等程序都是建立应用系统所必须的。

建立数据模型可以降低设计难度，实现自动化设计与生产；基于模型可以组织协商、讨论，可以快速地建立应用系统，高效地进行系统维护与扩展。建模工具是软件协同开发环境的核心，本系统包括一套建模工具以帮助建立数据模型与系统模型。该建模工具能和操作者互动，能提供给操作者以各种软件工具,生成或从软件资源库中选择所需要的程序进行组装,自动建立数据库应用系统,称为面向系统建模程序。

UML 语言是目前建立任何应用系统的通用的面向对象建模语言。但由于它是基于"类"的面向对象语言,其建模系统无法自动生成应用系统。目前市面上流行的 UML 建模工具都不能实现从建模到建立应用系统的自动化。考虑到易学习、易使用,本系统借鉴 UML 图形简单规范的特点,结合部件库建设,设计了这套面向系统建模程序。

从 UML 建模到面向系统建模,核心内容是将 UML 模型中的类图变换为部件图,需要描述的内容包括涉及的数据、调用的部件及执行部件程序所需要的参数,为了方便操作并实现高度自动化,软件生产线系统将建模、参数定义、应用系统生成等有机地结合在一起,使得容易学习、容易操作。

本系统设计的针对图 10.2 所示系统的面向系统建模程序包括"用例图"程序、"数据结构图"程序、"系统结构图"程序、"系统组件图"程序。针对图 10.3 所示系统的建模程序则在前者基础上增加了"时序类图"程序与一般"工作流"程序。

应用"用例图"程序、"数据结构图"程序、"系统结构图"程序、"系统组件图"程序建模之后,可以生成一般管理信息系统中以水平下拉菜单驱动的执行程序和以目录树结构菜单驱动的执行程序。如果仅应用前三个程序建模之后可以建成规模较小的水平下拉菜单操控的管理信息系统。

系统应用 Java 语言设计完成,运行前要求安装数据库系统,安装 Java 系统程序,定义系统环境与运行环境。定义运行环境的方法是执行"0 初始化.jar"程序。图 10.4 是其运行界面,数据在下面各文本框中输入,单击"添加到表格中"按钮将数据写入表格,最终单击"表格内容存盘"完成设置。

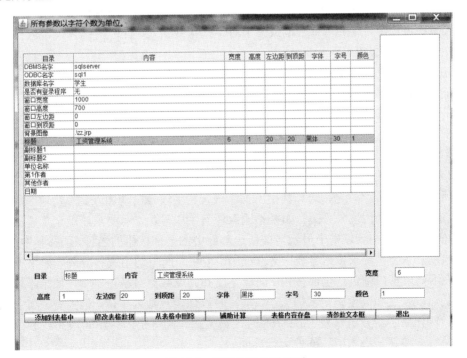

图 10.4　初始环境设置界面

在录入过程中，某些数据在右边公共列表框中将列出可选参数，只需单击便可完成输入。可选参数中 DBMS 名字选择 sqlserver。约定 ODBC 名字为 sql1，与在操作系统中建立的 ODBC 数据源名字一致。是否有登录程序选择无或有。窗口宽度等窗口大小、位置参数为某些部件程序运行时界面参数，在调用部件时，某些部件还允许输入当前运行时的参数，但都是参考数据，在实际运行时还可能根据实际情况自动调整。标题指应用系统封面显示内容，也是自动建立的应用系统执行程序名称。其他副标题等内容根据需要填写。它们的宽度、高度，到左边边界的距离，到上边边界的距离根据设计需要手工输入。输入时可以以字符宽度、高度为计量单位，输入全部完成后单击"辅助计算"按钮变换成像素点单位。也可直接以像素点数为单位输入。字体、字号、颜色等需要从列表框选择数据单击输入。当用鼠标单击字体等文本框时，在列表框中会显示可供选择的数据。

10.2 管理信息系统软部件库及数据库桌面系统

10.2.1 数据库桌面系统概述

SQL Server 数据库的对象资源管理器提供了各种结构新建、数据维护、基本管理的可视化界面，大家都感到易学、易用，只是数量太少，不能满足应用的需要，而且，界面单一，许多工作的操作复杂，要求具有编程能力，效率不高。设计数据库桌面操作系统的目的是希望能扩充其应用，提供更多更友好界面，满足更多实际应用的需要。操作时先选择部件，每选择一个部件会激活所需要考虑输入数据的文本框，这样的文本框对不同部件各不相同，可以有一到上十个，输入完参数后单击"执行"按钮，就可以运行所选择的部件程序。面对具体部件所激活的文本框中参数除了个别（例如数据表名称）必须输入外，大多根据操作者工作的需要选择输入。在输入参数过程中，提供了列表框或弹出对话框帮助输入，许多数据只需用鼠标单击就能完成。其运行界面如图 10.5 所示。

在左边目录树中列出了部件库中所有部件名，首先从中选择部件名，其后，运行该部件程序所可能涉及的参数相关文本框被激活显示，与该部件无关的参数框隐藏。一般"表名"是必须输入的，用鼠标单击"表名"文本框，在右边列表框中列出了当前 ODBC 数据源所指数据库中全部数据表的名称，在其中选择一个数据表。对于数据维护类部件，必须输入关键字，单击"关键字段名"文本框，在列表框中显示当前所选表的全部字段名，选择其中关键字字段，可以多选，多选时在关键字之间自动加上逗号。当单击"要求字段号表"时，同样在列表框中显示当前所选表的全部字段名，选择其中所需字段，其字段号自动加入到"要求字段号表"文本框中，字段号间自动用逗号分隔。如果不输入任何字段号，表示要求显示全部字段。当单击"要求按钮号表"时，在列表框中显示当前所选部件中的全部按钮的名称，选择其中所需按钮，其按钮号自动加入到"要求按钮号表"文本框中，按钮号间自动用逗号分隔。如果不输入任何按钮号，表示要求窗口中包括全部按钮。面板宽度和高度数据可填可不填，如果不填，按初始化时写入的面板宽度和高度确定窗口大小。填写时以像素点数为单位，最大宽、高由显示器分辨率决定，例如显示器分辨率为 1366*768 时，最大宽、高可定为：1360*720。参数输入完之后单击"执行"按钮，进入所选部件运行界面。

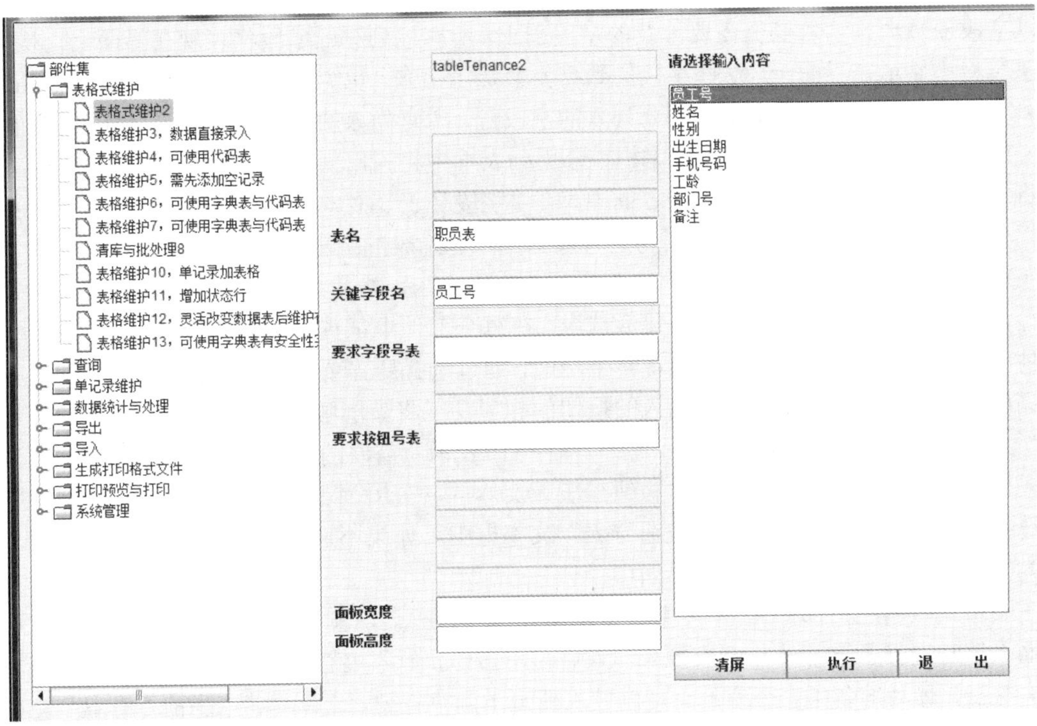

图 10.5　数据库桌面系统运行界面

由于本部件库基于 Java 程序设计，Java 中数据类型远比数据库系统中数据类型少，因此，本系统设计只允许使用部分数据类型：char、nchar、int、numeric、datetime、text、ntext、image、bit、float、double。在设计数据表时不要使用其他数据类型。

10.2.2　表格式数据维护部件程序功能、性能与操作说明

数据库应用系统中，业务人员工作量最大的是数据维护，对数据维护要求正确、操作简单、界面美观，并希望尽可能提供辅助录入的功能。

表格式界面以行和列形式表现数据表，特别自然、简单，一次能显示多条记录，是数据维护界面的首选。

数据维护泛指添加新记录（录入）、修改老记录（修改）、删除作废数据（删除）等操作。要进行修改与删除，都要先找到记录并将内部指针指向该记录，从操作的角度讲是将该记录显示在屏幕上，并得到"焦点"。

下面介绍设计思想及有关部件的功能与性能。

（1）最基本的表格式数据维护部件。

表格式数据维护部件 2（tableTenance2）实现数据库系统中数据表编辑功能，可用于基本表除文本、图形等类型外数据录入、修改、删除操作。调用参数："表名""关键字""字段号表""按钮号表""面板宽度""面板高度"。其中，"表名"与"关键字"是必选项。

"面板宽度"与"面板高度"不是必选项，如果不输入数据，则按执行"0 系统初始化.jar"时设置的面板宽度、面板高度决定显示界面的宽度与高度。

不同人对于同一个数据表的操作视图可能不相同，一个部件要能适应不同视图需要，采

用以字段序号形式输入操作需要涉及的字段需求，所有被列举的字段将表现在界面上，未列入的字段将不显示在界面上，这些字段的数据不会显示出来，也无法对这些字段做录入、修改操作。约定用一个字符串列出全部需要列入的字段号，所有列入的字段序号用逗号分隔。给出字段号的方法：单击"字段号表"文本框，公用列表框中将列出供选的字段名，点选字段名，自动将字段号输入到"字段号表"文本框中。在"字段号表"文本框中可以不输入数据，保持文本框为空，约定"字段号表"数据为空时表示视图包括表的全部字段。

软件生产线要求部件库中软部件既要覆盖应用需求，数量又要尽量少，为此，要求每个部件都集成许多功能，在应用时可灵活选用。在每个部件中都预设了多个按钮控件，每个按钮控件中都写入了一个程序，用于实现某个功能，通过选择所需要安装到界面中的按钮，就为一次调用提供了相关的功能；未被列入的按钮的相应功能将被屏蔽。每次调用，要求在"按钮号表"文本框中输入所需要的按钮号，用一个字符串表示所需要的按钮号，按钮号数字间用逗号分隔。给出按钮号的方法：单击"按钮号表"文本框，公用列表框中将列出可供选的按钮名，点选按钮名，将按钮号输入到"按钮号表"文本框中。如果不选择任何按钮，"按钮号表"数据为空，表示全部按钮都安装到界面中。

表格式数据维护部件 2 中可用按钮包括：当前行存盘、删除、修改存盘、退出。在运行桌面系统时选择了该部件并完成参数输入后，单击"执行"，就进入运行界面，显示当前表中所有数据，最后准备了一个空行，可以录入新记录到空行内，之后单击"当前行存盘"完成录入操作，同时产生一个新的空行供继续录入。如果要修改一条记录，可以直接在表中修改，之后单击"修改存盘"按钮完成修改。如果要删除记录，先单击待删除的某条记录，再单击"删除"按钮，完成删除操作。

（2）直接录入数据的表格式维护部件。

表格式维护部件 2 进行数据录入、修改后都必须单击存盘按钮才能完成数据维护操作，优点是可以减少误操作，比较可靠；缺点是效率较低，如果误操作有可能丢失数据。表格式维护部件 3（tableTenance3）不使用修改存盘按钮，开始运行时表尾自动准备了一条空记录，在录入数据后会再生成新空行，所有录入、修改的数据无需单击任何按钮，都将自动存盘，操作效率比较高，但可靠性与数据安全性降低。

（3）允许在视图中修改列名及允许使用代码表的表格式数据维护部件。

许多数据表设计时采用英文字符串为字段名，但在显示和进行数据维护时需要显示中文提示。另外，许多情况下要求对不同结构数据表整合，也要求显示时字段名与数据表实际字段名不相同。表格式数据维护部件 5（tableTenance5）允许配置"字典表"作为翻译以适应需要。为编程方便，约定建立一个字典表，要求字典表名为数据表名加"字典表"三个字，其中包括：原字段名、变更后字段名两列，在原字段名列中含有所操作数据表中的字段名，则在表格视图中字段标签换为字典表中对应的变更后字段名。例如如果欲维护的表名为"学生"，其中字段名为 SNO、SNAME、SAGE、SSEX，则要求字典表为：学生字典表(原名,变更后名)，其中记录有{SNO,学号}，{SNAME,姓名}，{SAGE,年龄}，{SSEX,性别}。

在各种管理系统中为了将来查询统计的需要，也有些是为了标准化的需要，对于某些属性要采用代码，在录入界面中，要求显示代码表，并只允许用户从中选值录入，这样可保证该数据准确可靠，同时还方便了用户录入操作。表格式数据维护部件 5 允许使用代码表，设计了一个公用列表框，当用户操作时单击有代码的字段时，会在列表框中显示可供输入的代码数据，只需要用鼠标单击便可完成录入。为编程方便，每个字段都可有自己的代码表，约定代码表表名为字段名加"代码表"三个字，其中有两个字段，一个字段和表中字段同名，另一个字段名是表中字段名加"代码"两个字，或原字段名中包含了"代码"两个字，则代码表中字段名为原字段名去掉"代码"两个字。

本部件设计的按钮增加有"添加空记录"和"全部表存盘"，减去一个修改按钮。在运行时，表中没有预置空行，操作时可以随意在表中修改数据，可以连续多次单击"添加空记录"，在表中添加多个空行，随意录入数据，只在退出前记住单击"全部表存盘"按钮，将全部新录入的数据和修改后的数据存进数据库。

例：数据维护对象为学生(SNO,姓名,性别,班级,出生日期,平均成绩)表，数据库中还有"学生字典表""性别代码表""班级代码表"。执行桌面系统，输入部件名：tableTenance5，选择表名"学生"，输入字段号"0,1,2,3,5,10"，输入按钮号"0,1,2,4"，关键字"NO"。代码表内容如图 10.6、10.7 所示，运行界面如图 10.8 所示。

原名	变更后名
NO	学号
NAME	姓名

图 10.6　学生字典表

性别	性别代码
男	0
女	1

图 10.7　性别代码表

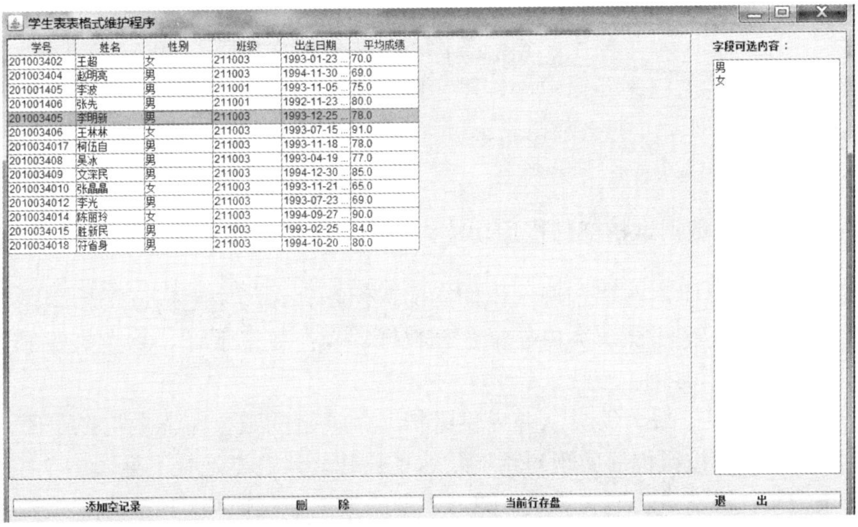

图 10.8　经过字典表变换的显示界面，单击"性别"时列表框中显示供选择的代码数据

本设计虽然设计了代码表，但是存入到数据库的数据并不是代码，而是原数据值。使用代码表的意义是规范输入，方便之后统计操作。

表格式数据维护部件 4（tableTenance4）同样可以使用字典表和代码表，但操作类同于表格式数据维护部件 3。

（4）提供安全性、域完整性控制的部件。

为了保证数据正确与使用安全，数据库提供了数据完整性控制与安全性控制，但是，如果应用系统程序中不施加数据完整性控制，等到用户操作之后，将数据发到服务器上时再进行控制，如果因为不满足完整性控制条件而被拒绝录入，不仅效率低，而且可能导致不可知错误。

至于安全性控制，如果存在应用系统，用户可以不直接登录数据库，对数据库的操作全通过调用应用系统程序实现，数据库安全性控制全交给应用系统控制。因此，在设计数据维护程序时有必要提供安全性、完整性控制功能。本系统所有数据维护部件均要求给出关键字字段名，如果参数中未定义关键字，将无法运行。本系统可以提供两类安全性控制：①菜单级，可以定义"权限表"，规定登录之后才能进入系统，在权限表中无权操作的菜单项将被屏蔽；②程序级，许多部件程序要求建立接口参数表，在其中定义关于字段的约束条件，对某些无权操作字段将不显示或只能显示数据但无法修改或录入。

表格式数据维护部件 7 和表单式数据维护部件 4、6、9 等许多部件程序要求在数据库中建立接口参数表并输入约束性条件。系统提供了"0 初始设置.jar"程序，其功能如图 10.9 所示。其中接口参数表维护中有"设置安全性要求"和"设置域完整性约束"两个程序。为编程方便，约定接口参数表的名字为表名加"接口参数表"五个字。

图 10.9　运行"0 初始设置.jar"显示的菜单

运行设置域完整性约束程序界面中填写："字段名称"及"最大值""最小值""值域""条件表达式"等，性别值域为：男,女，年龄条件表达式例如：年龄<=60 AND　年龄>=18。

运行设置安全性要求程序界面中，许可字段指允许显示在界面中的字段号，列表框中显示权限提示："i:录入权限，u:修改权限，d:删除权限，q:查询显示权限，a:全部权限"。单击即可输入，允许同时选择多个权限。

10.2.3　单记录式数据维护部件程序功能、性能与操作说明

表格式数据维护界面是大家普遍熟识的界面，但是存在两个毛病：①当字段数量较多或有些字段宽度太大时，无法在一页内显示全表数据，操作效率下降。②当单表中有 TEXT、IMAGE 类型字段时操作困难。

单记录数据维护界面每页仅显示并提供维护一条记录的数据，需要借助"第一条、下一条"或其他移动指针的按钮程序实现对不同记录的操作。其缺点是看不见表格全貌，优点是能完整表现一条记录，特别是表现文本类、图形类型的数据独具优势。所有单记录数据维护部件都应提供录入或修改文本类型数据的功能，有的应提供图片类型数据录入或删除功能。单记录数据维护部件程序结构如图 10.10 所示。

（1）布局程序流程。

单记录数据维护部件设计难点是如何根据数据表结构与视图要求选择控件并自动布局。单记录数据维护部件布局程序流程如图 10.11 所示。

（2）最基本的单记录数据维护部件。

单记录数据维护部件 1（dataTenance1）提供单记录显示界面，提供数据显示、录入、修改、删除、浏览等功能按钮供选用。数据输入到单记录界面中，单击存盘或修改或删除按钮后完成对一条记录的维护操作。可以利用第一条、下一条等按钮将指针移到其他记录上再做修改

或删除操作。也可以单击"浏览"按钮，进入表格式界面，单击另一行，快速移动指针，回到单记录界面后单击"转当前行"对刚选择的行操作。

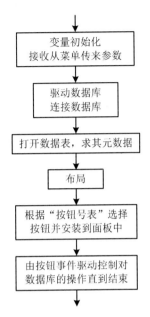

图 10.10 单记录数据维护部件程序结构图

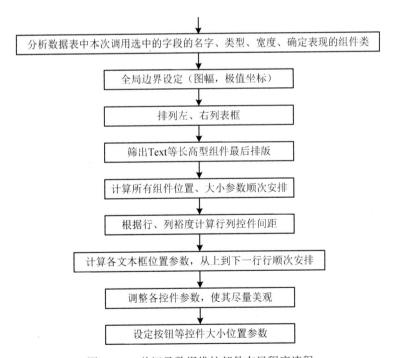

图 10.11 单记录数据维护部件布局程序流程

调用时必选参数：表名、关键字，其他可选参数：字段号表、按钮号表、面板宽度、面板高度。

（3）可使用字典表与代码表的部件。

单记录数据维护部件 2（dataTenance2）可以采用字典表变换标签，可以利用公共列表框列出代码表或历史数据供单击录入，实现规范化输入并提高数据输入效率。

说明：如果使用字典表或代码表，在当前数据库中要建立相应字典表或代码表，字典表要求用表加"字典表"三个字命名，代码表名字要由某个字段名加"代码表"三个字构成，代码表的一个字段与所操作的字段名同名，如果字段名中无代码字样，另一个代码表的字段名由所操作的字段名加"代码"两个字构成。否则，由所操作的字段名去掉"代码"两个字构成。

运行界面如图 10.12 所示。

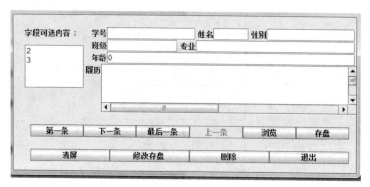

图 10.12　单记录数据维护部件 2 运行界面

（4）具有安全性控制与域完整性控制并具有图形数据录改功能的部件。

单记录数据维护部件 3（dataTenance3）界面由文本框、文本域框、下拉列表框、图形框和按钮构成，所有控件大小与位置可以自定义，同时提供包括图片数据的数据维护功能。可以建立接口参数表文件定义规范化界面及数据完整性、安全性控制等的参数，在调用时要求输入接口参数表文件名。

图 10.9 所示的运行"0 初始设置.jar"的界面中"接口参数文件维护"项下有"设置域完整性约束""设置控件位置参数""设置安全性要求""可视化设置控件位置"四个菜单项，选择"设置域完整性约束"可以定义数据域完整性条件，选择"设置安全性要求"可以定义有关用户对各有关字段操作权限。要说明的是，采用文件保存安全性控制数据是不能保证安全性的，本部件采用文件形式只是为了实验操作方便。

运行本程序前要求先做登录操作。用户登录操作界面如图 10.13 所示。

图 10.13　用户进入必须先登录

如果欲录入图形数据，在单击"存盘"按钮之后，将弹出"资源管理器"对话框，要求选择源图形数据的图形文件名。

注意：如果不录入或修改图形字段内容，必须选择字段，在字段号表参数中不要列入图形字段字段号。

（5）性能较稳定的单记录数据维护部件。

本系统中数据维护部件普遍存在一个毛病：在一次调用之后，必须完全退出系统，再重新调用才能成功。而单记录数据维护部件 4（dataTenance4）克服了该毛病，能重复调用，性能比较稳定。该部件提供不包括图片数据的数据显示、录入、修改、删除、浏览等功能。可以建立字典表变换标签。应用公共列表框显示代码表或历史数据，可借助鼠标单击录入，实现规范化输入。

（6）应用下拉列表框显示代码表数据的部件。

采用公用列表框用于代码数据显示与录入操作不够方便，单记录数据维护部件 6（dataTenance6）应用下拉列表框显示代码表数据，该部件提供包括图片数据的数据显示、录入、修改、删除、浏览等功能，可以借字典表变换标签。

（7）实现参照完整性控制的设计。

按照参照完整性要求，在子表中输入数据时必须保证外码的值在主表中存在。单记录维护部件 7（dataTenance7）提供两个页面，显示具有一对多关系的两个数据表，主界面显示多方表（子表），提供数据录入、修改、删除功能。次页显示一方表（主表）提供数据删除功能。两方联系的同名字段是子表中相对主表的外键，采用组合框表现其数据，其数据来自主表，保证外键数据在主表中一定存在。主表中如果删除一条记录，将提问是否同时删除子表相关联的所有记录，避免违反参照完整性约束条件。

（8）多对多联系表数据录入。

多对多联系表中主属性分别是两个主表的外键，其数据直接来自主表，在录入数据时如果预先填写主表中相关联数据，操作者只需要填写多对多联系自身属性的数据，将有利于提高数据准确性及数据输入效率。单记录数据维护部件 8（dataTenance8）提供关于多对多联系表数据维护功能。

（9）自定义布局的单记录数据维护部件。

单记录数据维护程序都存在布局问题，自动布局的程序使用简单，操作方便，尤其在桌面系统中使用效率高。但是，界面一般都不让人满意，不只是不够美观，实际操作也难满足应用需要。单记录数据维护部件 3、9 允许手工布局，要求事先设计关于布局参数的文件，标明每个控件具体大小和位置。

在图 10.9 所示的运行"0 初始设置.jar"界面中的"接口参数文件维护"项下选择"设置控件位置参数"进入布局文件生成程序界面，如图 10.14 所示。

操作时首先选择数据表名及准备保存布局数据的接口参数表文件名（为减少文件数量，设计在同一个文件中同时保存布局数据、完整性约束条件及安全性约束条件这三类数据），再逐一选择准备安装到窗口中的字段名及位置等参数。以字段在窗口中的位置定行号、列号，以字符数字为单位输入标签宽度、字段宽度、字段高度，其他除文本类型和图像类型字段外，标签宽和字段宽等数据已经自动填入，对于文本类型和图像类型字段则除了输入行、列号外，还需要输入字段宽度、字段高度。其他字体、字号、显示颜色，要求从列表框中选择录入。每输入一个字段数据后，单击"添加到表格中"。全部输入完成后，如图 10.14 所示，单击"辅助计算"将宽度、高度等数据变换为像素点单位，同时计算到左边边界的距离、到窗口顶部的距离，填入到表格中。

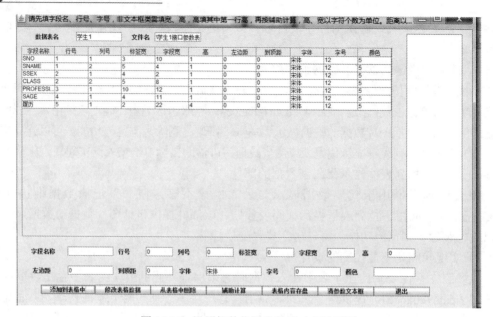

图 10.14　设置控件位置参数手工布局界面

在图 10.9 所示的"0 初始设置.jar"界面中的"接口参数文件维护"项下选择"可视化设置控件位置"，进入可视化布局界面，如图 10.15 所示。

图 10.15　可视化布局界面

上层图标中分别是标签、文本框、文本域、下拉列表框、列表框、图像框、语音框。单击某图标，再在绘图板上单击，出现显示对话框，在其中输入：字段名、代码表名、宽度、高度、字体、字号、颜色、最大值、最小值、值域、条件表达式、只作显示，其中宽度、高度、字体、字号、颜色等数据已设置默认值，"只作显示"的意思是程序中有的字段只显示数据库中存放的数据，但不得在当前程序中修改，如果有此要求，在该栏填"是"。之后在单击处按高度和宽度显示控件框。可以用左键单击拖动方式改变其位置，用右键靠近边界再单击拖动方式改变图形大小。也可以先输入表名，选择字段和按钮，之后单击"自动布局"，显示初始布局图，之后可以对图形进行修改，直到单击"存盘"按钮生成或修改布局文件。

应用布局数据表生成的格式文件控制单记录数据维护部件 3 的布局。应用可视化布局程序生成的格式文件控制单记录数据维护部件 9 的布局。调用单记录数据维护部件 3 或单记录数据维护部件 9 时，指明接口参数文件名，将会按文件中规定的位置参数安排所有控件大小与位置。

　　这两个程序均可用于图形类型数据显示与维护。关于语音文件数据不存放在数据库中，数据库中只存放声音文件在本地的存放地址，在单击第一条等移动指针按钮时会播出相应语音文件的内容。注意，只能播放扩展名为.wav、.mid 的语音文件。

　　（10）单记录与表格式相结合界面的表格式数据维护部件。

　　单记录与表格式数据维护界面各有优点也各有不足，表格式数据维护部件 11（tableTenance11）采用两者结合的界面，数据同时采用表格与文本框集显示，单击表格某行，该记录数据复制到单记录界面中以提供修改，录入的新数据也输入到单记录界面中，单击录入或修改按钮后完成数据库数据的录入或修改。可以利用字典表变换标签，在单记录界面中采用组合框供代码输入。

10.2.4　查询类部件程序功能、性能与操作说明

　　根据某种条件在一个表或多个表中查找记录并做进一步处理，是应用系统都要求的功能。查询类部件的功能是提供用户一个友好界面，使能迅速描述查询要求，快速组成 SELECT 语句，实现查询并按用户需要的格式显示或输出查询结果。

　　（1）对单表固定单条件查询。

　　最快速的查询莫过于只输入查询目标就得到结果。例如，打开电子阅览室页面，其上给出提示"书名："之后有一个文本框，只需在其中输入书名，之后单击查询就得到图书的信息。又例如，只要求输入一个词汇，之后就自动在书名、关键字、内容中找到所有包含了该词汇的书籍目录。

　　这实际是应用系统使用最多也最容易实现的查询手段，操作者针对具体一个或几个字段，直接填入数据找到该字段等于该数据或包含该数据的所有记录，再显示或作进一步处理。

　　查询部件 1（dataQuery1）用于对单表组织查询，查询条件表达式中字段名称与关系符都在参数中指定，操作者只需要输入查找目标值就可完成查询。其参数包括：表名、字段号表、所查字段名、关系符等。其中关系符有：大于、等于、小于、大于等于、包含等。在所查字段名中可以输入一个字段名，带入程序的参数是字段序号。如果关系符选"包含"或"不包含"，各字段均只能为文本类型。

　　（2）对多表且可以使用字典表变换显示字段名的固定单条件查询。

　　有许多数据库设计时以英文给数据表或字段命名，但多数人使用时需要将标签换成中文标签。查询部件 2（dataQuery2）对于采用非中文字段名的查询运行可借用字典表变换界面，可使界面更容易理解，更方便操作。在当前数据库中需要有以表名加"字典表"命名的数据表。该部件可用于多个表的查询。如果使用代码表，可自动进行代码变换。其他特点与查询部件 1 相同。

　　（3）单表任意单条件查询。

　　有些查询事先无计划，需要在查询时才确定查找目标，查询部件 3、4 在运行时才让操作者选择所查字段、选择关系符、输入数据后自动生成 SQL 语句并组织查询。查询部件 4 允许使用代码表和字典表变换的功能。

　　（4）多表固定两条件查询与任意两条件查询。

还有许多问题要求同时满足两个条件。查询部件 5、6 为固定两条件组合查询，允许在参数中指明两个字段名和两个关系符后组织查询，操作者只需要在两个文本框中分别输入两个数据后查询结果。查询部件 7 为任意两条件组合查询，在运行时由操作者分别选择两组字段名和关系符，再组织查询。如果设计了打印格式文件，查询部件 5 可将查询结果送打印机打印。查询部件 6、7 可使用字典表变换标签、使用代码表实现规范化查询。。

（5）以问题形式给出条件的查询。

两条件的表述方法还可以以提问方式给出。查询部件 8 用例如"分数大于?与性别等于?"的形式提出查询要求，容易理解，更加自然。

（6）增加输出要求的查询。

有些时候，输出内容比查询对象要狭窄，还可能涉及表达式。查询部件 9 在查询 8 的基础上允许再设定输出要求。可设参数包括：表名、字段号表、条件表达式、输出要求。输出要求是在字段号表范围内增加输出内容有关表达式的集合。需要注意的是，①如果涉及函数、运算表达式，其中涉及的字段名是两个表同名字段，前面要加表名和点。②如果表达式涉及聚集函数，输出要求中不能有未存在于分组和聚集函数内的纯字段名。③聚集函数只限 SQL 语句能识别的函数表达式。

例如：字段号表= "0,1,2,3,4,5,6,7,10,13,18,19"；条件表达式= "分数大于?与性别等于?"；输出要求= "sum(分数)"。

这样的设计对于懂得 SQL 语言的操作者会有更高效率。

（7）单表组合查询。

有时要求提供不限条件个数、更随意的查询。组合查询引导操作者生成更复杂的查询语句。查询部件 10 是最基本的组合查询程序，如图 10.16 所示。

图 10.16 简单的组合查询

操作分为两部分内容，首先确定条件表达式，选择一个字段名，再选择关系符，输入数据值，单击"添加条件"按钮，将生成的一个条件表达式添加到条件文本域中；选择 AND 或

OR；再选下一字段。直到完成条件表达式生成。第二部分选择输出的字段，移进右边的列表框中。最后，单击"浏览查询结果"完成查询。

（8）多表组合查询。

查询部件 11 对多表组织连接查询，注意每两表间要求有相同名称的字段。

（9）涉及聚集函数的组合查询。

SQL 查询语句不仅可以实现关系代数的连接、选择与投影，而且可以进行初步的数据处理，使用聚集函数可以进行简单的数据统计。查询部件 12、13 允许将聚集函数列入到输出集合中，而且允许分组统计、可以要求排序输出；还可以采用字典表变换标签的内容。

（10）文本查询。

随着计算机应用的深入，人们将越来越多的文本数据存入到数据库中，共享数据。文本数据管理成为数据管理的重要内容，用一般条件表达式描述对文本检索的需要太过麻烦，可以约定一定的表述方法，用简单的方式表示检索要求。应用查询部件 15、16 查询时先选择字段，再输入检索字，之后点击"文本检索"按钮完成查询。检索字要求按约定格式输入：

1）检索字区分大、小写。

2）空格、|、-、( )、#、*均为特殊意义字符（注意均应为英文字符），字符两边不要有空格。

- 空格表示要求两边内容均要包含在内。
- "|"表示要求两边内容至少有一个包含在内。
- "-"表示后边内容不包含在内。
- "( )"表示其内部分为整体内容，全要满足。
- "#"表示在查找的两个词间可能有若干个任意的字符，任意字符的个数不多于#号的个数。
- "*"表示在查找的两个词间可能有若干个任意字符。

运行应用查询部件 16 时，将生成的 SQL 语句显示在屏幕上，可修改之后再执行。

10.2.5　数据处理类部件程序功能、性能与操作说明

管理信息系统中常常要求对数据进行如统计、分析、变换、切分或组合等多种处理，类型繁多，无法枚举。本系统设计统一的界面及函数库尽量满足应用的需要，随应用深入，可以不断设计新函数补充到函数库中，提供复用，复用时无需修改主程序。

根据界面情况和数据表情况分为横向处理、纵向处理和综合处理三大类。横向处理指数据以行为单位进行统计、变换、分析、切分、组合等处理；纵向处理指以列为单位，分组进行统计、分析。

（1）按列统计程序。

数据处理部件 1（dataStatistic1）对全表按字段求和、平均、最大、最小、记录数、标准偏差、填充标准偏差、统计方差、填充统计方差等，统计数据添加在数据表最后一行中。"统计要求"可从上述统计项目中选择一个。

数据处理部件 2、4 允许分组统计。其中数据处理部件 4 中准备了求和、求平均值、求最大值、求最小值、求记录条数、求平均偏差、求相对偏差、求填充统计标准偏差、求填充统计方差、求统计方差、ABC 分析等按钮，可供灵活选用。

其中 ABC 分析是仓库管理中需要的功能。在日常生活与工作中，往往 10%到 20%的商品

占据金额 70%或以上，对之加强管理就能有效减少库存。本程序要求在参数中输入比例数，例如 70,20,10 或 60,25,10,5，之后根据按小组统计的金额或其他指定的统计字段求小计，按从大到小排序，找到金额小计和超过 70%或 60%的几种商品定为 A 类，再求 B 类等其他分类，显示各组商品小计数、类别、所占实际比例，与库存数量。也可用作其他根据小计值占比进行统计的项目。

（2）横向统计程序。

数据处理部件 3（dataStatistic3）按行求每条记录中字段间的计算数据存入某一列或新生列之中。

当前库中有 37 个函数程序，用 P01、p02 等名字调用。例如：

1）P01：求若干数字类型字段数据的统计方差 $\sum (Xn-\mu)^2/(n-1)$（标准偏差的平方）。

2）P02：求若干数字类型字段数据的标准偏差 $Sqr(\sum (Xn-\mu)^2/(n-1))$。

3）P03：求若干数字类型字段数据的平均偏差 $\sum (|Xn-\mu|)/n$。

4）P04：变币值数字为中文大写元角分。例如变 1030 元为壹仟零叁拾元。

5）P08：中文元角分为数字，例如变一仟零三十元三角为 1030.30。

6）P14：求日期类型字段或日期时间类型字段数据的星期数。

7）P21：求日期时间类型字段数据的日期值。

8）P30：变数字年月日（例如 2003 年 1 月 15 日）为日期格式数据。

9）P31：返回给定日期或日期时间表达式的月份英文名称。

10）P32：求和(数字类型字段名 1,数字类型字段名 2 [,数字类型字段名 3 ...])。

11）P37：根据接口文件中规定的条件将某字段数据改为新值，或产生新字段填充新值。

（3）删除重复记录。

在实际应用系统中，常常有查找重复记录并予删除的需求，数据处理部件 5（dataStatistic5）用于删除指定的若干字段内容重复的记录。

（4）求关系并、交、差。

关系差找出第一表中与第二表不同的记录。关系并实现两个同结构表数据合并。关系交找出两表相同记录。这些在实际应用系统中都有应用需求。数据处理部件 6、7、8 分别完成上述关系运算，并更新数据库中数据。注意：参加运算的两个表必须结构相同。

（5）数据转置表或数据交叉表。

应用系统常有对一行中若干数据进行比较，或找出某两列或某三列甚至更多列数据之间关系的需求。数据处理部件 10 用来生成转置表或单数据交叉表，之后可以打印，可以显示柱面图、圆饼图或折线图，以更形象地表现数据之间大小关系。数据处理部件 11 也用来生成数据交叉表，纵向分组数据可以是两列以上的数据。

如果求交叉表，字段号表限填 3 个字段（纵向分组字段、横向分组字段、交叉数据字段）。数据处理部件 11 的纵向分组字段可填多个字段。如果求转置表，字段号表第 1 个字段为纵向分组字段，其他字段为统计数据字段。

● 生成转置表

转置表指原数据表的行变成列，列变成行后形成的表。

例如工资条生成程序，假如工资数据表结构为姓名、基本工资、职务工资、绩效工资、公积金、……除姓名外其他数据均为数字类型。生成的转置表第一列为原字段名称，内容例如为姓名、基本工资、职务工资、绩效工资、公积金、……其他各列为原表各行记录中对应的数据。

操作时先单击欲统计的行，再选择统计图形类型（柱面图、圆饼图、折线图等），之后显示具体的统计图。

● 生成交叉表

交叉表指根据原数据表的三列数据生成反映三列数据之间关系的表。

例如成绩分析程序，假如将学生、成绩、课程三个数据表连接后抽取姓名、课名、分数等三列数据，分数为数字类型。生成的交叉表第一列为原姓名字段内容，第一行标题栏为各课程名称，表中数据为姓名、课名所对应的分数。

操作时先在表格中选欲分析的行，单击"生成新表"得到交叉表。单击"显示统计图"再选择图形类型，确定后显示目标统计图。

10.2.6　数据导入导出部件程序功能、性能与操作说明

在程序与程序之间、一个系统与另一个系统之间、人与人之间往往需要有大数据量的交互，其交互一般通过文件、其他数据表作为媒介。一个系统或程序可以将数据转存到其他文件或数据表中，称为导出；另一系统或程序可以从文件或其他数据表中将数据读取并转存到当前表中，称为导入。

例如目前相当多系统都要求将数据转存到 Excel 文件中，或从 Excel 文件中将数据导入到当前表中。

根据导出地或导入源大致可分为导出到数据库或从数据库导入、导出到文件或从文件导入两大类，如果涉及文件，又可分为纯文本文件与有格式文件两大类。纯文本文件根据字段分隔格式可将导出方式分为标准格式、紧缩格式、自定义格式等多种。标准格式文件是指每条记录存为一行，每个字段均为固定长度，字段间无分隔符，其长度等于数据表定义或默认的宽度。紧缩格式指数据按自身实际长度存放，为区分不同字段的数据，除数字类型外，其他数据要用双引号或其他自定义的分隔符分隔。自定义格式可以是单个特殊字符，也可以是多个字符。如果导入、导出设计文本类型字段，在数据中有双引号一类符号，则只能用自定义分隔符。

由于 Office 文件：Word、Excel、PDF、XML 等有格式类文件的结构有可能变化，导入或导出程序常需依赖于该类文件系统的 dll 文件，一般需要下载公共软件包才能方便地进行导入或导出。

根据导出的数据或导入的数据与原有数据库中或文件中数据间的关系，导入与导出又可分为覆盖式、添加式与修改式三种。覆盖式指原来如果存在表或文件，先删除原文件内容，再填入新数据；如果原来表或文件不存在，则先建表或新建文件，之后将数据填入。添加式则将数据填充到原数据的尾部。修改式指根据关键字，对存在相同关键字值的数据修改方式填入，否则添加进去。

本系列部件分为覆盖式导出到数据表、纯文本文件、XML 文件；添加式导出到数据表、纯文本文件、XML 文件；修改式导出到数据表、纯文本文件、XML 文件；覆盖式导出到 Office 文件；添加式导出到 Office 文件；修改式导出到 Office 文件；从数据表、纯文本文件、XML 文件覆盖式导入；从数据表、纯文本文件、XML 文件添加式导入；从数据表、纯文本文件、XML 文件修改式导入；从 Office 文件覆盖式导入；从 Office 文件添加式导入；从 Office 文件修改式导入等。从 Office 文件导入或导出，需要下载 5 个软件包：iText-5.0.5.jar、jacob.jar、

PDFBox-0.7.3.jar、poi-3.8-20120326.jar、poi-scratchpad-3.9-20121203.jar 到 p1\com 文件夹并构建在路径中。

（1）导出到数据库或文件。

导出部件 1、2、3 实现覆盖式或添加式或修改式导出到当前数据库的数据表中或 TXT 文件中。如果导出到数据库，需要给出：DBMS 名、ODBC 名、目的数据表名；如果导出到文件，需要给出：文件名。如果是修改式导出，需要给出关键字。导出到纯文本文件包括标准格式、紧缩格式、自定义格式等三种。

（2）导出到 Office 文件。

导出部件 4、5、6 实现覆盖式或添加式或修改式导出到 Office 文件中，包括 Excel、Word、PDF 文件。需要给出文件名；如果是修改式导出，需要给出关键字。

（3）从数据库或文件导入到当前数据库的数据表中。

导出部件 7、8、9 实现覆盖式或添加式或修改式从数据库或 TXT 文件导入到当前数据库的当前数据表中。如果从数据库导入，需要给出：DBMS 名、ODBC 名、源数据表名；如果从文件导入，需要给出：源文件名。如果是修改式导入，需要给出关键字。源纯文本文件包括标准格式、紧缩格式、自定义格式等三种，自定义格式中分隔符要和导出保持一致，否则导入不能成功。

（4）从 Office 文件导入。

导出部件 10、11、12 实现覆盖式、添加式或修改式从 Office 文件导入到当前数据库的当前数据表中，包括 Excel、Word、PDF 文件。需要给出源文件名；如果是修改式导出，需要给出关键字。如果从 PDF 文件导入，不支持大数据类型，每字段宽度不超过 50 字符。只能对由 dataTransfer4.java 生成的 PDF 文件进行导入。

（5）从网页导入文本到文本字段。

导出部件 13 从网页导入文本到当前数据库当前数据表的文本字段中，可以导入网页的源程序，也可以导入经筛选的网页的文本内容。

10.2.7　打印报表部件程序功能、性能与操作说明

打印报表是各类应用系统中特别受用户看重的内容。本系统个别程序提供由 Java 语言提供的打印功能，另外提供向导程序辅助生成报表格式文件，然后根据所生成的格式文件调用打印预览或打印程序组织打印。

包括五组部件：①表格式报表格式生成、打印预览、打印部件。②表格标签式报表格式生成、打印预览、打印部件。③单记录式报表格式生成、打印预览、打印部件。④单记录标签式报表格式生成、打印预览、打印部件。⑤表格式统计报表格式生成、打印预览、打印部件。

（1）表格式报表格式生成程序及相应报表预览和打印程序。

表格式报表指以表格形式表现数据并打印的报表。其格式内容包括报表标题、表格表头定义、表体数据定义、分组要求定义、表尾定义、报表尾定义等六部分。

格式生成程序 1（printFormat1）生成的格式文件用于 dataPreview.java 预览报表情况，或调用 dataPrint.java 或 dataPrint1 打印报表。

第 1 页界面输入报表标题、所在行号、列号、宽度与高度（输入时以字符个数为单位）、左边距、到顶距、字体字号等内容。可以设置多行内容，例如单位、作者、日期等。每份报表打印一次。输入完毕需要单击"辅助计算"改换宽度等数据单位为像素点单位。

第 2 页设计表头部分，包括标签名称及其属性值，每页打印一次。默认表格都打印表格线，考虑到有的行或列可能划分为多行或多列，设计时需要考虑每一个标签下方是否有表格线、右方是否有表格线。表头最下一栏所有内容都应当有下表格线，最右一列文字右边都应有表格线。以上内容输入完毕后可手工修改标签，例如将英文内容改成中文。之后单击"辅助计算"。

第 3 页设计表体部分，将打印数据表中数据，每行记录打印一次。输入内容包括字段名称、宽度、高度（均以字符个数为单位）、字体、字号、有无下表格线、有无右表格线等内容。以下是单击"辅助计算"。

第 4 页设计页尾，每页打印一次。

第 5 页设计报表最后一部分内容。

修改数据之后可预览效果图。

（2）表格标签式报表格式生成程序及相应报表预览和打印程序。

为了节约打印纸，常常需要将一个打印文本复制多份放在一页内打印，例如打印商业上用的标签，实际是要求将同样内容复制多份；又例如打印工资条或成绩单，需要在一页打印纸上打印多个人的成绩单或工资条，内容属于不同记录，但格式完全一样。

格式生成程序 6（printFormat6）生成表格格式重复的标签格式文件，打印程序可以灵活打印相同或不同的多份标签式报表。设计时先设计一个标签，之后选择在纵向复制的份数与横向复制的份数，就可完成设计。

根据所生成格式文件可调用 dataPreview3.java 预览报表，或调用 dataPrint3.java 打印报表。

（3）单记录式报表格式生成程序及相应报表预览和打印程序。

单记录式报表指以每页一条记录数据的形式表现数据并打印成报表，例如履历表、公文文件、报告、通知等。其格式内容包括报表标题、表体数据定义、报表尾页定义等三部分。表体数据包括字段数据、标签或某些说明文本（填在"内容"中）；格式文件需要说明每一打印内容行列位置、宽度、高度、到左边距离、到顶距离、字号与字体等数据。

格式生成程序 5（printFormat5）生成单记录式报表格式文件，报表格式文件设计完成后可调用程序 dataPreview2.java 预览报表情况，或调用 dataPrint2.java 打印报表。

（4）单记录标签式报表格式生成程序（printFormat7）。

单记录标签如名片、相片、商业上的标签等也是将同样内容复制多份。结构相同，内容相同或不同。设计时也先设计一个标签，之后选择纵向复制的份数与横向复制的份数，就可完成设计。

格式生成程序 7（printFormat7）生成单记录标签式报表格式，调用 dataPreview4.java 可预览报表，调用 dataPrint4.java 可打印报表。

（5）带统计功能的表格式报表格式生成程序（printFormat2）。

带统计功能的表格式报表指有小组统计或总计要求，带明细的表格式报表。格式生成程序 2（printFormat2）生成这类报表格式，调用 dataPreview5.java 可预览报表。

（6）带统计图功能的表格式报表格式生成程序（printFormat4）。

带统计图功能的表格式报表指有交叉表生成并显示直方图、原饼图等统计图的报表。格式生成程序 4（printFormat4）生成这类报表格式，调用 dataPreview6.java 可预览报表，调用 dataPrint5.java 可打印报表。

10.3　用例图

10.3.1　功能

软件生产线由建模程序和软部件库组成。现代应用系统多由团队并与使用单位通力合作才能完成，需要反复地协商与讨论，为方便交流，都先作建模完成需求分析。UML 建模语言是面向对象组织（Object Modiling Group）的标准语言，已成为现代计算机工程的建模规范，它简单易学，信息量丰富，表现力强，是一般软件开发的基础，被普遍使用。但是，它毕竟以类为基本元素，无法实现软件设计自动化。面向系统建模（System-oriented Modeling，SOM）是在面向对象建模语言——统一建模语言（Unified Modeling Language，UML）基础上设计的新一代建模语言。它以软部件为基本元素，尽量保留 UML 的风格，沿用其图形元素，用部件图代替类图，可以直接基于模型建立应用系统。

面向系统建模图形由用例图、数据结构图（或称元数据图）、系统结构图（或称数据操作图）、系统组件图、工作流程图（时序图）组成。用例图描述哪些操作对象做哪些事，主要图形元素是参与者、实体和用例；数据结构图描述数据构成及数据属性和数据约束，主要图形元素是数据类图；系统结构图表现涉及哪些数据、哪些操作、界面风格、数据联系及处理，以软部件为基本单位，主要图形元素是部件图；系统组件图描述子系统构成，主要图形元素是子系统部件图；工作流程图描述随时间变化的处理过程，包括人员、操作、时间、权限等要素，主要图形元素是参与者、部件图、生命线。

用例图是可视化需求分析工具，可用来描述工作过程、数据需求概要与功能需求概要。运行界面如图 10.17 所示，在图形顶层显示工具条及"用例图文件名"文本框，选择用例图文件可变换显示不同的设计。

图 10.17　用例图运行界面

10.3.2　主要图形元素或按钮

（1）"实体"按钮。

实体用圆表示，当鼠标移动到"圆形"按钮上面时，会弹出"实体"字样。指参与者操作某一用例时所涉及的数据，代表业务中涉及或处理的事物、概念或事件，例如：员工信息、领用清单、进货清单、库存明细等。在图中同一实体可以出现在多个位置。在本系统中一个实体对应一个具体的数据表，可能是实体数据表，也可能是多对多联系数据表。

（2）"箭头线"按钮。

用箭头线表示参与者、用例、文件之间的关系，用来形象地表现工作流程，一般是从参与者指向用例或从用例指向文件，分别表示做什么或怎样存放数据处理结果。当鼠标移动到"箭头线图形"按钮上面时，会弹出"箭头线"字样。

（3）"虚线"按钮。

虚线表示某一操作与相关实体或文件的关系，虚线一端必须连接实体或文件，另一端连接箭头线。当鼠标移动到"虚线图形"按钮上面时，会弹出"虚线"字样。

（4）"用例"按钮。

用例用椭圆表示，当鼠标移动到"椭圆图形"按钮上面时，会弹出"用例"字样。表示工作内容。用来表示功能需求、说明操作内容，具体描述"做什么"。例如录入领用单、入库数据录入、查询库存数据、打印库存报表等，各用一个程序实现。全部用例可完整地描述系统的业务目标。在本系统中用例对应一个具体的部件程序。

（5）"参与者"按钮。

参与者用小人表示，当鼠标移动到"小人"按钮上面时，会弹出"参与者"字样。指工作的主体。可以用来表示操作人员、内部员工、业务人员、外部人员、工作部门或角色。例如仓库保管员、采购人员、营销人员、财务人员、部门负责人等。

（6）"文件"按钮。

文件用菱形表示，当鼠标移动到"菱形"按钮上面时，会弹出"文件"字样。代表系统外输入输出介质或媒体。例如外部系统传入的文件、打印文件、网络文件、Excel 文件或其他存储文件。

（7）"查看数据"按钮。

系统用列表保存用例图设计过程中产生的图形数据，包括参与者名称、用例名称、实体名称、文件名称及图形元素在图中的位置数据，单击"查看数据"按钮可以查看当前已经绘制的有关图形信息。在建立用例图过程中，有关图形数据被保存到列表中，其数据只在当前操作中有效，程序从运行状态退出时，数据不再保存。所存的数据包括：序号、图形代码、图形名称、x 坐标、y 坐标、标签内容、标签 x 坐标、标签 y 坐标、标签字数。

（8）"存盘"按钮。

系统将保存在列表中的数据存储到当前项目文件夹内文件"用例图.txt"中，再次运行时将自动打开该文件并恢复原图，可在原图基础上修改与完善。当该名称文件不存在时表示设计的是一个新系统。

（9）"系统初始化"按钮。

构建应用系统时，需要有数据库名称、ODBC 数据源名称及涉及封面的应用系统名称（初始认为是封面标题名称）、封面背景图名称、作者名称等数据。"系统初始化"程序功能及运行界面和"0 初始化.jar"的功能及运行界面相同。

（10）"刷新屏幕"按钮。

如果因为某种原因导致窗口画面混乱，可根据临时保存的画面数据重绘屏幕。

10.3.3　主要操作

（1）填写文件名。

在图形顶层所提示文本框中填写"数据结构图"文件名（默认为"数据结构图.txt"）和"系

统组件图"文件名或"系统结构图"文件名（默认为"系统组件图.txt"），为下一步设计做准备。下一步设计时初始数据结构图将根据"实体"绘制。系统组件图或初始系统结构图根据"用例"绘制。系统组件图表现各个系统结构图数据所存放的文件名称，定义系统模块的类图画在多个系统结构图上，建立应用系统的数据分别存放在所表示的这些文件中。

（2）绘制图形元素的操作。

单击"参与者""用例""实体"或"文件"按钮，之后在绘图板上单击，回答关于图形名称的提问后在绘图板上画出相应图形。"用例"将是绘制"系统组件图"或"系统结构图"的依据，"实体"将是绘制"数据结构图"的依据，是绘制的重点。

（3）绘制箭头线的操作。

绘制箭头线的目的是充分表现工作过程。双击"箭头线"按钮，选中一个图形元素，鼠标左键按下不放拖到另一个图形上，可在绘图板上画出箭头线。箭头线从鼠标按下处指向释放处，一般是从"参与者"指向"用例"，表示一种操作；或从"用例"指向"文件"或相反，表示程序运行产生的数据输出到打印机或文件中保存，或从文件中读出数据到程序中。

（4）绘制虚线的操作。

绘制虚线的目的是表现数据处理与相关数据间的关系。双击"虚线"按钮，按下鼠标左键不放从一个图形或箭头线拖到一个实体，可在绘图板上画出虚线。一般是从"参与者"与"用例"间的"箭头线"上某一点指向"实体"，表示有关操作涉及的数据输入或输出的数据表名称。

（5）其他操作。

其他操作包括修改图形名称、删除图形、删除线条、移动图形位置等。

例如在学校中，老师的工作有录入学生的基本数据，涉及学生数据表；老师录入成绩数据并查询成绩数据，涉及成绩表；学生查询自己的基本情况，涉及学生表。其用例图如图 10.18 所示。

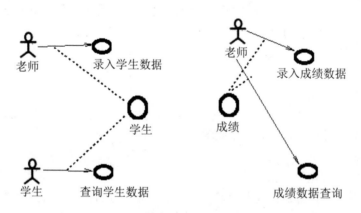

图 10.18　老师、学生关于学生表、成绩表操作的用例图

10.4　数据结构图

10.4.1　功能

数据结构图也可称为元数据图，根据用例图中实体情况进一步用数据类图描述实体的属性以及数据和数据之间联系，每一类图定义一个数据的数据库名称、数据表名称、字段名称及其属性。

将根据每一个数据类图在"系统初始化"中定义的"ODBC 数据源"所指向的数据库中建立一个数据表。用一对多或多对多线条形象地描述数据与数据之间的联系。运行时，在图形顶层显示工具条、"用例图文件名"文本框和"数据结构图文件名"文本框（图 10.19 所示）。如果在当前项目文件夹中存在名为"数据结构图.txt"为文件名的文件，则按该文件中内容恢复"数据结构图"；否则，如果存在命名为"用例图.txt"的文件，首先按文件中所有"实体"的数据绘制有关数据表初始数据类图，其中仅包含数据库名与实体名，实体名将直接用作数据表名。如果"用例图.txt"文件也不存在，可以输入用例图文件的名称，根据该图初始化数据结构图。

图 10.19　数据结构图界面

10.4.2　主要图形元素或按钮

（1）数据类图。

用数据类图表示数据表，用来描述数据表的结构定义，是建立数据表的依据。图形分为三层：高层描述数据库名称，中层定义数据表名称，下层定义所有字段名称及属性。

单击工具条中数据类图图标，再在绘图板上单击，弹出对话框供输入关于数据库名、表名、字段名及其属性、完整性要求等参数，之后在绘图板上显示一个类图图标。

可以进行移动图标位置、修改其参数、删除不需要的图标等操作。

（2）线条。

数据结构图中允许绘制一对多实线、多对多实线，实线表示实体与实体之间的联系。一对多实线用线条上方两端分别标有 1 和 n 字样的图形表示，一般从一个数据类图指向另一个数据类图，用来表示数据与数据之间的一对多联系。注意在"一"方需要定义关键字，并在多方设计和"一方"关键字同名的字段；需要考虑多方相关字段是否需要被定义为外键。

多对多实线用来表示数据与数据之间的多对多联系，注意在其中应当有双方关键字同名字段，需要考虑这些字段的组合是否要定义为主键，还要注意这些字段是否需要定义为外键。

虚线用来表示实体数据类图与备注框之间的联系。

图 10.20 是包括实体"学生""成绩""学生字典表""性别代码表"的数据结构图。

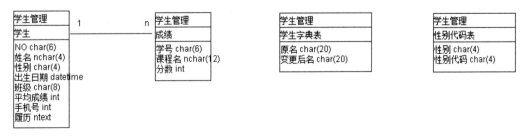

图 10.20　数据结构图一例

（3）"建表"按钮。

设计了"建表"按钮，可根据所设计的数据结构类完成建表操作。如果原来存在同名数据表，建表时将先删除，再建新表。

（4）"存盘"按钮。

单击该按钮后将所有图形、线条参数与位置信息保存到项目文件夹（例如 P1）内"数据结构图.txt"中。再次运行时将自动打开该文件并恢复原图以提供修改的方便。

（5）其他按钮。

系统用列表统一保存数据结构图设计过程中产生的图形元素数据和线条数据，使用"查看数据"按钮查看其中全部数据。

"刷新屏幕"按钮根据临时保存的画面数据重绘屏幕，如果因为某种原因导致窗口画面混乱，可应用此功能还原图像。

备注框是正方形框，用来对数据安全性和其他特性进行说明。在图形中不显示其中内容，当单击图形时可弹出消息框显示其中内容。

10.4.3　主要操作

（1）绘制数据类图。

单击"数据类图"按钮，再在绘图板上某空位置处单击，将弹出表格设计窗口。输入字段名称、数据类型、宽度与小数位、是否允许空值、是否设置为主键、是否设置为外键及相关主表与主键的名称、默认值、值集集合、CHECK 约束条件表达式等内容。全部字段设计完成后，在画板上画出数据类图。

（2）修改数据类图。

右击画板上某个"数据类图"，在弹出的对话框中单击"修改数据类图参数并绘制数据类图"按钮，弹出表格设计窗口。在表格中显示已经定义的数据表中所有字段信息，可以删除字段，也可以直接修改表格中任意一行记录数据，还可以在表格下方输入字段名称及相关要求。全部修改完成后，重画数据类图。

（3）删除数据类图及相关线条。

右击数据类图，在弹出对话框中选择"删除图形及相关线条"，有关数据类图连同连接到该数据类图的线条全被删除。

（4）其他操作。

数据类图中只显示字段名与数据类型、宽度。如果需要查看全部信息，可单击有关数据类图或备注框，显示所选字段或备注内容完整信息。

选中并拖动数据类图可将数据类图及相关线条移动到新位置。

双击"一对多线条"按钮或"多对多线条"按钮或"虚线"按钮，在某一数据类图上按下鼠标左键不放拖到另一个数据类图或备注框，可在绘图板上画出有关线条，形象地表现数据之间的联系。

10.5　系统组件图

10.5.1　功能

较复杂系统由多个子系统构成，系统组件图用来表现子系统设置情况，形象地描述系统与子系统之间的联系，设计并保存每个子系统名称、其子系统结构图数据存放的文件名称，具有生成应用系统菜单及建立应用系统的 jar 可执行文件的功能。

其运行界面如图 10.21 所示。

图 10.21　系统组件图运行界面

10.5.2　主要图形元素或按钮

（1）子系统部件图。

表示系统与子系统特性，用来描述应用系统的模块结构，是建立应用系统的依据。图形分为三层，高层描述父节点名称，一律为"系统"；中层为子系统名称，直接以用例图中定义的用例名称命名；下层定义子系统结构图文件名称。

（2）"系统初始化"按钮。

构建应用系统时，需要有应用系统名称等数据。如果在设计用例图时未完成这些设置，可以在此处单击"系统初始化"按钮再执行系统初始化程序。其中定义的"标题"将作为应用系统名称，自动生成的执行程序名默认为"标题"的内容加.jar。

（3）"生成菜单"按钮。

根据系统组件图、系统结构图、工作流程图等的数据文件可生成控制系统运行的水平下拉菜单源程序文件。

（4）"建立系统"按钮。

根据生成的水平下拉菜单生成应用系统可执行程序。该程序名在系统初始化的标题栏中定义，扩展名为.jar。生成该程序后，可在操作系统资源管理器中改变名字。只需要在操作系统中双击该文件名，就可运行本应用系统程序。

（5）"建立系统 1"按钮。

根据水平下拉菜单生成采用目录树菜单控制的应用系统可执行程序。程序名为系统标题+"1.jar"。

（6）其他图标或按钮。

图形中用从"系统"部件图指向子系统部件图的箭头线形象地表现系统与子系统之间关系。

如果要查看各图形详细参数，单击"查看数据"按钮显示系统用列表保存系统组件图设计过程中产生的图形数据，例如序号、类代码、类名称、x 坐标、y 坐标、父类名称、子系统部件图文件名称等。

全部图形绘制完成后单击"存盘"按钮将绘制系统组件图数据保存到文件中，文件名在用例图中指定。在运行开始时也用于恢复原系统组件图以提供修改。

如果因为某种原因导致窗口画面混乱，可单击"刷新屏幕"按钮重绘屏幕。

10.5.3　主要操作

（1）绘制子系统部件图。

先单击"子系统部件图"按钮再在图形板上某空位置处单击，在弹出的对话框中输入父部件图名称、子系统部件图名称、子系统结构图数据存放的文件名称等（如图 10.22 所示）之后在绘图板上绘制出子系统部件图。

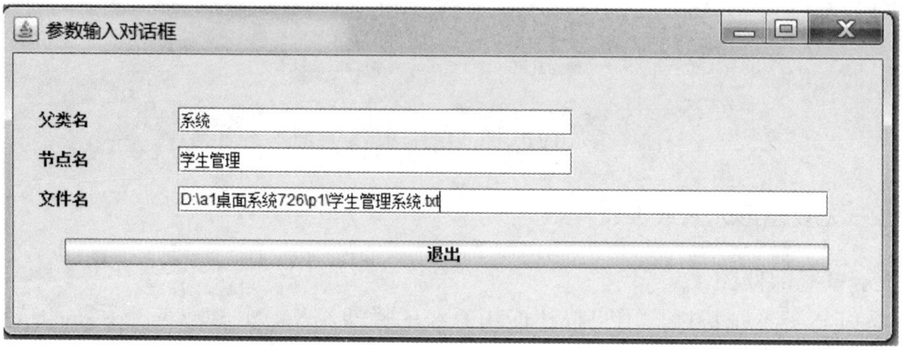

图 10.22　系统组件图中子系统部件图参数

（2）修改子系统部件图。

右击图形板上某个"子系统部件图"，输入修改后父部件图名称、子系统部件图名称、子系统结构图数据存放的文件名称后可修改子系统部件图。

（3）删除子系统部件图及相关线条。

右击子系统部件图，在弹出对话框中选择"删除图形及相关线条"，可将有关子系统部件图连同连接到该子系统部件图的线条全部删除。

（4）移动子系统部件图。

选中并拖动子系统部件图，可将子系统部件图及相关线条移动到新位置。

（5）其他操作。

双击"箭头线"按钮，按下鼠标左键不放从系统部件图拖到子系统部件图，可绘制箭头线。

右击线条中部，将提问是否删除该线条，回答肯定后可删除线条。

包括学生管理与成绩管理两个子系统的部件图如图 10.23 所示。

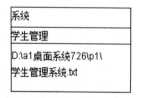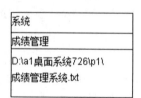

图 10.23　系统组件图一例

10.6　系统结构图

10.6.1　功能

系统结构图（或称数据操作图）用于子系统或较小应用系统的设计，较小应用系统指系统所有模块的部件图可以在一个画面上安装并显示的系统。运行开始，需要定义其系统结构图文件名，如果存在"组件图"，应当是其中定义的一个子系统结构图的文件名，如果是较小应用系统，默认用"系统结构图.txt"命名。

本系统用部件图表现系统每一个模块将调用的程序名称、参数要求，用箭头线表现模块之间的联系。如果设计的是较简单应用系统，将由该程序直接生成应用系统菜单并建立应用系统的可执行文件。

程序运行界面如图 10.24 所示。在顶层有一个"用例图文件名"文本框和一个"子系统结构图文件名"下拉列表框，如果已经绘制组件图，将根据组件图列出所有子系统结构图文件名称供选，当选某一个时，如果图形已经绘制，还原该图提供修改，如果尚未绘制图形，画面中会画出当前子类的父类部件图。之后如果选择某用例图，会自动画出该用例图中所有用例的部件图框架，其父类名称为该子类名称，类名称为用例名称，提供进一步定义部件与参数。如果尚未绘制组件图，已经绘制用例图，下拉列表框中显示的默认名为"系统结构图.txt"。

图 10.24　系统结构图运行界面

10.6.2　主要图形元素或按钮

（1）部件图。

部件图用来描述应用系统的模块结构。图形分为三层，上层描述父节点名称，为"系统"或组件图中定义的子系统名称，对应菜单系统中父菜单项名称；中层为当前节点名称，以用例图中定义的用例名称命名，对应当前菜单项名称；下层定义所选择的部件名及有关参数数据。

（2）"生成菜单"按钮。

单击"生成菜单"按钮将根据系统结构图生成水平下拉菜单程序文件。

（3）"建立系统"按钮。

单击"建立系统"按钮可对全系统程序进行编译并生成应用系统可执行程序。该程序名在系统初始化中定义，扩展名为 jar，只需要在操作系统中双击该文件名，就可运行本应用系统程序。

（4）其他图标或按钮。

图形中用箭头线形象地表现上层模块与子模块之间关系。从上层模块"部件图"指向下层模块"部件图"，也可从一个部件图指向其兄弟部件图。

本程序用列表保存系统模块结构要求的有关参数，例如部件名称、数据表名称、关键字名称等。不同部件所要求的参数数据不相同，在建图过程中，要求首先选择部件程序，选择之后，会自动显示所需要考虑的参数，只要根据需求选择性地填写就能完成一个模块的定义。所保存的参数包括序号、类代码、类名称、x 坐标、y 坐标、父类名称、结构数据等。"结构数据"是一个按一定格式组织的包括所有部件名称及相关参数数据的字符串。单击"查看数据"按钮可查看该结构数据。

完成图形绘制后应单击"存盘"按钮将所绘制的系统结构图的数据保存到文件中，文件名在组件图或用例图中指定。该文件在运行开始时用于恢复原系统结构图，也是生成系统菜单的依据。

10.6.3　主要操作

（1）绘制部件图。

单击"部件图"按钮再在图形板某空白位置上单击，在弹出参数定义窗口中输入父类名称、类名，选择部件，根据所选择部件的可选文本框输入有关参数。

其中，一般都需要输入所操作的表名，在调用数据维护类部件时要输入"关键字段名"。其他可在"要求字段表"中输入欲显示在窗口中的字段的顺序号；在"要求按钮号表"中输入按钮顺序号；输入窗口宽度与高度等。程序为方便输入提供了种种帮助手段，例如，在输入"关键字段名""要求字段表"等有关字段名时，列表框中会显示所选表的所有字段名，只需要单选就能自动录入。根据参数的不同，有的输入字段名称，有的输入字段顺序号。同样，为了方便操作，当单击"要求按钮号表"文本框时，列表框中会显示该部件所有的按钮名，只需要点选就能自动录入按钮顺序号。

全部输入完成并确定后在绘图板上可见到绘制出的新部件图。例如学生管理子系统结构图如图 10.25 所示。

图 10.25　学生管理子系统结构图

（2）修改部件图。

右击图形板上某个"部件图"，选择"修改部件图参数并绘制部件图"按钮，可在弹出的参数定义窗口中修改父节点名称、节点名、部件名称及相关参数，确定后可在绘图板上看到修改后的部件图。

在生成或修改部件图时，还提供相关操作的链接，例如定义或修改布局要求、定义或修改数据完整性参数、定义或修改数据安全性参数、定义或修改打印文件格式等。将有关参数或格式文件生成程序集成到系统模型定义中，可以体现系统一体化的特点，更方便操作，便于学习。

（3）其他操作。

部件图中平常只显示父类名称、类名称、部件名称、数据表名称等基本信息。可以单击部件图使显示该部件图设计的完整数据，包括所有参数的名称及参数数据值。

右击部件图，在弹出对话框中选择"删除图形及相关线条"，有关部件图连同连接到该部件图的线条将全被删除。

选中并拖动部件图，可将部件图及相关线条移动到新位置。

双击"箭头线"按钮，在某一部件图上按下鼠标左键不放拖到另一个子系统部件图上，将绘制出一条箭头线，方向是从所单击部件图指向释放处部件图，表现彼此间联系。

右击某线条中部，将提问是否删除该线条，"确定"后该线条被从图中删除。

在移动与删除操作中，图形可能会变形。如果存盘，下次再次运行时会根据所保存的数据重绘图形。在运行中，也可单击"刷新屏幕"按钮重绘画面。

10.7　生成应用系统

如果是简单应用系统，单击"系统结构图"中"生成菜单"，再单击"建立系统"，就可自动生成应用系统执行程序，其名字为系统初始化中定义的标题名称加扩展名.jar。

对于较复杂的系统，需要再运行系统组件图程序，单击"生成菜单"，再单击"建立系统"，生成采用水平下拉菜单驱动的应用系统执行程序，其名字为系统初始化中定义的标题名称加扩展名.jar。或单击"建立系统 1"，自动生成采用目录树菜单驱动的应用系统执行程序，其名字为系统初始化中定义的标题名称加 1.jar。

例如，根据前面设计，双击生成的"学生管理系统.jar"程序，运行界面如图 10.26 所示。

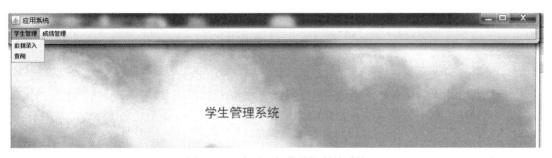

图 10.26　水平下拉菜单控制的系统

10.8　工作流程图

10.8.1　功能

工作流程图（时序图）是可视化定义按一定次序运行的程序系统的工具，可用来描述工作流程。工作流程包括时间、人员、程序、数据等要素，其中数据一般针对某一个表或相互关联的多个表，每次运行常常只针对具体一条记录，不同操作者可以看到部分数据，并录入或修改所看到数据中的部分数据。不同操作者能看到或可维护的数据常不相同。因此要求安全性控制到字段级与记录集，且常有时间限制，只在某个时间范围内拥有权限。

运行时，在图形顶层显示工具条，定义的工作流程有关数据存放到"工作流程图.txt"文件中，再次运行时用于恢复原工作流程图图形。否则，显示空绘图板。该文件还是工作流控制程序控制运行的依据。

运行界面如图 10.27 所示。

图 10.27　工作流程图运行界面

10.8.2　主要图形元素

（1）"部件图"按钮。

用来描述每一工作节点调用的程序名称、所操作表的名称、关键字字段名称、关键字字段值数据、显示的字段序号集、可维护的字段序号集、安装的按钮序号集和其他参数。每个部件图编有序号，序号从左边到右边依次递增，单击"重整序号"按钮自动按从左到右次序给每一部件图编号。

（2）"参与者"按钮。

参与者指工作的主体。可以用来表示操作人员、内部员工、业务人员、外部人员、工作部门或角色。例如撰稿人、审核人、签发人、归档人等。在图中用来描述中间过程各节点操作人员情况，涉及数据包括序号、操作者姓名（登录时用的用户名）和预计开始工作的时间。

（3）"开始"按钮。

用实心圆表示开始，每个流程要求设置一名负责人，负责工作的开办，对应的操作是向数据表新录入一条记录，其中录入该项工作的特色描述字段。具体操作的表名、字段名，由同一生命区中部件图描述。

（4）"并行箭头线"按钮。

并行箭头线用来联系操作者，起点表示上一操作的操作者，箭头指向后续操作的操作者。如果从一个操作者有多条箭头线分别指向下一操作者，表示并行关系，并行的含义是，下一工序的多个人可以在上一工序完成后同时获得下一操作的权限，并执行相同程序，只有当本工序所有操作者全都完成各自的工作后，本工序工作才全部完成并进入下一工序。箭头线只能在参与者、开始、结束等图形之间绘制。操作者指"开始"负责人、"参与者"与"结束"者。

（5）"返回线"按钮。

许多工作进行完毕后可能要求返回到前面工序重新操作，返回线描述开始的部件图与返回目标部件图。在相关部件图程序执行完毕时如果执行返回操作，将按本线条指引返回到前面某工序。

（6）"生命线"按钮。

生命线是垂直方向的虚线，用虚线联系某工序相关部件图，在一条生命线上可以有多名参与者，将同样执行该生命线指示的部件程序。

（7）"串行箭头线"按钮。

用虚线箭头线表示串行箭头线，用来联系操作者，起点表示上一操作的操作者，箭头指向后续操作的操作者。如果从一个操作者有多条串行线分别指向下一操作者，表示串行关系，串行的含义是，下一工序的多个人执行的是相同程序，但是执行有先后次序，在图中有关操作者画在同一生命线上，在上一工序工作完成后，虚线箭头线所指向的最上面的操作者将首先操作，只有当他完成操作后，其下面下一个操作者才被允许操作。只有当本工序最下面的操作者完成其工作后，本工序工作才全部完成并进入下一工序。串行箭头线只能在参与者、开始、结束等图形之间绘制。

（8）"结束符"按钮。

用圆套实心圆表示结束符。每一工作流程流动到结束符后工作全部完成，该流程定义将转存到历史库，当前的"工作流程图.txt"文件中不再保存已经完成的工作流数据。

（9）"重整序号"按钮。

所有部件图从左到右序号递增，表示执行先后次序。如果一条生命线联系多个操作者，将从上到下编写序号，如果涉及串行操作的话，序号表示串行执行的先后次序。本按钮程序的功能是自动对所有部件图、参与者图案按上述要求编写序号。

（10）"查看数据"按钮。

系统用列表保存工作流图设计过程中产生的图形数据，包括部件图数据、操作者名称与时间数据、各种线条等图形元素在图中的位置数据，单击"查看数据"按钮可以查看有关图形信息。在建立工作流程图过程中，有关图形数据被保存到列表中，其数据只在当前操作中有效，程序从运行状态退出时，数据不再保存。所有数据包括序号、类代码、类名称、x 坐标、y 坐标、x 坐标 1、y 坐标 1、相关图形序号等。

（11）"存盘"按钮。

系统将保存在列表中的数据存储到"工作流程图.txt"中，再次运行时将自动打开该文件并恢复原图。当该名称文件不存在时表示设计的是一个新系统。

除此以外，存盘操作还将有关工作流的数据存放到数据库的"工作流程表（序号，部件与参数，工作流程，返回流程，开始时间，最迟开工时间，结束时间，工作流程数据，存储结构数据）"中，数据库中还将存放当前全部工作过程的工作流数据。将根据登录人姓名、工作流程数据判断当前操作者目前存在哪些待办工作，进而生成目录树菜单。

10.8.3　主要操作

（1）绘制图形元素的操作。

点击"部件图""开始""参与者"或"结束"按钮，之后在绘图板上单击，在弹出的对话框中按提示输入参数，存盘返回后可在绘图板上画出相应图形。"部件图"画在图板上方区域内，从左到右排开。"开始""参与者"或"结束"图形分别画在某个部件图的下方，用生命线和相关部件图联系。彼此间用并行箭头线或串行箭头线联系。

（2）绘制生命线的操作。

绘制生命线的目的是表现数据处理与相关操作者间的关系。双击"生命线"按钮，按下鼠标左键不放从一个部件图下方拖到下方某位置，可在绘图板上画出生命线。

（3）绘制返回线的操作。

绘制返回线的目的是表现返回的工作过程。双击"返回线"按钮，再用鼠标单击某一根生命线，鼠标左键按下不放拖到其左边另一根生命线上，可在绘图板上画出返回线。

（4）绘制箭头线的操作。

绘制箭头线的目的是表现先后联系的工作过程。双击"箭头线"按钮，选中一个操作者，鼠标左键按下不放拖到其右边另一操作者上，可在绘图板上画出箭头线。如果从一个操作者指向多名操作者，需要区分并行执行或串行执行关系，前者先单击并行箭头线按钮，后者先单击串行箭头线按钮，再在图板上画线。

（5）修改图形名称与删除图形的操作。

右击具体图形（部件图或参与者图形），弹出对话框，提问是修改图形参数还是删除图形，如果回答修改图形参数，将弹出对话框，提供修改参数的界面。退出或返回后将完成图形修改。如回答删除，将删除有关图形。

（6）删除线条的操作。

右击箭头线或虚线中部，将提问是否删除该线条，回答"确定"后该箭头线或生命线被从图中删除。

（7）移动图形位置的操作。

右击某图形左上角后按住鼠标不放，拖到新位置后释放，将提问是否将图形移到新位置，回答"确定"后将图形移动到新位置。

绘制的工作流程图例如图 10.28 所示。

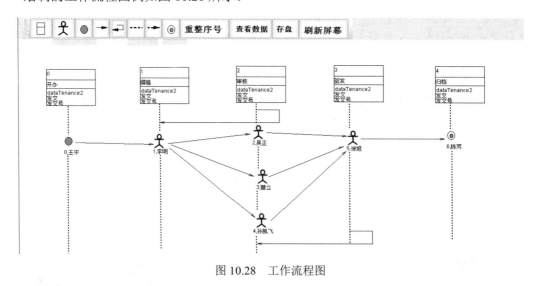

图 10.28　工作流程图

本章小结

2000 年起，我们设计了基于 VFP 部件库最小系统 1.0 到 4.0 到网络版等 5 个版本。2005 年完成基于 Java 的软部件实验，省教育厅组织鉴定评价达到世界先进水平。2014 年设计了基于 Java 的部件程序和工具类程序 100 余个，所有版本的源程序代码初始版本于 2014 年 4 月公开发布。这些部件程序有极强自适应性与即插即用特性，是构建应用系统的系统级模块。

现今又设计了建模程序，设计了软件生产线。其建模程序包括：用例图程序、数据结构图程序、系统部件图程序、系统组件图程序、工作流程图程序等，应用模型图定义数据结构、系统模块结构、选择软部件、设置所需要的参数、定义安全性与数据完整性约束及生成有关格式文件，自动建立数据库与数据表、建立应用系统、生成执行程序。全过程规范性强、高度一体化与自动化。

软件生产线是实现软件生产工业化的基本单元，是目前研究的热点。建立软件生产线对于提高应用系统研发与建设效率，实现软件易扩展与易维护，降低软件开发与维保成本，扩大数据库应用范围，方便远程部署并用于因特网，强化数据库课程教学等都有重大意义。

设计软件生产线的关键是建立软部件库，软部件库必须从上而下设计与建设。在本教材配套的实验手册中详细介绍了其操作方法与实验用例。

参考文献

[1] 萨师煊，王珊．数据库系统概论（第三版）．北京：清华大学出版社，2000．

[2] 冯玉才．数据库系统基础．武汉：华中科技大学出版社，1993．

[3] Abraham Silberchatz 等著．数据库系统概念．杨冬青等译．北京：机械工业出版社，2006．

[4] Hector Garcia 等著．数据库系统全书．岳丽华等译．北京：机械工业出版社，2003．

[5] Jeffrey D．Uiiman 等著．数据库系统基础教程．岳丽华等译．北京：机械工业出版社，2009．

[6] Hector Garcia-Molina 等著．数据库系统实现．杨冬青等译．北京：机械工业出版社，2001．

[7] Ryan K．Stephens 等著．数据库设计．何玉洁等译．北京：机械工业出版社，2001．

[8] 谢兴生．高级数据库系统及其应用．北京：清华大学出版社，2010．

[9] 王浩等．零基础学 SQL Server 2008．北京：机械工业出版社，2009．

[10] 闪四清．SQL Server 2008 基础教程．北京：清华大学出版社，2010．

[11] 卫琳等．SQL Server 2008 数据库应用与开发教程（第二版）．北京：清华大学出版社，2011．

[12] 柳玲等著．数据库技术及应用实验与课程设计教程．北京：清华大学出版社，2012．

[13] 贾铁军．数据库原理及应用学习与实践指导——基于 SQL Server 2014（第二版）．北京：科学出版社，2016．

[14] 曾建华，梁雪平．SQL Server 2014 数据库设计开发及应用．北京：电子工业出版社，2016．

[15] Wendy Boggs，Michael Boggs 著．UML 与 Rational Rose 2002 从入门到精通．邱仲潘等译．北京：电子工业出版社，2002．

[16] 徐宝文等著．UML 与软件建模．北京：清华大学出版社，2006．

[17] Jiawei Han 等著．数据挖掘概念与技术．范明等译．北京：机械工业出版社，2012．

[18] 西安美林电子有限责任公司．大话数据挖掘．北京：清华大学出版社，2013．

[19] 李钟尉．Java 开发实战 1200 例（第一卷）．北京：清华大学出版社，2011．

[20] 李钟尉．Java 开发实战 1200 例（第二卷）．北京：清华大学出版社，2011．

[21] 李钟尉，李伟．学通 Java 的 24 堂课．北京：清华大学出版社 2011．

[22] 程学先等．数据库原理与技术（第二版）．北京：中国水利水电出版社，2009．

[23] 程学先等．数据库系统原理与应用．北京：清华大学出版社，2014．

[24] 徐士良．C 常用算法程序集（第三版）．北京：清华大学出版社，2009．

[25] 程学先等．管理信息系统及其开发．北京：清华大学出版社，2008．